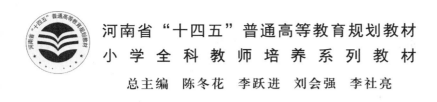

河南省"十四五"普通高等教育规划教材

小学全科教师培养系列教材

总主编 陈冬花 李跃进 刘会强 李社亮

U0367543

自然科学基础

主　编　权玉萍　周硕林

副主编　李　焱　闫金龙　骆　扬

参　编　张苗苗　林丙臣　柳利芳
　　　　沈　松

南京大学出版社

图书在版编目(CIP)数据

自然科学基础 / 权玉萍,周硕林主编. —— 南京：
南京大学出版社,2021.7(2022.8 重印)
ISBN 978 - 7 - 305 - 24759 - 0

Ⅰ. ①自… Ⅱ. ①权… ②周… Ⅲ. ①自然科学—基
本知识 Ⅳ. ①N

中国版本图书馆 CIP 数据核字(2021)第 147478 号

出版发行　南京大学出版社
社　　址　南京市汉口路 22 号　　　　邮　编　210093
出 版 人　金鑫荣

书　　名　**自然科学基础**
主　　编　权玉萍　周硕林
责任编辑　曹　森　　　　　　　编辑热线　025 - 83592123

照　　排　南京南琳图文制作有限公司
印　　刷　南京人文印务有限公司
开　　本　787×1092　1/16　印张 15.25　字数 371 千
版　　次　2021 年 7 月第 1 版　2022 年 8 月第 2 次印刷
ISBN 978 - 7 - 305 - 24759 - 0
定　　价　42.00 元

网址：http://www.njupco.com
官方微博：http://weibo.com/njupco
官方微信号：njupress
销售咨询热线：(025) 83594756

编 委 会

前　言

国务院《全民科学素质行动规划纲要(2021—2035年)》中指出,科学素质是国民素质的重要组成部分,是社会文明进步的基础。提升科学素质,对于公民树立科学的世界观和方法论,对于增强国家自主创新能力和文化软实力、建设社会主义现代化强国,具有十分重要的意义。自然科学基础是为提高学生科学素质水平而开设的公共基础课程。本书是自然科学基础课程的专用教材,也可作为广大小学教师、教育工作者和其它专业大学生增长科学知识、提升科学素质的参考读物。

本书以科学课程标准为主要依据,借鉴以往同类教材的相关经验,简要介绍了小学科学课程教学所需的物质科学、生命科学、地球与宇宙科学、技术与工程领域的基础知识。内容共分五章。第一章什么是科学,介绍科学的基本内涵以及科学与技术的区别与联系,是对全书的导引性叙述。第二章我们的家园,介绍宇宙层级、太阳系与地月系等天文学基础知识及地球运动、气候与环境等地球科学基础知识,涉及小学科学地球与宇宙科学领域内容。第三章奇妙的生命世界,介绍生命特征、生物分类、生长发育、遗传变异和生态保护等基础知识,涉及小学科学生命科学领域内容。第四章和第五章为神奇的物质世界,分别介绍物质运动与能量、声、光、热、电与磁等物理学基础知识,以及物质结构与变化、常见物质的性质与用途、常见材料等化学与材料学基础知识,涉及小学科学物质科学领域内容。这样设置的意图在于体现学科融合,降低难度梯度,使之更适合作为小学教育等专业公共基础课教材使用。

为方便教学与自学,本书各章节根据内容设计了多元化的导学栏目,以讨论与交流、观察与思考和拓展阅读等形式呈现。此外,还提供丰富的电子资源

和教学课件,采用二维码的方式编排,实现纸质资料与数字资源的有效整合,充分体现了新型态教材编写的模式。

在本教材编写过程中,我们参考并引用了国内外许多专家的著作,在此一并表示衷心感谢!编写过程中还得到了南京大学出版社编辑和老师们的悉心指导与帮助。在此致以最诚挚的谢意!

尽管编写团队做出了艰苦的努力,但由于编写水平有限以及时间仓促,难免存在不足之处,诚恳希望广大使用本教材的教师和学生予以批评指正。

编者

目 录

第一章　什么是科学

扫码查看
本章资源

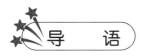

科学、技术飞速发展,可谓日新月异。"科学"越来越成为一个高频词。然而,什么是科学?这一问题,从科学一词诞生之初就不断被讨论,至今也没有一个统一的认识。每一个关注科学、学习科学、传播科学的人又都绕不开这个问题。难以想象,如果我们不知道什么是科学,那么我们在表达"关注科学""学习科学""传播科学"的时候,关注的是什么,学习的是什么,传播的又是什么?

1. 理解科学的本质。
2. 理解科学与技术的区别与联系。

一、科学

(一) 科学一词的来源

科学一词,可以追溯到古拉丁语 Scientia,其最初含义是"知识"和"学问"。

英、德、法文中的"科学"都由拉丁文衍生而来,在英语中,"science"是"natural science"(自然科学)的简称。梵语中"科学"指"特殊的智慧"。

在古代中国,《礼记·大学》中有"格物致知"的说法,意谓穷究事物的原理而获得知识。梁启超把化学、天文学、地质学、动物学、植物学等称为"形而下学"。"举凡属于形而下学皆谓之格致",并且以是否"籍实验而后得其真"作为判定"格致"的标准。此时的"格致学"与现代的"科学"已经比较接近。京师大学堂开设的"格致学"课程配备的教学设施包括由最新的物理学、几何学和化学仪器装备的现代实验室[①]。

19 世纪下半叶,日本明治时代启蒙思想家福泽瑜吉首次把 Science 译为"科学"(意为分门别类加以研究的学问)。1893 年,康有为将"科学"一词引进中国。严复在翻译《天演论》等科学著作时,也用"科学"二字。此后,"科学"一词逐渐在中国广泛运用。

---

① 姚雅欣,高策. 从传统"格致"到现代"科学":梁启超"科学"观念透视[J]. 科学技术与辩证法,2004(6):79 - 82.

（二）科学观的演化

在人类历史的长河中，不同时期、不同场合、不同的人给科学下的定义各有不同。科学本身在发展变化，人们对它的认识也在不断深化。了解科学观的演化，有助于我们理解科学的本质。

1. 古代朴素的科学观

在古代，科学与哲学没有分化，处于萌芽状态。自人类诞生之初，生产生活的方方面面都蕴含着一定的科学知识，也孕育着朴素的科学思想。哲学家们试图采用超然的冥想穿透变幻的表象世界，认识世界永恒的规律。古希腊的四元素说、古代中国的五行说都是先哲们试图用数量较少的元素说明自然现象的多样性与丰富性的尝试，是早期哲学家们在观察自然的基础上用自然本身解释世界的思考。这些朴素的唯物论思想为后来科学的产生和发展奠定了重要的基础。

2. 常识性科学观

很长一段时间以来，人们把科学视为一种系统的知识体系。直到现在，这种观点也有一定的市场。这种观点将科学理论体系视为科学，有其合理的一面，但是也有明显的不足，即把科学等同于知识体系，只关注了科学活动的结果而忽略了科学探究活动本身的动态性，没有全面体现科学的本质。而且，还会给人一种错觉，好像凡是系统的知识体系就属于科学，这样就难以区分科学与宗教，科学与哲学了。

3. 逻辑实证主义科学观

伴随着近代实验科学的产生和发展，科学家们越来越重视通过实验来验证命题的真理性，较为系统、明确的科学观逐步建立。20 世纪 20 年代兴起的逻辑实证主义是现代西方第一个成熟的科学哲学流派。在他们看来，只有能够给予实证或分析的命题才是真实的，才是有意义的。

逻辑实证主义认为：科学是关于真理的知识体系；真理是通过逻辑命题陈述的形式表达出来的；相关命题的真理性是可以通过科学证实的。

逻辑实证主义的经验证实原则体现了 19 世纪到 20 世纪初科学发展中分析假设、证明确证的一般模式。

拓展阅读

科学的任务在于认识事物内部的本质和规律，而事物内部的本质和规律是无法以经验直接证实的。例如，一块金属，它能为经验直接证实的只是它的表面现象，如色泽、重量等。但是它是铝还是锡还是别的什么，即它的本质却无法仅凭感性经验直接鉴定。所以卡尔纳普说："我们必须肯定两种证实：直接证实与间接证实。""直接证实"是指当下的经验的证实，而"间接证实"是指在直接经验的基础上，通过逻辑推理来证实。卡尔纳普认为，我们必须注意到间接证实的问题，因为这个问题对于我们而言比较重要。一个不能直接证实的命题，就只能通过间接的证实，

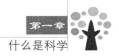

即对从这个命题与其他已经证实的命题一起推演出来的新命题加以证实。

以"这把钥匙是铁做的"这个命题的间接证实为例:(1)"这把钥匙是铁做的",这是一个有待证实的命题;(2)"铁制的东西放在磁石附近就会被吸引",这是一个已经被证实的物理定律;(3)"这是一块磁石",这也是已经被证实的命题;(4)"把这把钥匙放在磁石附近",这是可以通过实际行动而被直接经验证实的;(5)"这把钥匙会被磁石吸住",这是一个预言,也可被直接经验证实。由此,这个预言被当下的直接经验所证实的话,则命题"这把钥匙是铁做的"就得到间接的证实了。

摘自:毛勇军.逻辑实证主义经验证实原则探析[D].吉林大学,2005.

4. 批判理性主义科学观

随着量子力学、现代宇宙学,以及复杂信息系统理论的发展,人类科学开始从简单走向复杂、从确定性走向非确定性、从决定论走向非决定论。

20世纪批判理性主义科学观逐渐取代逻辑实证主义成为主流,批判理性主义后来又被称为证伪主义。其主要代表人物波普尔认为,用有限的经验观察不能确证具有普遍性特征的理论,理论不能被证实只能被证伪,科学是一种可证伪的知识系统。他反对把"有意义"看成科学与非科学的分界线,认为应该把"可证伪"作为分界线。一个理论可证伪度越高,那么它一旦被证实,它的可信度也就越高[①]。

波普尔的科学观还没有真正摆脱确定性科学观的束缚,但他的科学观反映了当时人类科学开始起步走向非确定性范式的现实。

5. 历史主义科学观

历史主义科学观认为,科学是一种不断发展变化的探究活动,是一种特殊的社会文化现象,与其他社会文化现象之间有着密切的联系。历史主义科学观的代表人物主要有库恩、图尔明、费耶阿本德、汉森等。他们分别提出了一系列科学发展的动态模型。

托马斯·库恩在《科学革命的结构》一书中提出了"范式"的概念:"所谓范式通常是指那些公认的科学成就,他们在一段时间里为实践提供典型的问题和解答。"[②]库恩认为,科学作为人类社会的探究活动,总会带有主观色彩,不可能存在严格的客观性、理性和经验证实性。

费耶阿本德反对为科学建立普遍适用的标准和规范,提出一种"怎么都行"的无政府主义的科学观。他说,"没有任何单一的程序或单一的一组规则能够构成一切研究的基础并保证它是'科学的'、可靠的","科学家们面对不同的领域、面对新的情况,就必须制订出新的标准、规则和方法,就必须提出新的理论,而要达到这些就需要有超凡的智慧和独创性能力"[③]。

纵观人类科学观的演进历史,不难发现人类科学观演变与人类科学自身发展具有内

① 卡尔·波普尔.波普尔说真理与谬误[M].倪山川译.武汉:华中科技大学出版社,2018.
② 托马斯·库恩.科学革命的结构[M].金吾伦,胡新和译.北京:北京大学出版社,2012.
③ 蒋劲松,刘兵.科学哲学读本[M].北京:中国人民大学出版社,2008.

在的统一性关系,人类科学观的演进基本反映了人类科学从简单到复杂,由确定性和决定论范式到非确定性和非决定论范式的发展过程。

(三)科学的本质

1. 科学是一种反映客观事实和规律的知识体系

一方面,科学是人类对自然界的理性认识。达尔文说"科学就是整理事实,从中发现规律,做出结论"。这里所谓"事实"就是客观世界,"整理"则是理性分析,是对客观世界的探索和研究。通过理性思维方式认识的客观事实和规律,常常表述为原理、公理、定义、定律。

另一方面,科学是反映客观事实和规律的知识体系。人类从实践中得到的知识如果是零散的、相互不联系的,还不能称为科学。只有这些知识单元按照内在的逻辑关系条理化、系统化,建立起一个完整的、逻辑严密的知识体系时,才能称为科学。如前所述,法国《百科全书》中便强调了科学不同于常识的重要特征,我国《辞海》中的定义更是直接指明了"知识体系"这一内涵。

2. 科学还是产生知识体系的认识活动

科学知识是科学活动的结果,科学知识离不开科学活动。苏联《大百科全书》中科学的定义,明确强调了科学的"人类活动"这一内涵。科学是分析研究事物的过程,在这个过程中人们不断发现问题、提出问题、解决问题,不断把实践活动中的经验材料或感性认识进行收集、整理、总结、归纳,经过"去粗取精、去伪存真"的加工改造,上升到理性认识,形成知识体系。因而,我们不能够把"科学知识"同"科学活动"割裂开来。

科学活动的重要特征是求真,即探寻自然现象背后的规律。采用一定的方法,透过各种现象探寻客观事物的本质特征是科学活动的基本任务。在科学探究的过程中,活动的主体是有主观性、有情感的人,因此,需要注意尊重客观事实、避免主观臆测。需要知道,客观规律是不以人的意志为转移的。

科学活动的另一个特征是创新。科学活动总是在不断探索未知领域的,即创新。只有科学活动不断探索未知领域,人类的科学知识才能不断积累。创新,是科学发展的必然,也是人类进步的需要。

3. 科学还是一种社会建制

科学活动的规模随着科学的进步和社会的发展而不断扩大。20世纪40年代之前,科学基本上处于以增长人类知识为主要目的、以个人自由探求自然规律和本真为主要特征的"小科学"时期。从16世纪以伽利略为代表的个体活动时代,到17世纪松散群众组织的皇家学会时代,再到"曼哈顿计划"及"人类基因组计划",科学活动已经突破了以往的组织形式,进入了国家建制,乃至国际建制时代,科学从零散走向社会化,从"小科学"迈向"大科学",科学已成为一项国家事业、国际事业。

总而言之,科学发展到今天,我们已经不能仅仅把它理解为知识,也不能把它看成是单一的社会活动,而应该看成是知识、知识发展以及知识应用过程的统一。科学是一种以特定活动为基础,反映客观事实和规律的知识体系及相关事业与文化规范。

 **讨论与交流**

查阅资料,收集有关科学的定义。如:

1888年,达尔文给科学下过一个定义:科学就是整理事实,从中发现规律,做出结论。

法国《百科全书》(18世纪法国启蒙运动的重要出版物):科学首先不同于常识,科学通过分类,以寻求事物之中的条理。此外,科学通过揭示支配事物的规律,以求说明事物。

我国《辞海》1999年版:科学是运用范畴、定理、定律等思维形式反映现实世界各种现象的本质的规律的知识体系。

苏联《大百科全书》:科学是人类活动的一个范畴,它的职能是总结关于客观世界的知识,并使之系统化。"科学"这个概念本身不仅包括获得新知识的活动,而且还包括这个活动的结果。

……

比较这些定义的差异,思考不同的定义背后是怎样的科学观,与同学们交流你对科学的理解和认识。

二、科学与技术

科学和技术密切相关,人们也经常把两者连在一起合称"科技"。但是,我们需要知道,科学和技术是两个不同的概念。

(一)技术的内涵

科学来源于人类观察自然,研究自然现象,探究现象产生和变化的原因,最终发现规律,科学的核心是发现。而技术来源于人类为适应环境、改善生活而利用各种材料创造和使用工具,技术的核心是发明。

18世纪末,法国科学家狄德罗在他主编的《百科全书》中,给技术下了一个简明的定义:技术是为某一目的、共同协作组成的各种工具和规则体系。狄德罗关于技术的定义指出了现代技术的主要特点:目的性、社会性和多元性。

任何技术从其诞生起就具有目的性,技术的目的性贯穿于整个技术活动的过程之中,技术的实现需要通过社会协作,得到社会支持,并受到社会多种条件的制约,这诸多的社会因素直接影响技术的成败和发展进程。所谓多元性,是指技术既可表现为有形的工具装备、机器设备、实体物质等硬件,也可以表现为无形的工艺、方法、规则等知识软件,还可以表现为虽不是实体物质却又有物质载体的信息资料、设计图纸等。

(二)科学与技术的区别与联系

1. 科学与技术的区别

科学与技术都是人与自然界关系的反映,两者之间存在密切的相互依存关系,似乎全然无法分开,须臾不可分离。然而,知识的学问与手艺技能还是有根本的区别,我们可以从以下几个方面来考察科学与技术的区别:

（1）目的任务不同

科学主要是认识自然，获得自然知识，回答研究对象"是什么"和"为什么"的问题，讲究要有所发现，要揭示客观过程的规律性和因果性，构建知识体系；技术则主要是利用和改造自然，创造人工自然，解决实践过程中应当"做什么"和"怎样做"的问题，寻求怎样去制（making）和做（doing）的规则，讲究有所发明，以实现满足主体需要的目的，是现实的生产力。

（2）研究方法不同

科学在于发现，科学不创造自然界原来没有的东西，只是透过纷繁多变的客观表象发现客观规律。科学作为发现活动，所用的方法主要包括：观察、实验、假说、推理、验证等等。

技术在于发明，技术总是创造自然界本来没有的新东西（新工具）。作为发明活动，技术使用的方法主要包括：设计、模拟、制作、标准化、程序化等等。

（3）评价标准不同

科学判断要讲是非，讲真理性标准，淘汰谬误、追求正确。科学不以是否有用进行评价，也不会用是否有用来判定是非对错。

技术主要讲合理，讲效用性标准，更有用的手段、方法或设计就是好的技术。技术总是淘汰效益差的，追求更有用、更好用。

（4）发展进程不同

科学（尤其是基础自然科学）在说明客观过程的可能性时，较少顾及实现这种可能性的社会条件，科学与近期的社会经济发展往往没有直接关联，而是具有根本性、长远性的意义，在科学发展的进程中常常看到"超前"思想。

技术则不仅要注意到客观的可靠性、可操作性、安全性，还要考虑到社会经济、法律政策、伦理和资源环境等因素，技术对社会文明、国家实力和人们的生活质量有更为直接和近期的影响。技术是更具现实性的生产力。

2．科学与技术的联系

尽管科学与技术有明显的区别，但是科学与技术又密切联系、互相促进。

（1）技术的发展为科学研究提出课题并提供必要的物质手段

近代科学发展所需要的实验设备如望远镜、显微镜等都来自相关技术的进步。没有高透明度玻璃的生产，没有精密的镜片磨制技术，望远镜、显微镜就无从生产更不可能推广使用，天文学和微生物学的进步也就无从谈起。

现代科学的发展更需要有技术上的推动和支持。现代的材料技术、航空技术、生物技术提出了有关固体物理、流体力学、生物化学的许多科学问题，没有超低温技术，就不可能有超导现象的发现，也就不会有超导理论的研究。

（2）科学可以作为技术的先导并转化为技术

科学解释世界的功能与技术改造世界的功能相互联系和渗透，追求真理与追求效用相互结合，使科学技术成为巨大的物质力量，深刻地影响社会的各个层面。伦琴发现 X射线，为开创医疗影像技术铺平了道路；现代宇宙学理论的建立和发展对天文观测技术提出了新要求，推动了天文观测技术的进步。

近代以前科学与技术是分离的,科学知识专属于哲人、学者,技术则归工匠掌握。技术扮演主角,科学落后于技术的发展,呈现"生产—技术—科学"的发展路径。到了近代,科学逐渐成为主角,走到技术前列,引导着技术的发展,形成了"科学—技术—生产"的发展路径。20世纪科学与技术的联系更加紧密,呈现出科学技术化、技术科学化的发展趋势,一体化特征变得明显。

 **本章小结**

科学是一种以特定活动为基础,反映客观事实和规律的知识体系及相关事业与文化规范。科学和技术是密切相关的两个不同概念。它们在目的任务、研究方法、评价标准、发展进程等方面都各有不同。

 **思考与练习**

1. 四大发明是科学还是技术,为什么?
2. 结合实例说明科学与技术的区别与联系。
3. 查阅资料,试从科学、技术与社会发展的互动关系角度阐释"科教兴国"的战略意义。

第二章　我们的家园

扫码查看
本章资源

　　万物生长靠太阳,太阳辐射给地球输入了能量,也给地球万物带来了生机。地球作为太阳的一颗行星,其自转和公转引起了昼夜变换和四季更替。木星和地球的卫星——月球则在更大程度上分别保护了地球免受太阳系外和太阳系内各种天体陨石的撞击。太阳又和无数恒星一起在银河系内运转,苍茫的星空也在发生着斗转星移的缓慢变化。随着人类科技的发展和对自然规律的理解不断加强,人类对宇宙的认识在不断深入,人类的探索范围也在不断扩大,这些反过来又深化了人类对于世界的认识,促进了人类文明和科技的进步。

　　地球是人类共同的家园,地球上不同的自然带和气候分布,造就了丰富多彩的生态系统,也与人类的文明和生活息息相关。随着人类活动范围的扩大,人类对地球资源的需求越来越多,不合理的开发对地球和环境的破坏也越来越严重。保护地球,保护环境,就是保护我们的家园,保护人类自己。我们应更合理地利用地球的资源,减少对环境的破坏。

第一节　地球在宇宙中的位置

1. 认识宇宙的发展。
2. 了解宇宙的现状。
3. 提高探究宇宙科学的兴趣。
4. 辩证地看待宇宙中未解之谜。

　　古文典籍曾记载"上下四方曰宇,古往今来曰宙"。"宇"在这里是空间概念,"宙"在这里是时间概念,宇宙一词泛指物质和时空。古往今来,人们在长期观察和记录的基础上,对宇宙的认识不断变化,也不断深入。

一、宇宙观的变迁

（一）中国古代的宇宙理论

1．盖天说

盖天说大约始于周朝初，到公元前 1 世纪已经形成了一个完整的的理论体系。早期的盖天说是天圆地方说，认为"天圆如张盖，地方如棋局"，认为日月星辰绕地旋转。把日月星辰的出没解释为它们运行时远近距离变化，离远了就看不见，离近了才能看见。盖天说符合人们直观的观察常识，因而接受度很高影响深远。随着天文测量精确度的提高，人们发现它并不能很好解释实际天文观测记录。但它反映了人们认识宇宙结构的一个阶段，具有一定的历史意义。

2．浑天说

浑天说相传为战国时期魏国的天文学家石申（约公元前 4 世纪）创立。浑天说的代表作《张衡浑仪注》中说："浑天如鸡子，天体圆如弹丸，地如鸡子中黄，孤居于天内，天大而地小。""浑天说"认为全天恒星分布在一个天球上，而日月五星则附于天球上运行，采用球面坐标系，如赤道坐标系，来量度天体的位置，计量天体的运动。"浑天说"不只是一种宇宙学说，更是一种观测和测量天体视运动的计算体系，类似现代的球面天文学。"浑天说"对现代宇宙学的发展起到重要的作用。

3．宣夜说

宣夜说约在战国后期至东汉初期之间形成。东汉郄萌总结宣夜说《晋书·天文志》为：天无形质且"高远无极"，日月星辰靠"气"浮于空中。宇宙没有固定的形状且是无限的，日月星辰并不是缀附在天球上的，它们都靠气的作用自然地飘浮在宇宙之中，并进行运动或静止。日月星辰的运动规律是由它们各自的特性所决定的，并没有坚硬的天球或是什么本轮、均轮来束缚它们。宣夜说打破了固体天球的观念，这在古代众多的宇宙学说中是非常难得的。这种宇宙无限的思想出现于两千多年前，是非常可贵的[①]。

拓展阅读

天文学对于农业的重要作用，首先就表现在它能够为农业生产提供准确的时间服务。因为农时对于农业生产来说，要求非常严格，在一年中，适合播种和收割的时间往往只有短短几天，表现为"抢农时"，而通过观察物候的一些变化来了解时间的变化又是粗疏的，不可能满足古人对于农业生产的要求。因此在没有任何计时设备的古代，人们通过天文学的知识来决定农业生产活动。对于农业经济来说，作为历法准则的天文学知识具有了重要的意义。在远古社会，如果谁能把时间准确地告诉人民，谁就被认为是能够与天沟通、了解天意的人，他必然会赢得整个氏

---

① 徐红. 仰望星空[M]. 济南：山东科学技术出版社，2013.

族对他的尊敬与敬仰,这就是最早的王权的基础。某个人一旦掌握了天文学的知识,他就可以通过"观象授时"的形式决定农业的生产,来实现他对整个氏族的统治。因此,古代的天文学知识只能被极少数的人掌握。

图 2-1-1　观象授时

(二) 国外古代宇宙认识

1. 地心说

有明确记载,最早提出地球是圆球形的是古希腊的毕达哥拉斯,他认为宇宙应该是一个和谐的统一体,由此认为天体应该是球形,而天体的运行轨道应该是圆形。但是这一时期还主要是以思辨的方式研究宇宙,直到古希腊伟大的哲学家柏拉图开始用几何系统表示天体的运动,西方天文学才进入了一个崭新的时期,而这一点也被大多数学者认为是中西方天文学的分水岭,也被认为是中国天文学后来落后于西方天文学的主要原因之一。柏拉图所提出的同心球宇宙结构模型认为地球位于同心球的中央,固定不动,向外依次为月、日、水星、金星、火星、木星和土星,它们都围绕地球转动。后来,亚里士多德将地心说系统化,认为宇宙的中心为不动的地球,其外包裹着55层透明同心球层,向外依次是月、日、水星、金星、火星、木星和土星,最外面是恒星所在的球层。在地心说的支持下,人类开展了大规模的观测,发现了一些难以解释的现象,如行星的顺行和逆行,于是古希腊数学家阿波罗纽斯提出了行星的视运动。阿波罗纽斯认为,行星绕着称为本轮的较小圆周做匀速运动,而本轮的中心沿着称为均轮的大圆周做匀速运动,所有均轮的中心是地球。到了公元 2 世纪,托勒密[①]在总结前人观测和研究的基础上,集大成地给出了比较严密的地

---

① 托勒密(Claudius Ptolemaeus,90—168),伟大的天文学家和占星家。他著有长达十三卷的巨著《天文学大成》,很好地总结了古希腊的天文学成就,对后世天文学和数学的发展产生了深远影响。他还发现了大气折射、月球运动的出差等天文现象。他的占星学著作《四书》是西方占星学的经典。他本人反对信奉上帝,所以其著作长期被罗马天主教定为禁书。

球中心说理论。

2．日心说

日心说最早可追溯到古希腊的阿利斯塔克提出的完整的日心地动说。他认为,地球既做自转又做公转,五大行星也和地球一样绕太阳转动,而恒星固定不动地分布在遥远的天球上。该学说在当时与绝大多数希腊人"和谐宇宙"的想法背道而驰而被埋没,直到哥白尼《天体运行论》的发表,日心说才重新回到人类的视野,且一石激起千层浪,震撼了已1000多年的中世纪欧洲。

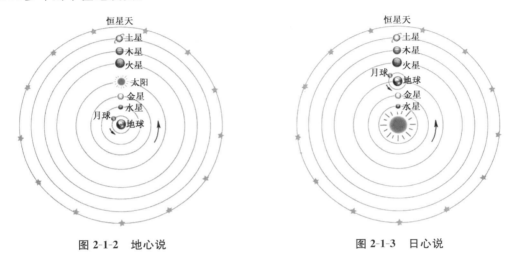

图 2-1-2　地心说　　　　　　　　　　　　图 2-1-3　日心说

二、宇宙及其起源

（一）宇宙起源

1948 年由俄裔美国天文学家伽莫夫提出。他认为,宇宙最初是一个温度极高、密度极大的由最基本的粒子组成的"原始火球"(有称"原始蛋")。这个火球不断迅速膨胀,它的演化过程就像一次巨大的爆炸,爆炸中形成了无数的天体,构成了宇宙。关于宇宙诞生的理论很多,在一二百亿年前,我们的宇宙刚刚诞生时,是一个温度极高、压力和物质密度极大的混沌火球(不妨叫它"宇宙蛋")。所谓物质,只不过是一些光子而已。然后逐渐形成各种基本粒子,成为现在各种物质的构成材料。巨大的压力使宇宙急速地膨胀(即大爆炸),宇宙温度则因膨胀而逐渐降低,物质凝聚成团状星系云,星系云又一步步分裂,凝聚成一个个恒星,恒星周围的剩余物质便逐渐凝聚成行星和卫星。这些天体不是分散的,许多恒星聚集成星系,星系又聚集成星系群,进而是星系团、超星系团,还有更大的群体。这些群体也不是均匀分布的,有些区域非常密集,形成"宇宙长城",有些区域非常稀少,形成"宇宙空洞"。宇宙天体可能就是这样一种"泡沫结构"。有许多证据表明,宇宙还在继续膨胀。目前我们探测到的最远天体已超过 150 亿光年,但那里仍然不是宇宙的尽头,宇宙似乎有无限的空间。

（二）宇宙的年龄

哈勃定律告诉我们如何去计算各星系离开我们的速度，由此我们便能预言它们在10亿年、100亿年以后的位置。当然我们也能采用同样的推理方法追溯过去。追溯过去的时间，势必发现各星系越来越近，直到最后它们恢复到宇宙处于初始条件（不管是什么样的条件）时的阶段。

各星系返回到初始时刻所需的时间，就是宇宙的年龄，我们也可将宇宙年龄定义为宇宙从某个特定时刻到现在的时间间隔。我们可以根据哈勃定律计算出这年龄的大小。现已证明，这年龄就是哈勃常数的倒数，大约为150亿年。

由哈勃常数获得的宇宙年龄又称为哈勃年龄，它是指哈勃观测到的从宇宙发射出的光线的年龄。现代观点认为哈勃年龄是宇宙年龄的上限，可以作为宇宙年龄的某种度量。

我们通常所说的宇宙年龄，是指大爆炸以后逝去的时间，也就是宇宙标度因子为零起到现在的时间间隔。我们不能排除存在一个爆炸前时期的可能性。

2000年8月8日，国际天文学联合会发出公告，由多国天文学家合作，采用5种不同方法研究宇宙的年龄，其中4种方法均得出宇宙起源于140亿～150亿年前的结论。

如果宇宙的密度足够大，那么宇宙膨胀的速率由于引力的作用会越来越小，最终使膨胀速率变为零，宇宙停止膨胀。这种情况一旦发生，宇宙就会在自身引力的作用下开始收缩。这种收缩一开始是很慢的，但以后会越来越快，最后回到大爆炸前的物质形态，并再次发生大爆炸。如果这种循环可以一再发生，我们的宇宙就成为一个振荡宇宙。这时，谈论它的年龄还有意义吗？宇宙振荡的周期更能反映宇宙演化的时间特性。

2013年2月，美国宾夕法尼亚州立大学的天文学家公布了他们找到的一颗距地球仅190光年的亚巨星，其测定的年龄高达144.6亿年，误差为8亿年。2013年3月，欧洲航天局根据"普朗克"探测器提供的数据，将宇宙的精确年龄修正为138.2亿年。

（三）宇宙的形状

宇宙到底是闭合的还是开放的，这是一个目前无法确定的问题。人们只能说根据观测事实，宇宙目前正在膨胀，并且正在加速膨胀。

不过，多数科学家趋向于"宇宙有限，但无尽头"的说法。因为如果宇宙确实是由大爆炸从"无"膨胀起来的，它不可能是无限的，只能是有限的三维空间，就像膨胀的气球总有一定的体积，威力巨大的氢弹爆炸总有一个可算出的影响范围一样。但是，宇宙确实没有尽头，至少现在，我们找不到宇宙的边缘。科学家们从宇宙的形状上去解开"宇宙有限，但无尽头"之谜。以球形的地球表面来说，从任何一点出发一直往前走，我们找不到地球的边缘，但可以回到原来的出发点。这说明二维空间的地球表面没有尽头，但却是有限的。如果宇宙是一个三维空间的球体，那么，在这个球体中的任何一点，不管从上下左右前后哪个方向前进，我们找不到边缘，但可以回到原来的出发点。不过，科学家们认为，宇宙不一定是一个球体，也可能是轮胎形、漏斗形或其他什么形状。

（四）宇宙层级

很长一段时间内在人们头脑中的宇宙的概念是指太阳系和银河系,这是因为牛顿力学在解释天体运动方面的成功,确立了它在自然科学中不可动摇的地位,所以以牛顿时空观为基础的宇宙模型自然就被人们接受了。20 世纪初爱因斯坦发表了广义相对论,这个理论改变了人们固有的时空观念,构造出了一个使人很难理解的宇宙膨胀模型。哈勃观测到的河外星系具有红移又说明宇宙确实在不断地膨胀。因此,有的天文学家认为宇宙起初会处于一个范围很小、密度和温度又很高的状态。到 20 世纪 60 年代发现了 3K 宇宙微波背景辐射后,说明宇宙确实是由高密度高温度状态不断膨胀、不断冷却而发展到如今的状态。

宇宙的层级实质上是不同星系组成,星系是几十亿颗至几千亿颗恒星以及星际气体和尘埃物质等组成的天体系统,它占据了几千光年至几十万光年的空间距离。一直到 19 世纪,人们的视野才从太阳系扩展到银河系。而对银河系面貌的认识到 20 世纪初才搞清楚。银河系之外还存在其他星系吗? 1924 年,哈勃用威尔逊山 2.5 米望远镜确定了仙女座大星云到我们的距离,这才肯定仙女座大星云是银河系之外的一个星系。我们把银河系外的星系统称为河外星系。

河外星系是不是与银河系属同一等级的天体系统呢? 回答也是肯定的。所有资料和研究结果都表明,银河系仅仅是一个很普通的星系,无论从大小还是质量来说都不处在特别优越的地位。最近半个世纪,由于射电天文学的发展,人们观测到了一大批非常奇特的星系,它们有极高的发光度,在很短的时间内有过剧烈的爆发现象,有的星系甚至在只有日地距离这样大小的范围发出比整个银河系还要强上万倍的光度,我们把这种星系叫作活动星系。

星系的运动包括两方面:一是星系内部恒星的运动,如太阳绕银河系核心高速旋转;二是星系整体的运动,如成对的星系绕公共质心的运动,星系彼此远离,进行着宇宙膨胀运动。

目前观察到的河外星系已达数百亿到上千亿个,观测距离达 140 亿光年以上。人类所能观测到的所有星系统称为总星系,天文学所指宇宙往往就是指总星系,是有限的①。

图 2-1-4 宇宙层级示意图

 讨论与交流

有的研究者认为,宇宙无论在时间上还是在空间上,都是永恒的,是无穷无尽的,它没有起源也没有结束。还有一些理论,认为宇宙最终会消亡,结局可能是宇宙所有物质受引力的影响,收缩至一个很小的点。也可能是宇宙不断膨胀下去,或者是变成"热寂"状态。宇宙真的会有终结吗? 对这个问题,你的观点如何? 与同学们分享你对宇宙的理解和

---

① 赵江南. 宇宙简史[M]. 武汉:武汉大学出版社,2015.

认识。

宇宙是一种流转演化,它包含着重复的物质运动的过程,宇宙是存中有亡与亡中有存,或者说宇宙永远都在局部地消亡着,又永远都在局部的消亡中酝存着局部的新生。由于人类无法在宇宙之外对它进行观测,因而难以给出全面、客观的描述。身处宇宙之中的人类只能通过科学的假设来逐步认识宇宙。没有假设,科学就无法前进。忘记了这是假设,把未经检验的假设当作永恒不变的真理,也会使科学陷入泥潭,成为伪科学。宇宙不仅比我们知道的更丰富,甚至比我们能够想象的还要丰富多彩。

拓展阅读

人们开始认识星系时并没有认识到它是由恒星组成的系统,而认为它是由弥漫物质组成的星云,所以像典型的旋涡星系仙女座大星云被称为"星云"。法国天文学家梅西叶把当时已发现的星云搜集在一起,编制了世界上第一个关于星云和星团的星表。英国天文学家赫歇耳经过大量艰苦的观测,把梅西叶星表中的 103 个星云增加到 2500 个。赫歇耳用他的大望远镜居然把星云分解成恒星,所以他断言所有的星云都能分解成恒星,只要有足够大口径的望远镜就可以了。现在我们知道有的星云确实不能分解成恒星,例如,蟹状星云,它是超新星爆发的遗迹。另外,还存在由弥漫物质组成的处于恒星形成早期阶段的星云。直到 20 世纪 20 年代美国天文学家哈勃测定星系的距离以后,才为我们描绘出一幅由星系组成的宇宙的粗糙图像。

三、银河系

(一)银河系特点

1. 银河系的结构

用望远镜观测,可以看出银河系是由许多恒星组成的,也有不少星云,很多的星体密集在一起,因而形成一条光亮的带子。

恒星高度集中于银河系内,而在其他方向上分布得较稀疏,这个现象很自然地使人们认为,恒星可能组成一个圆盘状的庞大系统,观测资料也已证实了这个看法。

银晕是一个范围更大的、比较接近球状的区域,其直径约 50000 秒差距。属于银晕的天体有天琴座 RR 型变星、球状星团、某些巨星和矮星。这些天体也渗透到银盘中去。银晕中的星际物质比银盘中的少得多。银盘和银晕的中心有一恒星特别密集的部分,称之为银核,其直径约 3000 秒差距。

分析恒星空间分布得到的另一重要结果是发现了银河系有几条旋臂,因而得出银河系具有旋涡状的结构,是一个旋涡星系,旋臂位于银盘内。

银河系的恒星无法用直接计数的方法数出来。从理论上推算,估计银河系里有 1000 多亿颗恒星,最新报道认为有 3000 亿颗恒星。银河系的质量也是从观测资料结合理论推算出来的,约为 1400 亿个太阳质量。

2．银河系的运动

运动是物质的永恒属性，卫星、行星、恒星无一不是运动着的天体。银河系里的恒星以及星团、星云等都在以很大的速度运动着。它们的运动可以分为两种：一种是绕银河系中心的转动，即银河系的自转，这种运动是有规律的，转动的速度随离银心的距离而变化。在太阳附近，银河系的自转速度为250千米/秒，考虑到太阳离银心的距离为10000秒差距，则可算出在太阳处银河系的自转周期，也就是太阳绕银心转一圈的时间，等于2.5亿万年。另一种是杂乱无章的运动，运动的方向没有规则，速度一般为每秒几十千米。如太阳除了同邻近的恒星一起绕银心转动外，还相对于邻近的恒星以19.5千米/秒的速度向着位于武仙座中的某一点方向运动。

（二）银河系经典理论

人类认识银河系经历了一个漫长的阶段，而且至今还无法完全认识它。18世纪中叶，人们普遍认为银河系中的恒星是对称分布的。1785年，赫歇耳用恒星计数法描绘出银河的结构。他认为银河是一个扁平状的系统，该系统沿银面方向的尺度是垂直于银面方向的5倍，太阳位于银河系的中心。19世纪末，从研究恒星的位置和运动中，人们得出银河系是一个直径约7000秒差距、厚度约1850秒差距的扁平系统的结论。1918年美国天文学家沙普利推断出太阳不是位于银河系的中心，而是位于银面附近，距银心约为3万光年。然而他高估了银河系的规模，直到1930年才最终确立了现代银河系的模型。

银河系的起源理论同宇宙起源理论紧密相关。按照大爆炸宇宙论，原星系（包括银河系）是由于宇宙中物质密度起伏以及和起伏有关的引力不稳定性形成的。若按稳恒态理论，物质创生于密度最高的星系核处，因而星系是连续形成的。从研究太阳附近年老恒星的运动资料得出结论：由原银河系坍缩成银河系的特征时间为 2×10^8 年。富含金属的恒星在坍缩过程中最先形成，原银河系中的大部分物质则保持气态并继续沉降，在损失若干能量后变成银盘。

根据迄今为止有关银河系的观测资料，可大致给出银河系可能的起源和演化史：100多亿年前，有一个巨大的星系际云，在自身引力的作用下收缩，在收缩过程中分成了若干云块，其中一块大云形成了后来的银河系，其他云块则形成大、小麦哲伦星系和其他河外星系。

大云块在自身的引力作用下不断地收缩凝聚，内部逐渐形成许多密度较大的球状团块，即球状星团的前身。每一个球状团块至少有10万倍的太阳质量，这些团块在自身引力的作用下进一步收缩，而且比银河系整体收缩得更快，最终团块破碎成许多更小的碎块——原恒星产生了。

大云块在收缩的过程中，云中心的密度增加最快，逐步形成一个中心密集区，即银心。受到银心的引力作用，球状星团向它靠拢。随着大云块的收缩，内部运动渐趋一致。由于角动量守恒，伴随着气体云的坍缩，引力能的释放加速了旋转运动，这就形成了银河系的自转。自转的存在和加快使尚未形成恒星的小云块互相碰撞，损失能量，变化为银盘，而银盘内逐渐形成大量的恒星，它们都在大致圆形的轨道上绕着银心转动。

拓展阅读

　　银河系的中心凸出部分即银核,是一个很亮的球状物,这个区域由高密度的恒星组成,主要是年龄为一百亿年以上的老年红色恒星。很多观测证据表明,在银核中心存在着一个巨大的黑洞,从而使银核的活动十分剧烈。

　　12.8微米的红外观测资料指出,银核中心直径为1秒差距的银核所拥有的质量为500万~600万个太阳质量,其中约有100万个太阳质量是以恒星的形式出现的。科学家们认为余下的400万~500万个太阳质量可能被一个巨型黑洞所拥有,这个黑洞观点现已被天文学家们普遍接受,并命名为"人马座A"巨型黑洞。有学者甚至认为巨型黑洞的存在是银河系作为旋涡星系的重要条件[①]。

　　黑洞是怎么形成的? 一个质量巨大的超新星爆炸时,它的核心往往会形成一个中子星,但是当超新星爆炸后剩余物质的质量仍然超过太阳的3倍甚至更高时,致密的中子星将无法承受这么大的重力,它就会坍塌,变成一个黑洞。黑洞有着超级巨大的引力场,使得它所发射的光和电磁波都无法向外传播,变成看不见的孤立天体,能吸走它周围的一切物质。黑洞的基本结构都相同,中心的奇点部分被一个不可见的边界围着,我们称之为"视界"。根据爱因斯坦的相对论,科学家们猜测,宇宙中可能还存在一种和黑洞对立的天体——白洞,白洞好像一个喷泉,它向外界喷射物质和能量,却不吸收外部的任何东西,物质可以在白洞的周围自由运动,非常奇妙。

四、太阳系及地月系

(一) 太阳系

　　人类对宇宙的认识是由近及远、由浅入深的,因此宇宙在人脑中的图像也就由小到大、由表及里。从地球→太阳系→银河系→河外星系,人的可视半径已达140亿光年(1光年等于9.46×10^{15}米)以外的宇宙深处。

　　观测发现,整个宇宙正以惊人的速度在膨胀着,并伴随有巨大的能量爆发、大量的物质抛射、超强辐射源的点燃和衰竭等极端现象。想象中宁静的、相对稳定的宇宙仅仅存在于太阳系内。

1. 太阳系概况

　　太阳系是银河系的一部分,距银河系中心约3.26万光年。太阳系由太阳、八大行星及其160多颗卫星、6颗已命名的矮行星、5000多颗小行星、彗星、流星体以及行星际物质等组成。卫星除了绕行星旋转外,同时又和行星一起绕太阳旋转。太阳是太阳系的核心天体,无论是质量还是大小,太阳都居首位,它占太阳系总质量的99.86%,它的引力控制着太阳系里其他天体的运动,太阳的引力范围延伸到大约日地距离的4500倍以外。

---

　　① 罗佳.普通天文学[M].武汉:武汉大学出版社,2012.

太阳是太阳系的主宰,它的巨大引力为太阳系其他天体提供重要动能,它的强烈辐射为太阳系其他天体提供重要热能。太阳对我们地球来说显得尤为重要[①]。

太阳系除了太阳,还有八大行星。根据质量、大小和化学组成不同,可将行星分成三类。

类地行星:包括水星、金星、地球和火星。它们的体积小、密度大、中心有铁镍核。

巨行星:包括木星和土星两颗行星。其特点是体积大、密度小,主要由氢氦等元素组成,是无固体表面的流体行星。

远日行星:包括天王星和海王星。它们的体积、密度介于上述两类之间。主要由氢、氦、甲烷、氨等元素组成。由于表面温度很低,可能大部分处于冰冻状态。

2. 太阳

(1)太阳概况

太阳是一颗既普通又特殊的恒星。普通是针对它在整个恒星世界而言:它的体积和质量比较居中,它的年龄和大多数恒星一样,属于中年期;它的化学成分主要是氢和氦,分别占71%和27%,次要成分有碳、氮、氧等,大约只占2%;它的其他物理参数如密度、瀑度和光度等也都与其他恒星差不多,因此它是恒星家族中很普通的一员。特殊是对太阳系,特别是对地球而言。主要表现在六个方面:一是在太阳系中它的半径大约为695990 km,相当于地球半径的109倍,质量接近2000亿亿亿吨,占整个太阳系总质量的99.865%,是地球质量的33万多倍,是整个行星质量总和的745倍;二是由于它的体积和质量十分巨大,在太阳系中占绝对优势,造成太阳系中几乎所有的天体都直接或间接地绕它旋转,太阳成为太阳系的中心天体;三是由于同样的原因,导致它的中心密度、压力和温度都很高,分别约为160 g·cm^{-3},3.4×10^{16} N·m^{-2}和1.5×10^{7} K,因而进行着热核反应,成为太阳系中唯一能自行发可见光的天体;四是它是距太阳系中所有天体(包括我们的地球)最近的一颗恒星,因而具有与其他恒星不同的"表现",不像其他恒星只是天球上的光点,赋予地球等八大行星的辐射能比较多,其他恒星到达地球的辐射能甚至可以忽略;五是由于太阳到地球的距离不远也不近(以及地球本身的物理参数和性质),地球所获得的太阳辐射能不多也不少,因而地球表面的温度不高也不低,致使地球上出现生命现象;六是由于太阳是最典型的恒星也是最近的恒星,因此我们可通过对太阳的研究,来认识数以亿计的其他类似于太阳的恒星。

(2)太阳的结构

其一,太阳的内部结构。

太阳是一个炽热的气体球,从理论上说,没有截然的界面将太阳内部分成几层,但根据直接和间接的资料,大致将太阳分为核反应区、辐射区、对流区。

核反应区:位于太阳的中心部位,半径大约为0.25个太阳半径,体积是太阳的六十四分之一。由于这里高温、高压和高密度,因而具备产生热核反应的条件,即由四个氢原子核聚变为一个氦原子核(4^{1}H→^{14}He),同时产生正电子、中微子和光子。太阳能量的

---

① 潘秀英.太空之旅走进神奇的太空[M].合肥:安徽美术出版社,2014.

99％是从这里产生的。由于这里的热核反应十分稳定,太阳也就连续不断地比较稳定地向宇宙空间发射辐射。

辐射区:位于核反应区外围,厚度大约为 0.6 个太阳半径。这里从里向外各层密度、压力、温度渐次降低且都比核反应区低。辐射区不会产生热核反应,并保持相对稳定,但核反应区产生的能量通过该区向外传播,光子经过这里与粒子碰撞,经多次被吸收之后再次发射,从里向外能量也逐渐降低,依次为 γ 射线、X 射线、紫外线,最后以可见光和能量更低的其他形式到达太阳表面并向外发出辐射。

对流区:位于辐射区外围直至太阳表面,厚度大约为 0.15 个太阳半径。辐射区将核反应区的能量带到这里,从里向外温度梯度很大,流体静力平衡遭到破坏,里外处于不稳定状态,造成该区内上下物质的对流。物质的对流伴随大量的能量向太阳表层输送,因此,它的对流状态是造成太阳大气中各种活动现象的重要原因。

其二,太阳大气——太阳的外部结构。

太阳大气是指在一定条件下可以被直接观测到的外部层次,即太阳的外部结构。由于高温,太阳大气电离成等离子体。根据温度、亮度和密度等,太阳大气自下而上可分为光球、色球和日冕三层。

光球层:太阳大气的最底层,厚度约 500 km。由于太阳的内部我们是看不到的,因此我们所见到的太阳视圆面实际就是太阳的光球层,我们在地球上接收到的太阳辐射,来自光球层。光球层的有效温度为 5770 K,这一温度一般也被认为是太阳的表面温度。因为温度高,所以亮度很亮。在光球层内自下而上,温度、密度有所不同,加之来自太阳内部的影响,光球层中不仅布满"米粒组织",而且在局部地区常常会出现黑子、光斑等现象。

色球层:位于光球层的上部,厚度约 2000～10000 km,亮度只有光球层的万分之一,总是被光球层的强烈光辉所淹没,因而平时难以见到。色球层的存在,最早是通过日全食观测得到的;现在是通过专门的仪器,利用单色光来对色球层进行观测。色球层表现为边缘不整、呈锯齿状的玫瑰色花边,色泽鲜艳。色球层亮度低,但其温度却比光球层高得多,可达万度甚至十几万度。色球层内还因磁场不稳定而经常出现耀斑爆发及与其共生的日珥等。色球层的物质密度很低,并随高度增加急剧下降。

日冕层:是太阳大气的最外层,延伸范围很广,可达太阳半径的数倍。日冕层亮度更低,只有色球层的千分之一,只能发出微弱的光,平时不能见到,只有在日全食或用特殊的仪器才能见到,表现为银白色,且形状和大小变幻不定。日冕层内物质密度极低,不到地球表面大气的十亿分之一,也可以认为日冕层没有明显的上界。日冕层的温度很高,可达百万度以上,这种高温可能是由于这里的物质运动速度极高所致,而且日冕层高速膨胀,不断向行星际空间喷发出高温、高速、低密度的粒子流,我们称为太阳风。太阳风可"吹"遍整个太阳系,其速度和密度等随离太阳距离改变而变化。在地球附近,太阳风速度约为 450 km/s,质子或电子的数密度平均为每立方厘米有 5 个粒子,温度为 $5×10^4～5×10^5$ K,磁场为 $6×10^{-13}$ T。

（3）日地关系

太阳在恒星世界是一颗非常普通的恒星,但是对地球,特别是对地球上的人类来说,却是一颗非常重要的恒星。地球上众多的现象均与太阳有着千丝万缕的联系。

首先，太阳是地球最主要的能量来源。地球上 99.9％以上的能量来自太阳，我们所使用的化石燃料实质上也来自远古太阳能在地球的贮存，因此太阳辐射的微小变化都会给地球带来严重的影响。据研究，太阳辐射变化 1‰，气温将变化 0.65～2.0 ℃。太阳常数增加 2％，地面气温可能上升 3 ℃；减少 2％，地面气温可能下降 4.3 ℃。有人指出，太阳常数减少 3％，北半球极冰南界可向南推进约 10 个纬度，这无疑使地球上的气候和气候带发生显著的改变。另外，太阳活动周与气候的振动有密切关系，普查世界多条大河的洪水记录，都表明洪水有周期性变化，且与太阳活动周有很好的对应关系。许多研究还表明大气环流、气温和梅雨的早晚也与太阳活动的 22 年周期有关。如果太阳活动十分强烈时，地球所受到的影响更为严重。比如臭氧层受太阳活动影响最大，它的变化会导致全球气温的变化。因此，太阳活动峰年期往往会造成世界上众多地区的气候反常，出现干旱、洪涝、酷暑、大雪等。

其次，太阳活动对地球上的生物，特别是对人类的健康产生影响。太阳（和月球）的引潮力会引起生物体内物质（含水分）的重新分布，造成生物行为和情绪的变化。另外，地球磁场对人类的内分泌具有显著的调制作用，神经系统对地球磁场也十分敏感。因此，当太阳发生强烈活动并引起地磁扰动时，人体相关平衡失调，某些功能发生紊乱，也会造成行为、情绪异常或失控。据研究，高频电磁波强烈照射时，可使人类免疫系统发生障碍，淋巴细胞发生病变，导致某些疾病发生。

再次，太阳或太阳活动可导致地球大气某些现象的出现。比如在高纬度近地磁极地区会出现极光现象，即太阳带电高能粒子流（可达 10000 eV）使地球高层分子或原子激发或电离而产生的现象。常呈淡绿色、红色或粉红色的光带、光弧或幕状。极光出现时可持续几分钟到几小时。极光出现的强度和频繁程度与太阳活动的程度密切相关，统计结果也证明它们之间有较好的相关性。再如，太阳紫外线和 X 射线的作用可使地球大气（80～500 km 范围内）形成几个密度较大的电离层，分别是 D，E 和 F。地面的短波无线电通信主要靠电离层反射传播。但 D 层由于电子密度小，不能直接反射无线电波，相反却起着吸收作用。当太阳活动强烈（如耀斑出现）时，对电离层有"骚扰"作用，导致无线电信号被强烈吸收而减弱或中断。1972 年 8 月 7 日的耀斑大爆发，导致当时几乎所有飞机和轮船罗盘失灵，全世界所有短波通信中断，一些地区的弱电设备、电力和电子设备不能正常工作。另外，臭氧层（位于平流层中 10～50 km 高度）也会受到太阳紫外辐射量变化的影响，从而使大气环流发生变化，进而影响天气和气候。

最后，太阳活动还可诱发地震，大耀斑爆发甚至会使地球自转速度减慢[①]。

拓展阅读

太阳的能量有多大？

太阳是太阳系的中心天体，是太阳系光和热的源泉，其发出的能量主要来自其内部的热核反应。那么太阳每秒向外发出多少能量呢？我们采用如下方法：地球

---

① 邵华木. 基础天文学教程[M]. 合肥：安徽人民出版社，2008.

位于日地平均距离处并排除大气影响,在垂直太阳光的条件下,测定地面上单位面积(cm^2)每分钟所接受到的太阳热量,测定的值为 $8.16\ J\cdot cm^{-2}\cdot min^{-1}$,这就是太阳常数。那么以太阳为中心,以日地平均距离为半径的球表面积应等于 $2.8\times 10^{27}\ cm^2$,乘以太阳常数,得 $3.85\times 10^{26}\ J\cdot s^{-1}$。这个能量若全部集中于地球表面,足以使 150 km 厚的冰层融化成 0 ℃的水。发射这么多能量,使太阳每秒钟损失大约 430 万吨质量,再乘以 86400 s,太阳每天向外发出的能量为 $3.326\times 10^{31}\ J$。太阳发出的能量十分巨大,但由于地球半径较小,其每秒钟获得的太阳辐射能只有 $1.74\times 10^{17}\ J$,大约是太阳辐射总量的 22 亿分之一,可却占地球总能量收入的 99%以上。由此可见,太阳蕴含的能量有多么巨大。

(二)地月系

1. 地球

地球是太阳系八大行星之一。从大小、质量、运动等物理性质和特征看,地球是太阳系的一颗非常普通的行星。但是,地球是我们人类的家园,是我们目前所知道的唯一有生命现象的星球。从这一点看,它又是太阳系中一颗特殊的行星。地球有一颗天然卫星——月球,它们构成宇宙中比较低级的天体系统之一:地月系。

地球对人类来说,是一颗十分重要的星球,由于我们生活在这个星球上,人类对地球的认识经历了相当长的时间,我们对它的认识比对其他行星的认识要深刻得多,对它的形状、大小及复杂的运动有比较清晰的认识,但是对其内部的结构、物质组成及运动状态等的认识,远没有达到十分准确的程度。

(1)地球的形状和大小

关于地球是球形的认识,可上溯到公元前五六世纪。后来的亚里士多德根据月食时月球上地影是一个圆弧,第一次科学地论证了地球是个球体。公元前三世纪,古希腊的地理学家埃拉托斯特尼成功地用三角测量法测量了阿斯旺和亚历山大城之间的子午线长度。

早在战国时期,我国哲学家惠施已提出地球是球形的看法。唐朝时期,在一行的指导下,由南宫说率领的测量队在河南进行了最早的弧度测量,算出了北极的地平高度差一度,相当于南北地面距离相差约 351 里 8 步(唐朝的长度单位 5 尺=1 步,300 步=1 里),从而可算出地球的半径。这项工作比阿拉伯人的类似工作约早 100 年。

在现代,除用大地测量方法外,还可用重力测量确定地球的均衡形状。人造地球卫星上天后,地球动力学测地方法得到很大发展。各种方法的联合使用,使得地球形状和大小的测定精度大大提高。1976 年国际天文学联合会天文常数系统中,地球赤道半径为 6378140 m,地球扁率为 1/298.257。地球不是正球体,而是扁球体。人造地球卫星的观测结果表明,地球的赤道也是个椭圆,据此可认为地球是个三轴椭球体。地球自转产生的惯性离心力,使得球形的地球由两极向赤道逐渐压缩,成为目前的略扁的旋转椭球体形状,极半径比赤道半径约短 21 km。地球内部物质分布的不均匀性,进一步造成地球表面形状的不规则性。在大地测量学中,所谓的地球形状是指大地水准面的形状,在这个面上重力位各处相同,是个等位面。

（2）地球结构

地球的外部结构主要由岩石圈、水圈、生物围、大气圈和磁层组成。

岩石圈是地球的表层,包括地壳和地幔的上部,厚度为 70～100 km。由火成岩、沉积岩、变质岩及薄薄的土壤层构成。

水圈包括海洋、湖泊、江河等地表液态和固态水以及地下水,甚至包括大气中的水分,大面积的海洋（约占地球表面积的 71%）是在外层空间回眺地球所见到的最突出的特点。

生物圈不仅包括陆地和海洋中的植物和动物,也包括空气、陆地和海洋中微生物,还包括人类本身。生物圈的存在是地球最重要最突出的特点,虽然推测宇宙中也有生命现象存在,但数十年来,人类虽孜孜不倦的探测,至今却仍一无所获。

大气圈是包裹在地球外部的厚厚的大气,主要以氮（约占 78%）、氧（约占 21%）和氩（约占 0.93%）所组成,是地球表面到行星际空间的过渡圈层,对地球和人类等生物有重要的保护作用。根据卫星探测资料推算,其厚度大约在 2000～3000 km。观测证明,大气圈在垂直方向上的物理性质有显著差异。根据温度的垂直分布、成分和电荷等物理性质,同时考虑大气的垂直运动情况,可将大气圈自下而上分为五层:① 对流层。对流层厚度因纬度而异,自高纬到低纬在 9～17 km。该层的主要特点是温度随高度升高而降低,空气垂直运动强烈,气象要素水平分布不均且主要天气现象发生在该层。对流层与我们人类关系最为密切。② 平流层。平流层位于对流层顶至 55 km 左右的高度,该层的显著特点是温度随高度升高不变或升高,空气多平流运动,吸收和阻挡了 99% 以上的太阳紫外辐射,层内有一厚度约 20 km 的臭氧层,对地球上的生物特别是人类有重要保护作用。③ 中间层。中间层位于平流层顶至 85 km 左右的高度,该层的显著特点是温度随高度升高而降低,空气垂直运动强烈,因而又称高空对流层。④ 电离层。电离层位于中间层顶至 500 km 左右（亦有人认为可达 8000 km）的高度,该层的显著特点是温度随高度升高而迅速升高,空气很稀薄且处于高度电离状态,在高纬度地区所看到的极光多发生在该层。⑤ 散逸层。散逸层位于电离层顶之上,是地球大气的最高层,因而也被称为外层大气。该层的显著特点是温度随高度升高很少变化,空气十分稀薄,大气粒子经常散逸至星际空间。该层上部可认为是大气圈和星际空间的过渡地带。

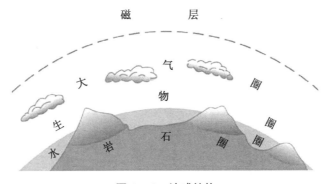

图 2-1-5　地球结构

由于地球内部的物质组成、分层结构、物理性质和地球的运动特征(如自转)而使地球具有磁场。地球磁场是一个偶极磁场,它在高空受太阳风的强劲"吹送"。在地球向着太阳一侧,地球磁场被压缩成一个距地心大约是 8～11 个地球半径(太阳活动强烈时只有 5～7 个地球半径)的包层;在地球背着太阳一侧,地球磁场则延伸很远,形成一个长达数百甚至数千个地球半径的磁尾,这样在地球的外部就形成了一个所谓的磁层。

地球可以看作由一系列的同心圈层组成,由外向内依次为地壳、地幔和地核(又分外核和内核)。地壳厚度不均,大陆上较厚,平均约为 33 km,海洋上较薄,平均约为 7 km。地壳是由富含较轻的硅和铝(即硅铝层)的花岗岩类岩石和富含硅铝及镁铁(即硅镁层)的玄武岩类岩石所组成。地幔则主要是富含铁镁的硅酸盐矿物组成的橄榄岩,其上部(几十千米)是刚性的固体岩石层,它与地壳共同组成岩石圈(厚度为 70～100 km);其下部(即岩石圈之下)岩石已接近熔融状态,易于流动。根据地震波探测推断,外核是液态,内核是固态。地核的物质成分,据推测主要由铁和镍等重物质所组成。

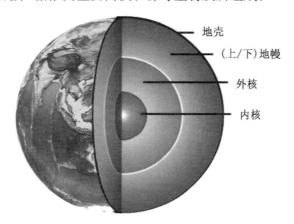

图 2-1-6　地球圈层

(3)地球的质量和密度

地球的质量为 5.977×10^{24} kg。为获得这一数值,人类颇费一番周折。起初人们无法想象如何"称"出地球的质量,在开普勒发现行星运动三定律后,牛顿于 1687 年发现了万有引力定律,然后对开普勒行星运动三定律进行了修正。在万有引力定律理论指导下,英国科学家卡文迪什于 1798 年用扭秤法第一次成功测定两物体间的引力,并求得万有引力常数 G,现在使用的万有引力常数为 6.67×10^{-11} N·m²·kg^{-2}。1881 年科学家约利设计出一台灵敏度很高的天平和一套方案,巧妙地称出地球的质量。现代获知地球质量可以通过人造地球卫星。设地球的质量为 M,人造地球卫星的质量为 m,卫星绕地公转轨道半长轴为 a,绕转周期为 T,根据牛顿修正后的开普勒第三定律,在已知卫星质量前提下,只要测定卫星绕地公转轨道半长轴 a 和绕转周期 T,即可依上式算出地球的质量 M。

知道地球的半径,可以求出它的体积,再知其质量,密度可轻而易举获得 $\rho = 5.54$ g/cm³。当然这里给出的是地球的平均密度,事实上地球的密度特别是其内部的密度是不均匀的。

（4）地球的重力和压力

地球的重力是地球引力和地球自转所产生的惯性离心力的合力。由于地球是一个扁球体，各地的惯性离心力不同，因此重力因纬度不同，也因高度和深度不同。就纬度而言，一般随纬度增高而增大。但也有因地内物质分布不均而造成局部地区的重力异常。就高度和深度而言，重力随高度升高而减小是较为简单的规律，但重力随深度的分布则较为复杂。一般认为，从地面到地下 2900 km 处，重力大体上随深度而增加；从地下 2900 km 到地球质心，重力急剧减小，直至为零。

地球表面的平均压力一般看作是一个大气压，但地球内部的压力肯定随深度而增加。关于地心的压力，比较公认的估值是 350 万大气压。

（5）地球的温度和热源

虽然地表温度因地因时而异，但全球全年的平均温度大约为 288 K。在地球内部，不仅温度比地面高，而且深度愈大温度愈高。地心的温度可能达 2000～3000 K。

地球表面的热能主要直接来自太阳辐射能，即使地表下一定的浅层深度也会受到太阳辐射能所转化的热能的影响。但是，地表 30 m 以下，除了以化石燃料所贮存的远古太阳辐射能外，几乎不受太阳辐射影响，那里的能量主要来自地球本身，来自地球内部放射性物质因衰变而放出的大量热能，地内物质因压缩增温而放出的热量以及地内物质分异过程中因降低重力位能而产生的大量热能等。

拓展阅读

为什么地球是球状的？

我们现在已知道我们生活的地球是近于球形的，为什么地球会是这样的形状呢？原来这主要是因为地球引力对其表面的物质产生的吸引力是指向地球球心的且大小相等。地球的质量相当大，能产生足够强大的向心引力，使任何地球表面的物质都逐渐趋向平坦的球状分布，而不是其他形状。而且，即便是高原、高山等不平坦的地形，只要有足够的时间，地球引力也会将其逐渐削平，从而恢复地球表面浑圆的形状。当然，在这一过程中，自然风化和水的侵蚀也起到了重要的辅助作用。

2．月球

月球是地球唯一的一颗天然卫星，满月前后，其是夜晚最亮的天体，因而很早就受到人们的关注。由于它从未被其他天体遮掩过，因此人们推测它是距地球最近的天体。人们还根据月相的变化推知，它是绕地球公转的。

（1）月地距离及月球大小

月球离我们很近，这是人类早已知晓的，因为在地球上看，它不仅从未被其他天体遮掩过，还隐约可见月球上的"树"。并且因为近，它看上去比较大。

第一，月地距离的测定。

测定月球到地球的距离，实际上我们只要测定月球地平视差就可以了。月球地平视差是指当月球（M）位于地平时，地球半径（R）对月球中心的张角 ρ_0。测出 ρ_0 为 $57'02''$，R

已知,可用正弦公式 $D=R/\sin\rho_0$,求出月地距离。

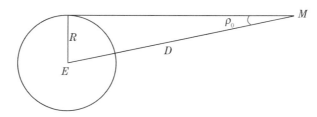

图 2-1-7　月球地平视差

现代测月地距离则更简单快捷,1969 年美国人在月球上安置激光反射器,因此我们只要向激光反射器发射一束激光并记录往返的时间,就可精确测定月地间的距离。

经多次测定,月地平均距离为 384401 km。

第二,月球大小的测定。

月球距地球很近,因此只要测出其视圆面直径对测角仪器(或人眼)的张角(称为视直径)即可。经精确测定月球的平均视直径(t)为 $31'14''.12$,则平均视半径(t^1)为 $15'32''.6$,于是月球的线半径可用下式求得

$$R=D\sin t^1$$

式中,D 为月地距离,等于 384401 km,从而求知 $R=1738$ km,大约是地球半径的 3/11,表面面积 3.976×10^7 km²,赤道直径 3476.2 km,两极直径 3472.0 km,扁率 0.0012,体积为 2.199×10^{10} km³,平均密度是水的 3.35 倍,月球的质量为 7.349×10^{22} kg。

(2)月球表面形态与结构

人类想象中,月球表面各种状况和地球上一样,但经过长期科学探测发现,月球表面和我们的地球有很大差异。

① 月球表面形态。和地球表面相类似的是,月球表面有月海、月陆、山脉、环形山和月谷,还有辐射纹(图 2-1-8)。与地球上的海不同,月海中并没有水,只是相对较低,类似地球上的盆地,是广阔的平原。已确定的月海有 22 个,绝大多数分布在月球正面(即朝向地球的面),有 3 个在背面,4 个在边缘地区。在正面的月海面积略大于 50%,其中最大的"风暴洋"面积约 5000000 km²。由于对太阳辐射的反射率较低,因而看上去较为灰暗。月陆则是高出月海的大片区域,由于对太阳辐射的反射率比月海大,因而看上去比月海明亮些。在月球正面,月陆的面积大致与月海相等,但在月球背面,月陆的面积要比月海大得多。月面最显著的特征是有众多的环形山,也叫月坑,是一种四周凸起、中部低凹的环形隆起,几乎布满整个月面。最大的环形山是南极附近的贝利环形山,直径295 km,比海南岛还大一点。小的环形山甚至可能是一个几十厘米的凹坑。直径不小于 1000 m 的大约有 33000 个,占月球表面积的 7%~10%。月球上的山脉十分壮观,山脉上也有高山峻岭,山脉高度往往高出月海三四千米,最高的山峰甚至高达 8000~9000 m。据统计,月面上 6000 m 以上的山峰有 6 个,5000~6000 m 有 20 个,4000~5000 m 则有80 个,1000 m 以上的有 200 个。最长的山脉可绵延 1000 km。月球上的山脉常借用地球上的山脉名,如阿尔卑斯山脉、高加索山脉等。月谷是月面上那些看起来弯弯曲曲的黑色大裂缝,和地

球上许多著名的裂谷类似,它们有的绵延几百到上千千米,宽度从几千米到几十千米不等。那些较宽的月谷大多出现在月陆上较平坦的地区,而较窄、较小的月谷则到处都有。辐射纹是月面上一种以环形山为辐射点向四面八方延伸的亮带,它几乎以笔直的方向穿过山系、月海和环形山。辐射纹长度和亮度不一,最引人注目的是第谷环形山的辐射纹,最长的一条长 1800 km,满月时尤为壮观。此外,哥白尼和开普勒两个环形山也有相当美丽的辐射纹。据统计,有 50 个环形山具有辐射纹。辐射纹很可能是陨星撞击或火山爆发所造成。

图 2-1-8　月球的正面和背面

② 月面的物理状况。由于体积和质量都比地球小得多,因而月面的重力加速度也很小,只有地面的六分之一,赤道处为 $1.62 \ m/s^2$,逃逸速度为 2.38 km/s,这样的重力无法保持住大气,所以月球上没有大气,也就没有气态水,当然也就没有液态水。月面的昼夜温差很大,达数百摄氏度。由上可见,月面没有生命存在的必要条件,月球上应该不会有类似于地球上的生命现象,飞船登月实地考察,确未发现有生命现象。另外,登月考察还确认,月球表面覆盖一层月尘和岩屑,月震很弱,也没有明显的磁场。

③ 月球结构。月球的内部结构与地球相似,有壳、幔、核等分层结构。最外层的月壳平均厚度约为 60~65 km。月壳下面到 1000 km 深度是月幔,它占了月球的大部分体积,并和月壳组成刚性的岩石圈。月幔下面是月核,月核的温度约为 1000 ℃,很可能是熔融状态的软流核。

（3）月相变化

月相是指月球不同的视形状,也就是月球亮面积(即圆缺变化)大小的表现。我们知道,月球本身不发光,因反射太阳光而被我们看到,但是月球被太阳照亮的部分(即月球上的白天)总是朝向太阳,月球又是绕地球公转的,因此我们所能见到的亮面积大小就会发生变化,这就是月相变化。月相变化与日、月、地三者相对位置有关,取决于太阳光线照射月球的方向和我们观测月球的视线方向。当光线和视线方向相同,即月球黄经与太阳黄经相差 180° 时,月球被照亮的半球能全被我们看到,月相表现为满月,称为"望";当光线和视线方向相反,即月球黄经与太阳黄经相同时,月球被照亮的半球背向我们,我们完全看不到,月相表现为新月,称为"朔";当光线和视线方向相垂直,即月球黄经与太阳黄经相

差 90°或 270°时,月球被照亮的半球只有一半朝向我们,我们也只能看到一半,月相表现为"上弦月"或"下弦月",前者右(西)边亮,后者左(东)边亮。

拓展阅读

　　1957 年 10 月 4 日,苏联"卫星 1 号"人造卫星发射成功,开创了人类空间探测的新纪元。地球唯一的天然卫星——月球,是离我们最近的天体,古今中外有过许多登月的传说,在中国有"嫦娥奔月",在国外有《梦游记》等。1959 年 1 月 2 日苏联发射了"月球 1 号"探测卫星;1959 年 9 月 14 日"月球 2 号"首次撞击月球表面,同年 10 月发射的"月球 3 号"飞越月球背面,首次拍摄到月球背面照片;1966 年 1 月发射的"月球 9 号"在月球表面软着陆;1966 年 3 月发射的"月球 10 号"成为人造月球卫星;1969 年 7 月至 1976 年 8 月陆续发射的"月球 15 号"至"月球 24 号"发展为自动月球科学站,或就地考察(17 号和 18 号带有月球车)获得并发回大量资料,或将月球土壤和岩石标本送回地球。苏联同时于 1965 年至 1970 年发射一系列"探测号"行星际飞行器,其中 5 至 8 号进行月球探测后返回地球。

　　美国阿波罗探月把人类久远的梦想变为现实,把人类探月推向辉煌。经过多次试验和失败,阿波罗 11 号飞船所载登月舱终于于 1969 年 7 月 20 日(UT)在月面着陆。11 号指令长阿姆斯特朗一只脚踏上月球时说:"That's one small step for a man,one giant leap for mankind."到 1972 年 12 月 11 日(UT)共有六批 12 名宇航员成功登月。此后二十多年没有任何国家再发射月球探测器。直到 1994 年 1 月,美国发射了"克莱门汀"月球探测器,经对探测数据研究,月球南极环形山的底部可能存在水冰。1998 年 1 月 7 日,美国又发射"月球勘测者"探测器,根据探测资料和绘制的全月面地形图、化学成分分布图,月球不仅在南北两极有大约 66 亿吨与石头、泥土混合在一起的水冰,月面各处还富含铁、钛、钍、铀等矿产资源。

　　进入 21 世纪,世界掀起新一轮月球探测热潮。欧盟率先于 2003 年 9 月 28 日,发射了"小型先进技术研究任务"(SMART-1)月球探测器,经过 13 个月的飞行,SMART-1(多译为"智慧 1 号")于 2004 年 11 月 15 日成功抵近月球,并进入椭圆形月球轨道环绕月球飞行。SMART-1 长时间环绕月球极地轨道飞行,绘制了月球表面的整体外貌图,让科学界第一次发现月球极地与赤道区域的许多不同地质构造,也让人类第一次发现在接近月球北极存在一个"日不落"区域,这个区域甚至在冬季都始终有阳光照耀。SMART-1 是欧洲人的骄傲,它实现了很多世界第一,为欧洲乃至全世界的科学家提供了大量新的数据,为人类了解月球起源和探索宇宙做出了很大的贡献。这个不到 1 立方米的探测器,其"小巧"的身躯内容纳了大量高科技设备,这些高科技设备自月球轨道拍摄并传回了月球表面的 2 万多张图像,其清晰程度前所未有。SMART-1 利用先进的太阳能电力推进系统,喷射出氙离子流,在地月之间的旅途中仅仅消耗了 60 升的燃料"氙"。这种新的太空旅行理念通过 SMART-1 成为现实,从此揭开了人类探索太空的新篇章。

随后跟进的是日本,1999 年日本推出"月亮女神"探月计划,2007 年 9 月 14 日上午 9 点 31 分(北京时间),日本探月卫星"月亮女神"号发射升空,主要任务是观测月球表面地形、研究元素分布等。日本研究人员称,这是日本 2025 年建立载人太空站第一步。

中国的探月计划于 2004 年 1 月正式立项,被称作"嫦娥工程"。北京时间 2007 年 10 月 24 日 18 时 05 分,"嫦娥一号"探测器从西昌卫星发射中心成功发射。我国首次月球探测工程有四大科学任务:一是获取月球表面三维立体影像,精细划分月球表面的基本构造和地貌单元,进行月球表面撞击坑形态、大小、分布、密度等的研究,为类地行星表面年龄的划分和早期演化历史研究提供基本数据,并为月面软着陆区选址和月球基地位置优选提供基础资料等。二是分析月球表面有用元素含量和物质类型的分布特点,主要是勘察月球表面有开发利用价值的钛、铁等 14 种元素的含量和分布,绘制各元素的全月球分布图及月球岩石、矿物和地质学专题图等,发现各元素在月表的富集区,评估月球矿产资源的开发利用前景等。三是探测月壤厚度,即利用微波辐射技术,获取月球表面月壤的厚度数据,从而得到月球表面年龄及其分布,并在此基础上,估算核聚变发电燃料 ^{3}He 的含量、资源分布及资源量等。四是探测地球至月球的空间环境。月球与地球平均距离为 38 万多千米,处于地球磁场空间的远磁尾区域,卫星在此区域可探测太阳宇宙线高能粒子和太阳风等离子体,研究太阳风与月球以及地球磁场磁尾与月球的相互作用。卫星发射后,2007 年 11 月 26 日中国国家航天局正式公布嫦娥一号卫星传回的第一幅月面图像。这幅月面图像位于月表东经 57°到东经 83°,南纬 54°到南纬 70°。图幅宽约 280 km,长约 460 km。

我国探月工程分为 3 个阶段,概括为三个字即"绕""落""回"。2007 年 10 月 24 日发射的"嫦娥一号"是第一期,主要是在"绕"月球飞行过程中工作。第二期工程时间定为 2007 年至 2010 年,目标是研制和发射航天器,以软着陆的方式降"落"在月球上进行探测。具体方案是用安全降落在月面上的巡视车、自动机器人探测着陆区岩石与矿物成分,测定着陆点的热流和周围环境,进行高分辨率摄影和月岩的现场探测或采样分析,为以后建立月球基地的选址提供月面的化学与物理参数。第三期工程时间定在 2011 年至 2020 年,目标是月面巡视勘察与采样返"回"。

嫦娥三号探测器于 2013 年 12 月 2 日在中国西昌卫星发射中心由长征三号乙运载火箭送入太空,当月 14 日成功软着陆于月球雨海西北部,15 日完成着陆器巡视器分离,并陆续开展了"观天、看地、测月"的科学探测和其他预定任务,取得一定成果。2013 年 12 月 16 日,中国官方宣布嫦娥三号任务获得成功。2016 年 8 月 4 日,嫦娥三号正式退役。

嫦娥五号月球探测器简称嫦娥五号,是负责嫦娥三期工程"采样返回"任务的中国首颗地月采样往返探测器,也是"绕""落""回"中的第三步。2020 年 11 月 24

日 4 时 30 分,在中国文昌航天发射场,用长征五号遥五运载火箭成功发射探月工程嫦娥五号探测器,顺利将探测器送入预定轨道。12 月 17 日凌晨,嫦娥五号返回器携带月球样品,采用半弹道跳跃方式再入返回,在内蒙古四子王旗预定区域安全着陆。

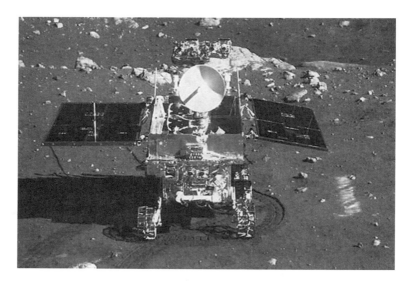

图 2-1-9　嫦娥 3 号月球探测器

图 2-1-10　嫦娥 3 号眼中的地球

3. 月地关系

月球是距离地球最近的天体,是地球的天然卫星、邻居和伙伴。地月系统自形成以来,彼此间就有着密切的关系。

从地球和月球的关系史上看,一般认为,两个天体的年龄都在 46 亿岁上下,有着相似的渊源,共同构建了一个和谐的引力系统。简单地讲,关于地月系统的形成的假说主要有同源说、分裂说、碰撞说和俘获说几种。月球与地球在同公转轨道上运行,比地处遥远的天体关系更密切,因此月球也会对地球产生巨大的影响。

人们应当感谢月球,是它给地球带来了生机与活力。假如没有月球陪伴的话,地球就会像醉汉一样,在公转轨道上摇摇晃晃。多亏月球的引力,使地球的自转保持稳定。另外,如果没有月球的"刹车"作用,地球的自转速度就会变快,一天只有十几个小时。据推测,30亿年前的地球自转速度仅为现在的一半,是月球对地球采取了缓慢的刹车,让地球获得了"美好的时光"。

月球还冒着被砸伤的危险,充当地球的保护伞。一些奔向地球的麻烦制造者,及时被月球拦截,避免地球遭到袭击,保障了地球上生命的安全。人们今天看到月球上密密麻麻的环形山,就是很好的例证。据估算,月面上直径超过千米的环形山就有33000多个,小的就不计其数了。当然,较大的环形山也可能是其他原因造成的。但月球确实为地球减少了麻烦和灾难。地球与月球的距离约384401千米,绕其公共质心旋转一周约27天7小时43分11.5秒,质心位置离地心约4645千米。月球的引力可深入到地球的内部,影响地核、地幔、地壳的运动状态。在月球(当然也包括太阳)的引力作用下,地球内部会发生周期性震荡,并引起共振效应,间接影响着地面生命的动态。

月球对地球的引力约为太阳的2.2倍。月球的引力对地球的造山活动、大气环流、地磁场转化等方面都起着助推作用,从古到今一直在激发着地球的活力。月球是引发海水涨落的主要策源地。海陆交界处,是生命活动的敏感区域。潮起潮落,海岸线的进退,给远古时期的海洋生物提供了登陆的机遇,为地球上生命的进化和物种的多样性做出了巨大的贡献。

月球与地球的关系,犹如太阳与地球的关系。阳光是地球上生命不可缺少的条件,而月相变化对地球生物也产生着重要影响。根据科学和生产实践观测,各种蔬菜、花卉、水果、林木、作物对月相变化都十分敏感。人们可根据其性状特点,确定种植、管理、收获、贮藏的最佳时间,借以提高产量和质量。月光还能起到杀菌防腐作用,医治人体及动植物的创伤等功能。

第二节　地球的自转与公转

1. 认识地球运动的特点。

2. 了解地球运动对人类影响。

一、地球的自转

地球绕自身旋转轴线的转动叫地球的自转。早期人类并没有认识到地球是自转的,因而把天体的东升西落这种周日视运动看作是天体的真实的运动,于是也就得出"地球是宇宙的中心,即地心说"这一错误的结论。直到16世纪中叶,才由近代天文学奠基人哥白

尼首先从理论上给予论证。

（一）地球自转原因

我们每天都在经历昼夜交替，这是由于地球不停自转导致的。如果太阳和地球都是带电体的话，太阳在旋转的时候，会受到宇宙中心的影响，产生一个很强的旋转电流，这个电流就会产生一个旋转的电磁场。这时的地球也会跟着产生一个感生电磁场，来阻碍太阳电磁场的旋转，这个感生电磁场就推动了地球的旋转，形成地球的自转。

（二）地球自转的证明及自转方向

要证明地球自转有不少方法，其中最著名最直观的实验是法国物理学家傅科设计的"摆"（后人称之为傅科摆）。我们知道"摆"有一重要特性，即摆不受外力作用则摆动平面不变。因此，如果地球不自转，摆就不受外力作用，摆动平面就不会发生变化；相反，如果地球自转，摆就要受到地球自转力的作用，摆动平面就会发生变化。傅科设计的摆由重锤（数十千克）、长绳（数十米）和灵巧的悬挂装置所组成，它可以克服空气阻力长时间保持惯性摆动。在长时间摆动中，地球亦在自转，因此，摆动平面相对于初始摆动平面会发生缓慢且持续地向右即沿顺时针方向（北半球；南半球则向左即沿反时针方向）偏转。由于傅科摆偏转方向与地球自转是相对运动，因此它不仅证明了地球是自转的，还生动地表明了地球是按反时针方向（北半球）自转的，即自西向东自转。所谓自西向东就是伸出半握拳右手，大拇指指向天北板，则其余四指指向即为地球自转方向。这种描述的优点是具有全球统一性。另外，傅科摆的偏转速度（即单位时间内偏转的角度）与纬度的正弦成正比，可用下式表示：

$$\Delta\theta = \sin\psi \cdot 15°/h$$

式中 ψ 和 h 分别是地理纬度和小时。显然赤道上 $\Delta\theta = 0/h$，两极 $\Delta\theta = 15°/h$。也就是说，随着纬度的增大，傅科摆的偏转速度也相应增大。

（三）地球自转的周期

地球自转的周期粗略地说是1"日"。但是由于参考点的不同，"日"的名称和长度也有不同。恒星日、太阳日、太阴日的理论长度，是以恒星日和恒星时为标准，即地球自转360°用24恒星时，每恒星时自转15°。但太阳日的长度为24时4分。在日常生活中，人们更习惯以24小时作为太阳日的长度，以此作标准，可推出恒星日、太阴日的实际长度分别是23小时56分和24小时50分。

恒星日（参考点为某一恒星，天文学上以春分点来定义）：同一恒星（或春分点）连续两次在同地上中天的时间间隔。

太阳日（参考点为太阳中心）：太阳中心连续两次在同地上中天的时间间隔。

（四）地球自转速度

地球自转速度有自转角速度和自转线速度之分。除了地球两极点外，地球的自转角速度全球一致,既不随纬度变化而变化,也不随高度变化而变化。

地球自转线速度是指由于地球的自转,地球球面上的一点单位时间内在空间走过的距离。这个速度与旋转半径成正比,而旋转半径随纬度增高而减小,因此,纬度越低,地球自转线速度越大,反之越小,直到两极点地球自转线速度为零。自转线速度可用下式求得:

$$v = 2\pi R/T$$

式中,R 为旋转半径,T 为自转周期,等于 85164 秒。以 ψ 表示地理纬度。我们可得到任意纬度海平面上的自转线速度公式:

$$v = 465\cos\psi$$

地球自转速度是变化的,既有长期减慢和季节变化,又有不规则变化。长期减慢的主要原因是月球和太阳对地球的引潮力,引起海洋潮汐,而海洋潮汐的摩擦作用,使地球自转速度不断减慢。季节变化则与大气环流的季节调整有关。不规则变化是由于地球内部和外部的物质移动和能量交换所致。太阳的剧烈活动也会影响地球的自转速度,如 1956 年 2 月 23 日及 1959 年 7 月 15 日太阳出现特大耀斑,造成地球自转速度突然变慢,日长分别增加了千分之九点七秒和万分之八秒。

(五) 地球自转的意义

1. 天体的周日视运动

周日视运动是一切天体最显著的视运动。在天体照相仪对北极天区所拍得的照片上,可以清晰地看到北极附近恒星的周日视运动轨迹。在地球北极处,北天极与天顶重合,天体的周日平行圈与地平圈平行,天体既不升起,也不下落,永远保持同一高度。那里只能看到地球北半部的天体。在赤道处,天体落在地平圈上,天体的周日平行圈与地平圈相垂直,天体沿着与地平圈垂直的圆周自东向西做周日视运动。那里可以看到全天的天体。天体因周日视运动不断改变着自己的地平坐标,即方位角和高度。天体在做周日视运动时,经过地球上一些特殊的圈(包括大圆和小圆)或点,这些现象在天体测量工作中具有重要意义。

2. 昼夜交替

由于地球是一个不发光也不透明的球体,而太阳是一个点光源,太阳光平行发射,所以太阳只能使地球的一半被照亮,形成昼半球,而另一半则形成夜半球。昼夜半球的分界线叫晨昏线。

3. 不同地方产生不同地方时

地方时的定义:在地球上某个特定地点,根据太阳的具体位置所确定的时刻,称为"地方时",它是观察者所在的子午线的时间。

地方时产生的原理:由于地球的自转,在地球上同一纬线上的两点,东边的时刻总是早于西边。地球每 24 小时自转一周,所以地球上经度相差 15 度的地方,时间相差 1 小时。国际上将不同的地方时统一划分为 24 个时区。各时区的"中央经线"规定为 0°(即

"本初子午线")、东西经 15°、东西经 30°、东西经 45°……直到 180°经线,在每条中央经线东西两侧各 7.5°范围内的所有地点,一律使用该中央经线的地方时作为标准时刻。比如,北京的时间要比合肥的晚,即合肥比北京先见到太阳。但为了方便,两地都会统一采用东八时区的区时即我们所说的北京时间。

4．科里奥利力

地球自转会使水平运动物体方向发生偏转。在北半球向物体运动方向右侧偏转,在南半球向物体运动方向左侧偏转。造成这种偏转的力称为地转偏向力,它是法国学者科里奥利最早研究并证明它的存在,故称之为科里奥利力,简称科氏力。地转偏向力的方向是:在北半球,垂直指向物体运动方向的右侧;南半球相反。

二、地球的公转

（一）地球公转的证明及公转方向

地球和其他大行星一样在自己的特有轨道,以相同的方向绕太阳运行,这就是地球的公转。地球的公转方向与其自转方向相同,即自西向东。哥白尼的"日心说"应该是人类最早认识地球绕太阳公转的理论,但却遭到"地心说"拥护者的强烈反对。他们指出,如果地球绕日公转,地球在公转轨道上的不同位置,观测同一恒星,恒星的视位置应有所不同,这就是恒星的视差,它是证明地球绕太阳公转的关键之一。因此,直到 1838 年,白塞耳等人测出几颗较近恒星的周年视差,才最终扫除确立"日心说"的"最后障碍",地球绕太阳公转也得到普遍认可。

光行差也可用以证明地球的公转。光行差是地球轨道速度对于光速的影响。在地球上看,恒星光以每秒 300000 km 的速率射向地球的同时,又以每秒 30 km 的相对速率做平行于轨道面的运动,因此,我们所看到的是星光的视方向,它是上述两种运动的合成方向。这样,我们只要测定恒星的光行差,也就证明地球是绕太阳公转的。

另外,多普勒效应也可以证明地球公转。光是一种波动,波源与观测者的相对运动会使观测到的波的频率发生变化,这种现象叫多普勒效应。当波源接近观测者时,频率变短,即向短波方向移动,称"紫移";当波源远离观测者时,频率变长,即向长波方向移动,称"红移";地球在绕太阳公转过程中,对公转轨道面附近的同一恒星,半年时间接近它,另半年时间则远离它,在地球上观测这颗恒星的光谱就会发现,半年时间光谱有紫移现象,另半年时间光谱有红移现象。这就有力证明了地球是绕太阳公转的。

（二）地球公转的轨道

地球公转轨道是一个椭圆,轨道面(亦即黄道面)与地球的赤道面(亦即天赤道面)有一定夹角,即黄赤交角,现阶段这个角等于 23°26′。因此,地球侧身在轨道上公转。太阳位于这个椭圆的一个焦点上,地球一月初过近日点,距太阳 147100000 km,七月初过远日点,距太阳 152100000 km。

（三）地球的公转周期

地球公转的周期粗略地说是1"年"。但是由于参考点的不同,"年"的名称和长度也有不同。

恒星年:以恒星(恒星应无明显自行)为参考点,太阳视圆面中心连续两次经过同一恒星的时间间隔。长度为365.2564日,即365日06时09分10秒,是地球公转的真正周期,也是地球绕日公转360°所经历的时间。这里用"太阳中心"来定义恒星年是因为地球绕日公转360°,太阳视位置亦以同样的方向在黄道上运行360°。

回归年:以春分点为参考点,太阳视圆面中心连续两次经过春分点的时间间隔。长度为365.2422日,即365日05时48分46秒。由于春分点每年西移50.2″,所以回归年比恒星年短20分24秒。

近点年:以近日点为参考点,地球中心连续两次经过近日点的时间间隔。由于近日点每年东移11″,因此,近点年长度为365.2596日,即365日06时13分56秒,比恒星年略长。

交点年(也叫食年):以黄白交点之一为参考点。太阳视圆面中心连续两次经过同一黄白交点的时间间隔。由于黄白交点每年西移19°21′,因此食年长度为346.6200日,即346日14时52分53秒,短于恒星年。以上的"日"均为平太阳日。

（四）地球公转的速度

地球公转的速度有角速度和线速度之分。角速度在近日点为61′10″/日,远日点为57′10″/日(因日地距离而变化),平均值为59′/日。线速度在近日点为30.3 km/s,在远日点为29.3 km/s(因日地距离而变化),平均值为29.78～30 km/s。符合开普勒第二定律,面速度不变。

（五）地球公转的意义

1. 昼夜长短的变化

昼夜是因为太阳的强烈光辉所致。太阳照耀的半球是昼半球——白天;太阳光照不到的半球(即另外半球)是夜半球——黑夜。昼半球和夜半球之间的分界线叫晨昏线(或晨昏圈),它以太阳直射点为一个极点。晨昏线是地球昼半球和夜半球的分界线,它与太阳直射光线相互垂直。由于太阳直射点的位置变化,晨昏线把所经过的纬线分割成不同的昼弧和夜弧,从而导致经过地球自转一周产生不同长度的白昼和黑夜。从另外一个角度来说,地球自转的同时还在公转,公转时地轴与轨道面的铅垂线有23°26′的倾斜,而且倾斜方向不变,始终指向北极星附近。这使得太阳直射点在赤道南北两侧往复运动,导致不同纬度(赤道除外)在不同季节里(二分日除外),昼弧和夜弧大小变化,最终引起昼夜长短变化。自春分日至秋分日,太阳直射点在北半球移动,北半球各地昼长于夜,且纬度越高昼越长,夜越短。夏至日这一天,北半球达到昼最长,夜最短,北极圈以北出现极昼现象。自秋分到次年春分,太阳直射点在南半球移动,北半球各地昼短夜长,且纬度越高夜越长,昼越短。冬至日这一天,北半球达到昼最短,夜最长,北极圈以北出现极夜现象。南

半球则相反。每年春分日和秋分日,太阳直射赤道,全球各地昼夜等长,各为 12 小时。在我国,漠河是昼夜长短变化最大的地方。冬至日,白天最短,只有 7 小时 30 分;夜晚最长,有 16 小时 30 分。到了夏至,昼夜长短变化则相反。

2. 太阳高度

太阳高度就是太阳中心与地球中心连线和某地地平面的夹角。太阳高度大小不仅决定太阳光透过大气的厚度,也决定等量太阳辐射在地面分布面积的大小。因此,太阳高度很大程度上决定地面所获得的太阳辐射能的多少。

3. 地球上的四季

通过前面关于昼夜长短和正午太阳高度大小的分析和讨论,我们知道,昼夜长短决定日照时间长短,日照时间长,获得太阳辐射能多,反之则少;正午太阳高度大小决定地面单位面积获得太阳辐射能多少,正午太阳高度大获得太阳辐射能多,反之则少。上述两种因素既因纬度面不同,也因季节而变化,两种因素综合叠加,导致地球表面上温度既有随纬度不同也有随时间而异。温度随时间而异这一现象,人为地将其划分成四季。有人曾错误地认为:地球处近日点前后,获得太阳辐射能多,是夏季;处远日点前后,获得太阳辐射能少,是冬季;冬、夏之间的过渡为春季和秋季。其实不然,首先,地球在近日点获得的太阳辐射能的确比在远日点多,但只多不到 7%,这微小的差别不足以形成季节变化;其次,地球在近日点或远日点是全球现象,而季节变化是半球性现象,用全球性现象来解释半球性现象显然是不能成立的。

实际上四季的形成主要是黄道与天赤道有 23°26′ 的夹角所造成。由于这个角度的存在,地球侧身在轨道上绕太阳公转,因此太阳直射点就会在南北回归线之间来回移动。当太阳直射点在北回归线附近(即夏至日前后),北半球白昼时间长,正午太阳高度大,获得的太阳辐射能多,约占整个地球所获太阳辐射能的 65.5%(含远日点因素),因而温度高,此为夏季;南半球相反。当太阳直射点在南回归线附近(即冬至日前后),北半球白昼时间短,正午太阳高度小,获得的太阳辐射能少,约占整个地球所获太阳辐射能的 30%(含近日点因素),因而温度同比较低,此为冬季;南半球相反。由夏到冬和由冬到夏的过渡季节分别为秋季和冬季。因此概括地说,黄赤交角的存在导致太阳直射点南北移动,是四季形成的原因。

因此,当太阳直射点由南回归线移经赤道到北回归线过程中,北半球白昼由最短渐变为最长,同时正午太阳高度也从最小渐渐变为最大(回归线之间有例外),北半球也就由冬季经春季到了夏季;南半球相反。当太阳直射点由北回归线移经赤道到南回归线过程中,北半球白昼由最长渐渐变为最短,同时正午太阳高度也从最大渐渐变为最小(回归线之间有例外),北半球也就由夏季经秋季到了冬季;南半球相反。

这里所说的四季是天文学上的四季。若按照气候学上季节划分标准,低纬度地带无冬季(连续 5 天平均气温低于 10 ℃ 为冬季),高纬度地带无夏季(连续 5 天平均气温高于 22 ℃ 为夏季),只有中纬度地带四季分明。

天文学上四季的划分,我国和西方国家有所不同:我国强调天文特征,以四立(即立春、立夏、立秋、立冬)为四季的起止。

4．地球上的五带

地球上的五带是指热带、南温带、北温带、南寒带、北寒带。表面上看,这种划分是以温度为标准的,但实质上是昼夜长短和正午太阳高度的综合表现。从昼夜长短来看:可以以昼夜大致等长,昼夜有长有短和极昼极夜为标准;从正午太阳高度来看:可以是否有太阳直射(即 90°),是否小于或等于 0°以及在 0°和 90°之间为标准。概括出以下五带划分的标准,有太阳直射的区域,即南北回归线之间为热带,这里全年昼夜大致等长,有太阳直射,因而全年温度都比较高;有极昼极夜的区域,即南北极圈以内高纬度带为寒带,这里有长度不等的极昼极夜现象,正午太阳高度很小,甚至为负值,因而全年温度都比较低;既无太阳直射,又无极昼极夜现象的区域为温带,这里昼夜长短变化较大,正午太阳高度变化也较大,因而全年四季分明,全年平均温度既不很高,也不太低。上述寒带和温带位于北半球的叫北寒带、北温带,位于南半球的叫南寒带、南温带;热带跨赤道两侧,无南北之分。

第三节　气候与自然带

1．理解风、雨雪、云雾、霜露的形成原因。

2．理解影响气候形成的主要因素,掌握我国的气候类型。

3．理解纬度地带性、经度地带性、垂直地带性规律,能运用地域分异规律解释人类生产生活中因地制宜的现象。

4．知道世界大陆自然带及我国自然带的类型和分布。

一、气候

气候是指在某一时期内大量天气过程的综合,是长时间内天气现象的平均或者统计状态,一般以月、季、年、数年或者数百年作为时间尺度,既包括多年来经常发生的天气状况,也包括偶尔出现的极端天气状况。天气是指大气当前的状况,是短时间内大气状态和大气现象的综合,如风、雨、雾、雷电、雪等,气候往往与天气既相互区别又紧密联系。

(一)天气现象

1．风

风是空气流动的结果,是空气在水平方向上的运动。风的形成与地球表面空气受热不均有关。太阳辐射出巨大的能量,地球表面接收到了太阳总辐射能量的 22 亿分之一,由于受纬度、太阳高度角、海拔高低、天气状况、日照时间等因素的影响,近地面空气接收到的太阳辐射能量不均匀。接收太阳辐射能量高的地区空气受热膨胀上升,在近地面形成低气压;接收太阳辐射能量少的地区空气遇冷收缩下沉,在近地面形成高气压,这种空

气上升或下沉的垂直运动导致了同一水平面上气压的差异。气压差异是形成空气水平运动的直接原因。如果是一个湖泊和沙滩之间的空气运动可形成小范围的风,如果是全球规模上的运动可形成大气环流。

(1) 海陆风(湖陆风)

海陆风是沿海地区特有的天气系统,对局部天气和气候有重要影响。海陆风是日变化风系,白天风由海洋吹向陆地,夜间风由陆地吹向海洋。由于陆地和海洋的比热容不同,土壤砂石的比热容比海水小得多,因此,晴朗的白天地表受到太阳的辐射时,陆地升温快,空气受热膨胀上升,近地面形成低压,而海水升温慢,近海面形成高压,水平方向的气压梯度力使近地面空气从海洋吹向陆地形成低层海风。同理,夜间陆地冷却较快,海水降温慢,近地面空气从陆地吹向海洋成为陆风。

我国海南岛、台湾和沿海地区海陆风明显。例如,辽宁丹东是向南倾斜的"马蹄形"地形,北部是高山,沿海是平原,南临黄海,而黄海北部是我国海温最低的海区,海陆表面温差较大,气压梯度力大,造成丹东的海陆风非常明显。海风带来的海洋水汽能使陆地湿度增大,夏季沿海地区比内陆凉爽,青岛、大连、北戴河因而成为避暑胜地。

湖陆风的成因与海陆风一致,是较大湖泊与陆地之间日周期性的地方性风,白天风由湖面吹向陆地形成湖风,夜晚风由陆地吹向湖面形成陆风。湖南省岳阳市夏半年时湖陆风比较典型,其位于洞庭湖的东北侧,在一定的天气条件下,白天吹"出湖风",夜晚吹"进湖风"。

(2) 山谷风

山谷风是山区昼夜间风向发生反向转变的风系。白天,山坡接收的太阳辐射量大,空气升温较快,而山谷上方同一高度的空气离地面较远,升温慢,于是山坡上的暖空气不断上升,从山坡上空流向谷底上空,谷底的空气则沿着山坡向山顶补充,形成谷风。夜间,山坡空气冷却降温快,谷底上空空气离地面远,降温较慢,山坡上密度大的冷空气顺着山坡流入谷底,形成山风。山谷风多发生于山坡-山谷、山地-平原地区,且天气晴朗、昼夜温差大、山坡越陡时山谷风越强,较浅的山沟山谷风难形成闭合环流,森林茂密的山区、强大季风影响时山谷风较弱、出现频率较少。

谷风把温暖的空气和谷底的水汽带到上坡,使山上的气温升高、湿度增加。山风吹向谷底能降低温度并将山上的水汽带到谷底。李商隐的古诗"君问归期未有期,巴山夜雨涨秋池"中提到的巴蜀地区多夜雨,正是山谷风的原理。夜晚山风的冷空气下沉,谷底暖湿气流上升遇冷成雨。

(3) 城市风

城市风是当大气环流较微弱时,由城市热岛效应所引起的城市和郊区之间的大气环流。由于人口密集、工业生活污染、城市建筑密集、绿色植被少等原因使得城市气温一般比周围郊区气温高 $1\ ℃$ 左右,最高可达 $6\ ℃$,在城市热岛效应下,近地面风从郊区吹向城市,形成热岛环流。

城市风与海陆风、山谷风不同的是它的风向并不随昼夜和季节而发生明显变化,城市气温比郊区高,空气上升,其与郊区下沉的气流形成城市热岛环流。城市风可以起到疏散和净化城市空气的作用,但同时又扩大了污染的范围。如果郊区建有工厂,排放的气体污染物等有害物质随城市风流入市区会加重空气污染。因此,在城市规划时,一般考虑城市上空的风区在郊区下沉的距离,将工厂或者卫星城市建设在城市风下沉的距离范围之外,在下沉处或下沉距离内布置绿化带。

拓展阅读

　　自古有"下关风,上关花,苍山雪,洱海月",云南大理洱海四面环山,是典型的山谷盆地,海拔高度差异2000多米,地理条件复杂,大理洱海盆地中不仅有上文所说的洱海和陆地间热力性质不同引起的湖陆风,还有山坡与山谷之间受热不均而形成的山谷风,是山谷风和湖陆风的叠加。白天,地表受太阳辐射加热,洱海西岸的苍山东坡因太阳的辐射升温快,导致山坡上空气温度高于谷底上空同高度的空气温度,此外,由于洱海水体热容量比陆地的热容量大,地面比水面升温快,热力差异导致低层空气从水面吹向陆地再沿山坡上升,呈现出谷风和湖风叠加的现象;傍晚,山坡降温比谷底上空同高度的空气降温快,湖水降温比陆地慢,湖水温度高于陆地,形成与白天相反的热力环流,呈现出山风和陆风叠加的现象。

---

2. 雨雪

（1）雨

观察与思考：

　　在烧杯中加入一定量的水,将其放置在石棉网上,烧杯盖上盘子,盘子上方放一定量的干冰,用酒精灯给烧杯加热,过一段时间,你会观察到什么现象?

　　湿热空气上升遇冷形成小液滴进而形成降雨。根据雨的成因不同,我们可以把降雨划分为四大类型,分别是对流雨、锋面雨、地形雨、台风雨。

　　对流雨:冷暖气流呈上下对流运动引起的降水现象称为对流雨。近地面空气受热膨胀上升,暖空气上升过程中其包含的水汽随温度的降低凝结,水汽与大气中的粉尘颗粒、固体颗粒

图 2-3-1　模拟雨的形成

等灰尘杂质附着,不断凝结变得大而重,便成为雨水落下来。对流雨常出现在热带赤道地区或者温带夏季的午后,在中高纬度地区冬季很少出现。对流雨通常强度较大,持续时间短,范围小,伴有雷电。

　　人工降雨便是根据自然界降水的原理,利用降雨剂如盐粉、干冰或碘化银等来使云层中的云滴快速凝结,促使降雨或者增加降水量,其中干冰升华吸收热量起到快速降温的作用,盐粉和碘化银有利于大水滴的快速形成。

　　锋面雨:当冷暖气团相遇时,暖气团密度小且较轻而被抬升,不断上升的暖气团遇冷凝结成小水滴降雨。冷暖气团势力相当时,锋(冷暖气团的过渡带)移动很慢或者长期在一个地方徘徊形成准静止锋,在准静止锋的控制下会出现较长时间的阴雨天气即梅雨,例如,每年六月中旬至七月上旬,北方的冷空气和南方的暖湿气流在江淮地区对峙形成准静止锋,江淮地区在这段时间出现长达20天的梅雨天气。此外,高大地形的阻挡使锋面来

回摆动也会形成阴雨连绵的天气,例如,东北季风与西南暖流受云贵高原地形影响形成昆明准静止锋,受它影响,贵州高原地区冬雨连绵。

我国锋面雨的移动规律为 4、5 月份登陆东南沿海,6 月在江淮地区持续一个月时间,7、8 月份锋面雨向北推移到华北、东北地区、黄土高原、内蒙古高原,长江中下游是伏旱。9 月雨带南移退回沿海地区,北方雨季结束。10 月份夏季风完全退出我国大陆,雨季结束。

地形雨:暖湿气团移动过程中遇到高山的阻挡,暖湿气团沿着山坡缓慢抬升,在抬升的过程中随着迎风坡的升高而温度降低,水汽凝结,在迎风坡面形成降水即为地形雨。地形雨的降水量随着山地高度的增加而增加,达到峰值后逐渐减小,一般地形雨的雨势不强。地形雨一般只发生在迎风坡,背风坡不容易发生,这是因为气团越过山脊后水汽减少,沿着背风坡下沉的过程中,高度下降温度不断升高,水汽蒸发难以形成降水。

台湾东北部的火烧寮是我国的"雨极",由于其处于冬季东北季风和夏季东南季风的迎风坡上,极易形成地形雨,是我国降水量最多的地方。乞拉朋齐位于印度的东北部,喜马拉雅山以南,是世界的"雨极"。印度洋的暖湿西南季风遇到喜马拉雅山的阻挡被迫抬升,温度降低使水蒸气凝结为水滴,在山地的迎风坡乞拉朋齐形成降雨,是典型的地形雨。

台风雨:台风雨是热带海洋上暖湿气流随台风中心旋转上升后成云致雨。台风雨主要发生在垂直上升运动最强的云墙区以及内螺旋云带区,风眼区由于气流下沉一般无雨。我国夏秋季多发台风雨,一般发生在中低纬度的大陆东部沿海地区,多为暴雨,雨量在几百毫米到一千毫米以上。台风雨的雨量大小受台风登陆后的台风强度、地形、湿度、冷空气、持续时间的影响。

气象上根据 24 小时内降雨量大小来划分雨量等级。小雨为 24 小时内降雨量在 10 毫米以内;中雨为 24 小时内降雨量在 10 毫米到 24.9 毫米之间;大雨为 24 小时内降雨量在 25 毫米到 49.9 毫米之间;暴雨为 24 小时内降雨量在 50 毫米到 99.9 毫米之间;大暴雨为 24 小时内降雨量在 100 毫米到 250 毫米;超过 250 毫米的为特大暴雨。

(2)雪

雪是水的结晶体,虽然雪的形状千差万别,有六角棱柱体、星盘状雪花、星形树枝雪花、蕨类星形树枝雪花、三角水晶状、空心六棱柱、针状等多种形态,但雪花的基本形态是六角形。雪的成因和雨基本相同,只是温度不一样。当云的温度很低时,云内不仅有水汽还有小冰晶,小冰晶通常附着在冰核(微生物、固体尘埃)上,当小冰晶运动互相之间碰撞摩擦使表面略微增热有些融化,略微融化的小冰晶会吸附更多的水汽或者互相黏合,冰晶不断增大,最后降落到地面形成雪花。

雪的强度以降雪量来衡量,一般有小雪、中雪、大雪、暴雪四个级别。小雪为 24 小时内降雪量小于 2.5 毫米的降雪过程;中雪为 24 小时内降雪量在 2.5 毫米到 5 毫米之间的降雪过程;大雪为 24 小时内降雪量在 5 毫米到 10 毫米之间的降雪过程;暴雪为 24 小时内降雪量大于等于 10 毫米的降雪过程。

3.云雾

(1)云

云是大气中的水滴或者冰晶胶体的集合体。水受热蒸发形成水蒸气,随着大气运动

上升。但空气中能容纳的水蒸气是有限的,并随着温度变化而变化,暖空气中能容纳的水汽比冷空气多,在底层近地面时温度高,空气含水汽较多,如果空气继续被抬升,温度逐渐降低,空气中的水汽达到饱和状态后,便会附着在空气中的尘埃等凝结核上,成为小水滴。若温度低于 0 ℃,水汽就会凝华成冰晶。小水滴和冰晶混合物越来越多就成为我们所看见的云。

受气温和气流上升形式影响,云千姿百态,变化万千,但云的主要形态有三种:一是卷云,像羽毛、马尾等,高度一般在 4500 米以上,由疏散的细小冰晶组成,由于云层很高,在下降的过程中容易蒸发,所以不易形成雨。二是积云,轮廓清晰,底部平坦,顶部凸起,高度随地区的变化而不同,通常是由空气对流上升水汽凝结所致,通常在湿润地区和热带地区出现。积云成为浓积云时,空气对流强劲,积云垂直向上发展。当云顶的云变成羽状时,积云变成积雨云,积雨云的云底很低一般为 400 米到 1000 米,云顶高度很高,可达对流层顶,形成高大的云山,预示着大雨的来临。三是层云,通常是由锋面上的暖气团抬升所致,高度一般在 2000 米以下,主要是由小水滴组成。三种基本形态的云不断变化构成千姿百态的云形。

（2）雾

雾是接近地面的云,与云的形成原理相同。雾的形成有三个条件:一是冷却,白天温度较高时,空气中容纳了较多的水汽,当夜间温度降低时,多余的水汽凝结出来。深秋初冬的早晨是雾最浓的时候,由于夜变长、昼夜温差大,水汽容易从后半夜到早晨达到饱和而凝结成小水珠,但随着白天温度上升会把雾蒸散。二是水汽含量,雾多见于潮湿的山谷、洼地、盆地或者雨后转晴的时候,空气中水汽含量高。三是凝结核,水汽与空气中的微小灰尘颗粒结合更容易形成小液滴。

雾与霾是有区别的。雾的水分含量达到 90%以上,而霾的水分含量低,含有大量的悬浮物,密度小颗粒较小,如硫化物、氮化物、烟尘等,很容易被人们吸入到体内而诱发呼吸道疾病。霾比雾的范围更大持续时间更长,常见于北方的冬季。

4. 霜露

（1）露

观察与思考:

在一个小铁桶中加入适量的冰块,桶的外壁会有什么现象呢?

露是接近地面的空气中的水汽遇冷凝结所致。傍晚或夜间,地表或者地面物体向外辐射热量并冷却,与其接触的空气温度下降,当温度下降到"露点温度"以后,空气中的水汽达到过饱和状态,如果温度在 0 ℃以上,就有多余的水汽凝结成小水滴并附着在物体表面形成露。

露的形成受相对湿度、温度、风速、地物表面特性等影响。高的近地面相对湿度更容易形成露,露随着近地面相对湿度的增加而增加。我们看到露常常在春秋晴朗的天气产生,主要原因是天气晴朗无云,地面散失热量快,昼夜温差大,空气中的水汽容易达到露点凝结。当有微风时,空气流动送来更多的水汽同时有利于冷却凝结,但风速过大时,会带走水汽或者水汽蒸发不利于凝结。物体的表面积大而且表面粗糙散热相对更快,在其表面更容易形成露。

（2）霜

观察与思考：

在黑色的易拉罐中放入适量的冰和食盐,将易拉罐放置在湿毛巾上,将温度计插入易拉罐中测量温度,当温度低于 0 ℃时,观察在易拉罐表面会出现什么现象呢?

霜与露的形成原理一样,是近地面空气受到地面辐射热量并冷却影响而凝华所致。不同的是霜是小冰晶,是固体,不是液体。物体附近的空气与较冷的物体表面接触时,空气中的水汽受温度影响饱和度降低,如果温度低于 0 ℃时,多余的水汽凝华成为冰晶附着在地面或物体表面。霜也受温度、湿度、风的影响,温差大、相对湿度大、晴朗或者有微风的天气霜更容易形成。

（二）气候

气候对地球上的生命形成及繁衍发挥着重要的作用。地球上的气候经历了多次冷暖干湿的变迁。科学家通过古文献记载、考古化石、历史气象记录、地质地貌现象等推测出离我们现在最近的 6 亿年的气候变化,在地球的自然历史中,整体上至少有十分之九的时间是由温暖气候所主宰,中间间隔若干寒冷期。我国 5000 多年历史的气候规律表现为冷暖交替出现,温暖期的温暖程度逐渐弱化,寒冷期的寒冷程度逐渐增强。"春雨惊春清谷天,夏满芒夏暑相连,秋处露秋寒霜降,冬雪雪冬小大寒",二十四节气正是我国悠久文明历史中,人们长期实践中总结出的气候规律,反映了我国黄河流域中原地区的气候特征。

1. 影响气候形成的主要因素

不同地区气候不同,如高山和平原、沿海和内陆、南北方的气候有明显的差异。根据我国的实际情况,影响气候形成的主要因素有太阳辐射、大气环流、下垫面。

（1）太阳辐射

太阳不断地以电磁波的形式向外传递能量,太阳辐射是大气能量的主要来源,我国境内接受太阳辐射的强度受纬度、季节的影响。太阳辐射的强度与太阳高度角有关,夏季太阳直射北半球,我国境内的太阳高度角普遍增大,接收的太阳辐射强度南北差异较小,而冬季太阳直射南半球,太阳高度角随纬度增加而减小,接收的太阳辐射强度南北差异比夏季明显。因此,太阳高度的时空变化及纬度差异,导致我国境内各地获得太阳能量不同,产生了各地不同的气候。

（2）大气环流因素

大气时刻运动着,运动的形式和规模极其复杂,既有水平运动也有垂直运动,既有大规模的全球性运动,也有小的局部环流,大气运动过程中不断地进行热量、水汽等的输送和交换。大气环流的表现形式多种多样,包括行星风系、季风环流、海陆风、山谷风、城市风等。大气环流对气候的影响十分显著。从全球性的大气环流来说,各盛行风系和高、低压带沿纬向分布,大气环流对同一纬度带的气候形成作用类似,而不同纬度之间的气候差异很大,在不同的气压带和风带控制下,形成不同的气候类型,降水量也有显著差异。例如,赤道低气压带盛行上升气流,高温多雨;副热带高气压带盛行下沉气流,一般干旱少雨。

（3）下垫面因素

下垫面是与大气直接接触的地球表面,下垫面是大气的主要热源和水源,因此对气候的形成影响十分显著。首先,海陆间的差异。海洋是大气热能的储存库,据估算,约占地球表面积71％的海洋储水量占全球总水量的97.2％,并且贮存了进入地表的80％的辐射能,为大气提供能源和水汽,影响气候的分布。此外,海洋热量传递迅速,海陆比热容不同,海面温度变化比陆地变化缓和,海陆热力差异产生气压梯度力,形成季风和海陆风。其次,我国地形复杂,有高山、平原、丘陵、盆地,不同的海拔高度、山脉走向、地表形态、组成物质影响了太阳辐射、湿度、温度等,进而对气候的影响不同。例如,在温度上,山地气温随着海拔的升高降低,大部分山地南坡温度高于北坡;在降水上,暖湿气流遇到高山的阻挡时,在爬升的过程中随着温度的降低容易形成降雨,出现迎风坡多雨,背风坡少雨的现象。此外,高原大气水分含量随海拔增高相对减少,所以在高原内部一般干燥少雨。

2. 我国的气候类型及分布

我国拥有约960万平方千米的广阔面积,南北跨纬度49°,地处亚欧大陆东部,东临太平洋,地形有山地、高原、丘陵、盆地、平原。纬度跨度大、广阔的国土面积、复杂的地形、所处的地理位置、大气环流等因素决定了我国气候类型的多样性,主要的气候类型有五种,分别是:温带季风气候、亚热带季风气候、热带季风气候、温带大陆性气候、高原高山气候。

（1）季风气候

我国是世界上季风气候最显著的国家,夏季比同纬度上的其他国家(沙漠地区除外)暖热,冬季比同纬度上的其他国家冷,是唯一同时拥有温带、亚热带、热带三种季风气候的国家。我国季风区与非季风区的地理分界线为大兴安岭—阴山—贺兰山—巴颜喀拉山—冈底斯山,分界线以东为季风区,以西为非季风区。季风气候的主要特征是夏冬盛行不同方向的季风,夏季盛行偏南风,冬季盛行偏北风,四季分明,雨季北方开始晚南方早,西部地区晚东部早,雨量分布不均,东部比西部多雨,南方比北方多雨。

温带季风气候分布范围为秦岭—淮河一线以北的华北和东北地区,主要形成原因是海陆热力差异。冬季,大陆降温快,海洋降温慢,气流由太平洋流向欧亚大陆,在西伯利亚形成高压,西伯利亚高压侵入我国表现为寒冷少雨、西北风强劲。夏季,亚欧大陆比同纬度的太平洋增温快,受太平洋副热带高压的影响,表现为高温多雨,盛行东南风。

亚热带季风气候分布范围主要为我国秦岭—淮河以南和广州雷州半岛以北的地区,亚热带季风气候与温带季风气候的形成原因相似,都是大陆气团和海洋气团交替控制相互角逐的结果。不同的是二者以北纬35°为界,亚热带季风气候最冷月均温高于零度,夏热冬温,无结冰期,年温差没有温带季风气候大,年降水量一般在800毫米以上,而温带季风气候的年降水量一般低于800毫米,最冷月均温低于零度,有结冰期。

热带季风气候分布范围主要为海南岛、台湾南部、雷州半岛、云南南部,是气压带、风带的季节性移动以及海陆热力差异共同作用的结果,其特点是全年高温,年均气温在22℃以上,旱季雨季分明。雨季,由于气压带和风带向北移动,东南信风越过赤道受地转偏向力的影响形成西南季风,途径印度洋带来大量的水汽,年降水量大约在1500毫米以上,降水丰沛。旱季,气压带和风带季节性南移,受大陆高压控制,风从大陆吹向海洋,蒙

古西伯利亚高压气团南下的过程中受地转偏向力的影响形成东北季风,其与东北信风融为一体成为干燥的冬季风,在干燥的冬季风控制下导致干旱少雨。热带季风气候与亚热带季风气候在温度、降水量上有区别。首先,在温度上,热带季风气候全年高温,最冷月气温一般在16 ℃以上,而亚热带季风气候最冷月气温一般为0 ℃到16 ℃;其次,在降水量上,热带季风气候降水量多,旱雨季明显,降水主要集中在雨季,占年降水量的90%以上,亚热带季风气候的降水量按季节分配,夏雨最多,春雨次之,秋雨更次,冬雨最少。

海陆热力差异和气压带的季节转换产生季风的进退活动,季风的影响范围大致为:冬季风可影响到南海中部、青藏高原东部;夏季,东南季风可影响到大兴安岭西坡、阴山南侧、贺兰山以东,该线东南侧受季风影响降水丰富,而西北几乎不受影响,降水稀少,西南季风只影响到我国西南和南部。3月上旬,华南地区沿海开始受东南季风影响;4月下旬华南地区夏季风盛行,雨季开始,华中地区开始受影响,雨量增多;6月中旬华中地区夏季风盛行,梅雨季节开始,华北地区受影响;7月华北地区夏季风盛行,东北地区、内蒙古南部受影响;8月季风到达最北的位置,共历时5个月。8月底或9月上旬,夏季风开始自北向南撤退,冬季风迅速南下,9月底或者10月上旬影响到华南地区,历时只有一两个月[①]。

(2)温带大陆性气候

温带大陆性气候分布范围主要为大兴安岭—阴山—祁连山—昆仑山区域的内蒙古、宁夏、甘肃以及新疆北部地区。这些区域深居内陆,远离海洋,受大陆气团的控制,海洋的水汽难以到达,所以年降水量少,降水集中于夏季。夏季炎热,冬季寒冷干燥,年温差大。

(3)高山气候

高山气候分布范围主要为昆仑山—阿尔金山—祁连山—横断山区域的青藏高原、云贵高原、黄土高原等地区。高山气候最主要的特点是地势高、全年低温、降水少。气温和降水等要素随着海拔升高而呈现垂直变化,海拔每升高1千米气温下降6 ℃,年平均气温低,海拔越高水汽越少,空气稀薄气压低,太阳辐射强,风力大。例如,我国的青藏高原,平均海拔超过4000米,夏季凉爽,冬季寒冷,西北地区年降水量少。

拓展阅读

什么是行星风系?大气运动的能量来源主要是太阳辐射,假设地表均匀的情况下,赤道地带终年受热多、气温高,空气受热膨胀上升,在近地面形成赤道低压带,以北半球为例,如图2-3-2所示,赤道上升的气流在高空向极区流动,受地转偏向力的影响,在北纬25°到30°处气流完全偏转成纬向,不再向高纬度流动,阻滞着来自赤道上空的气流向高纬度流动,于是积聚下沉,在30°纬度近地面形成副热带高压带。副热带高压带近地面的气流一直流向赤道并在地转偏向力的作用下形成东北信风,补偿向赤道上空流出的空气,形成热带环流圈Ⅰ。

副热带高压带近地面的另外一支暖气流流向极地,在地转偏向力作用下,在中纬度地区形成西南风,也称作盛行西风。极地高压带向低纬度流动的冷空气偏转

---

① 雍万里.中国自然地理[M].上海:上海教育出版社,1985.

成东北风,称作极地东风。两支冷暖气流在纬度60°附近相遇,暖气流上升,在近地面形成低压带,即副极地低压带,上升的暖气流一部分流向副热带高压带上空,与热带来的高空气流合并下沉,形成中纬度环流圈Ⅲ,另一部分流向极地上空冷却下沉,补偿极地地面南流的空气,形成极地环流圈Ⅱ。

综上,南北半球各形成了"三风四带",即低纬信风带、中纬西风带、高纬东风带和赤道低压带、副热带高压带、副极地低压带、极地高压带。"三风四带"是有空气的自转行星上的普遍现象,因此称为行星风系。

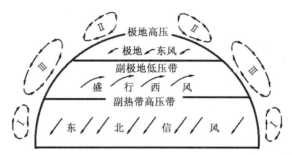

图 2-3-2　地表均匀情况下气压与气流的分布(北半球)[1]

实际上气压带和风带是有季节性移动规律的,大气环流的根本动力是太阳辐射,所以气压带和风带会随着太阳直射点的回归运动而季节移动。春分日和秋分日时,太阳直射赤道,气压带和风带以各自所在的纬度为中心,夏至日气压带和风带整体北移,冬至日气压带和风带整体往南移,大致移动5°到8°,气压带风带的移动总是滞后于太阳直射点的移动,滞后一个月左右。

二、自然带

(一) 自然带及其分布规律

自然带是自然地理现象在地球表面大致沿纬线方向呈带状延伸分布的区域,这些区域由于降水、温度等气候要素基本相同,因此在地貌、植物、动物、土壤等方面十分相似。

1. 水平地带性规律

(1) 纬度地带性规律

纬度地带性规律是指水平自然带沿东西方向延伸,按南北方向依次发生更替的现象。例如,我国东部湿润森林区从北向南依次为寒温带针叶林、温带落叶阔叶林、北亚热带常绿落叶阔叶混交林、中亚热带常绿阔叶林、南亚热带季风常绿阔叶林、热带雨林和季雨林。而在西部内陆腹地,由于青藏高原的隆起,由北向南一系列的山系打破了原有的纬度地带性,因此,纬度地带性在东部地区表现明显。

① 金磊,徐德蜀,罗云.中国21世纪安全减灾战略[M].开封:河南大学出版社,1998.

　　纬度地带性规律的根本原因是地球不同纬度接收太阳辐射的能量不同,从低纬度到高纬度太阳辐射量逐级递减,气温分布显示出纬度地带性规律,影响全球大气环流,进而使降水量沿纬度呈规律性变化,水热条件的纬向差异组合形成了纬度地带性规律,从赤道向南北两极出现沿东西方向延伸、南北方向更替的热带、亚热带、温带、寒带,如赤道的热带雨林带、高纬度的苔原带和针叶林带大致与纬向平行,横跨地球大陆,呈断续的带状分布。高低纬度具有明显的纬度地带性规律,是由于高纬度地区气温低、蒸发量小,东西方向的水分条件差异小,低纬度降水量大,水分条件东西差异也小。

　　(2) 经度地带性规律

　　经度地带性规律是指水平自然带沿南北方向延伸,按东西方向依次发生更替的现象。例如,我国领域经度跨度很广,西部地区深入欧亚大陆腹地,从东部沿海到西部内陆降水依次减少,从沿海的森林地带到森林草原地带再到草原地带最后到半荒漠、荒漠地带,这种植被的经度地带性规律在我国温带地区表现比较明显。

　　经度地带性规律的形成是由于海陆位置差异,导致从沿海到内陆的干湿状况的差异,如果大陆内部有山系阻挡水汽进入大陆内部,会加剧经度地带性分异。沿海地区受海洋影响,水汽充沛,形成森林带,随着内陆的深入水汽不断减少,气候越来越干旱,自然带逐渐递变为草原、荒漠带。

2. 垂直地带性规律

　　随着海拔高度的增加,垂直自然带在垂直方向上有规律的发生更替的现象叫作垂直地带性规律。垂直地带性规律主要分布于高大的山地,根据温度的垂直递减规律,海拔每升高 100 米,温度降 0.6 ℃,降水量从山麓到山顶一般为由少到多再到少的变化,因此水热条件的不同,形成了一系列垂直气候带,不同的气候带内植物、土壤、地貌等自然地理要素发生改变,形成了一系列相应的垂直自然带。我国山地分布很广,在各自气候带内都分布有不同高度的山体,各自在水平地带基础上形成内容丰富的垂直带,垂直带谱的空间变异具有如下规律:

　　山麓所处的自然带为垂直带谱的基带,即该山系所在的水平自然带。例如,长白山海拔 2691 米,处于温带湿润地区,基带是温带落叶阔叶针叶混交林,海拔 1600～1800 米是山地寒温针叶林,再往高处依次是岳桦林、山地苔原带。

　　体所处水平自然带位置不同,其垂直带谱不同,表现为垂直带谱与其所在的纬度区域向极地过渡的水平自然带谱相似。如图 2-3-3 所示,由低纬到高纬的水平自然带依次是热带雨林带、亚热带常绿阔叶林带、温带落叶阔叶林带、寒带针叶阔叶林带、寒带苔原带和冰原带,热带湿润地区的山体基带为热带雨林带,自基带向上也依次出现对应的山地亚热带常绿阔叶林带、山地温带落叶阔叶林带、山地寒带针叶阔叶林带、山地苔原带和山地冰原带。

　　同种垂直自然带在同一经线上随纬度的增高其分布的高度逐渐降低。如图 2-3-3 所示温带落叶阔叶林带在热带地区高山的中上部出现,而在亚热带地区出现在高山中部,在寒带地区没有。

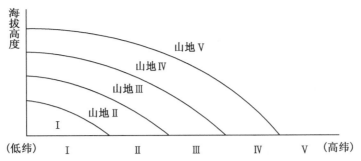

Ⅰ. 热带雨林带；Ⅱ. 亚热带常绿阔叶林带；Ⅲ. 温带落叶阔叶林带；
Ⅳ. 寒温带针叶林带；Ⅴ. 寒带苔原带和冰原带

图 2-3-3　湿润地区同一经线不同纬度地带上的垂直带谱示意图①

同一水平自然带，山体高度不同垂直带谱不同，高度越高，垂直自然带数目越多。例如，喜马拉雅山是世界上最高的山体，垂直带谱也是最完整的，从常绿阔叶林、高山针叶阔叶混交林、高山针叶林、高山灌木林、高山草甸、高山荒漠到积雪冰川带；而秦岭太白山地处暖温带半湿润地区，海拔 3767 米，垂直带分布为暖温带山地落叶阔叶林、山地针叶落叶阔叶混交林、高山针叶林、高山灌丛草甸，因高度海拔限制，没有出现苔原带、寒漠带和积雪冰川带。

同一山体，坡向（阳坡和阴坡、迎风坡和背风坡）不同，垂直带谱不同。例如，喜马拉雅山北坡只有高山草甸、高山荒漠和积雪冰川三个自然带，数量少，并且基带是高山草甸带，而南坡自然带数量多，这是由于喜马拉雅山南坡靠近印度洋，印度洋的西南季风使其水汽充足，南坡为阳坡，光照充足，北坡为阴坡。同样，秦岭南北坡水热状况不同，南坡夏季为迎风坡降水多，北坡相对干旱，南坡比北坡自然带多，而且同种自然带分布南坡比北坡高些。

水平自然带和垂直自然带的带谱更替次序基本相同，二者自然地理现象的时间变化过程具有一致性。但是水平自然带一般较宽，垂直自然带较窄，温度和水分的垂直梯度变化大于水平梯度，垂直自然带的自然现象在短距离内可能发生明显的变化。

3. 非地带性分布现象

地带性因素的影响是普遍的、基本的，非地带性因素的影响是局部的、特殊的。整体上，各地的自然地理现象具有地带性规律分布的特征，但同时又受当地非地带性因素的影响，从而形成地球表面复杂地理环境。

非地带性分布现象是指由于海陆分布、地形阻挡、地势抬升、局部环流、洋流、水分、人为破坏等非地带性因素的影响，使该区域的自然带分布不具备水平地带性规律和垂直地带性规律。例如，我国天山山麓地带若考虑纬度位置和海陆分布应属于温带荒漠带，但由于西风带和天山北坡的阿拉山口的影响，携带大西洋湿润水汽的西南风通过阿拉山口到达天山北坡而形成一片绿洲；甘肃鸣沙山和月牙泉附近的绿洲则是高山冰雪融水、山地降水和地下水提供的水源。紫色土也是一种非地带性土壤，主要分布于四川盆地，受亚热带

① 刘常海，张明顺. 环境管理[M]. 北京：中国环境科学出版社，1994.

季风气候的影响,砂岩、页岩作为成土母质在频繁的风化、侵蚀作用下形成紫色土壤。

（二）陆地自然带的分布

陆地自然带既有水平自然带,又有垂直自然带。水平自然带有热带雨林带、热带季雨林带、热带草原带、热带荒漠带、亚热带常绿阔叶林带、亚热带常绿硬叶林带、亚热带荒漠草原带、温带落叶阔叶林带、温带草原带、温带荒漠带、亚寒带针叶林带、极地苔原带、极地冰原带……

热带大致在南北纬30°之间。热带雨林带分布于赤道带的湿润大陆地区和岛屿上,在赤道的南北纬5°到10°范围内,常年湿润高温多雨,全年皆夏,雨量全年分配均匀,树种繁多,乔木高大,常绿浓密,林冠排列多层,林内藤本植物纵横交错,美洲亚马孙流域的热带雨林区面积最大。热带草原带大致在南北纬10°到南北回归线之间,包括非洲中部、澳大利亚大陆北部和东部、南美巴西等地,终年高温,有明显干湿季。热带季雨林带大致在南北纬10°到南北回归线之间的大陆东岸,以亚洲中南半岛、印度半岛、菲律宾群岛最为显著。热带荒漠带大致在南北纬10°到南北回归线之间的大陆西岸和内陆,如非洲北部的沙漠、澳大利亚西部和中部沙漠、南美西海岸沙漠,全年干旱少雨。

亚热带大致在南北纬30°到40°之间,亚热带常绿阔叶林带和亚热带常绿硬叶林带被大陆内部的荒漠草原隔开,分成大陆西岸与大陆东岸两种类型。大陆西岸的气候属于亚热带夏干型,主要形成常绿硬叶林,亚热带大陆东岸的气候属于亚热带季风气候和亚热带湿润气候,主要形成常绿阔叶林。亚热带荒漠草原带位于热带荒漠带的北部,分布于亚热带大陆的内部。

温带大致在南北纬40°到60°之间,温带草原带和温带荒漠带在亚欧和北美大陆的内陆地区,距海远,深入内陆,夏季炎热,冬季严寒,干旱少雨。温带阔叶林带主要分布于北纬35°到55°的亚洲大陆东部、北美大陆东部和南北纬40°到60°的大陆西部,如我国华北东北、俄罗斯远东地区南部、朝鲜半岛、日本北部以及西欧、北美和南美西海岸的狭长地带。

亚寒带针叶林带位于南北极圈附近,包括欧洲、亚欧大陆、北美大陆的北部,冬季漫长而严寒,暖季短促,降水量少。极地苔原带位于极圈内,主要分布在亚欧大陆和北美大陆的北冰洋沿岸,全年严寒,最热月温度仅达1℃到5℃,降水稀少。极地冰原带位于极地附近,主要分布于南极大陆、北冰洋、格陵兰岛的绝大部分地区,全年酷寒,温度皆在0℃以下,降雨极少。

我国幅员辽阔,跨纬度、经度广,三大自然区分别为东部季风区森林区,西北内陆区草原沙漠区,青藏高原高原植被区。东部季风区森林区包括寒温带针叶林区、中温带落叶阔叶和针叶混交林区、暖温带落叶阔叶林区、亚热带常绿阔叶林区、热带雨林区。西北内陆区草原沙漠区包括温带草原区和温带沙漠区,其中,温带草原区范围是内蒙古贺兰山以东地区、宁夏北部、甘肃中部、新疆高山地区;温带沙漠区范围是新疆大部分地区、内蒙古西部、甘肃西部。青藏高原高原植被区包括青海、西藏全部,四川西部,云南西北部,新疆南部昆仑山区和帕米尔高原。

第四节　人地和谐

学习目标

1. 关注环境问题,理解人类活动对环境产生的重要影响和危害。
2. 掌握全球变暖、大气污染、水体污染、固体废物污染的基本知识。
3. 增强环境保护意识,以实际行动践行生态文明理念。

人地关系是人类诞生以来就存在的客观关系。所谓"人"是指社会的人,是在一定地域内、一定生产方式下从事生产活动或社会活动的人;"地"是指与人类密切相关的自然界诸要素相互作用而形成的地理环境。人是生物圈中最为积极和活跃的群体,在自身进化的同时也改变了自然环境。中国自古以来讲究"天人合一",《庄子·达生》曰:"天地者,万物之母也"。"天人合一"思想强调宇宙自然是大天地,人则是小天地,人与自然在本质上是相通的,故一切人事均应顺应自然规律,达到人与自然和谐。相较其他的人地关系理论,例如,天命论、决定论、或然论、适应论、生态论,和谐论(协调论)更加完善和科学,它表明在人与自然的和谐关系问题上,人类的认识已从被动跃到主动[①]。

人对地有依赖性,地理环境影响人类的地域特征,制约着人类活动的深度、广度和速度,甚至起到促进或延缓社会发展的作用,这种影响和制约作用随人对地的认识和利用能力的变化而变化。一定的地理环境只能容纳一定数量、质量的人及一定形式的活动,而人数和活动形式随人的质量变化而变化。

人地和谐同人与人之间的和谐是互为条件的,人类间的合作是协调人类行动、解决人地矛盾的必要条件。人具有能动性,可以认识、利用、改变和保护地理环境,人地关系是否协调不取决于地而取决于人,人类必须遵循生态系统演化的基本规律,即人类在通过环境满足自己的需要时也要保证地理环境结构要素的多样性以及能量流动、物质循环途径复杂性等不遭到破坏。

都江堰作为我国古代优秀水利工程代表,其建筑和治水蕴含着丰富的哲学思想,充分体现了人地和谐,体现了按自然规律办事(水的流动规律),因势利导、因地制宜,使成都平原成为"天府之国",对成都的环境优化以及成都地区工农业的发展都有积极的作用。

协调是一种全球的、动态的、综合的协调,衡量人地关系是否协调,不仅要看人地协调的程度,而且要看它是否实现持续发展。追求人地关系协调是人类目标,协调是目的不是手段,和谐论不但反映了人们的愿望和追求,也反映了人地关系的本质。

人类从开始使用工具一直到今天,人类文明经历了采集狩猎社会、农业社会、工业社会、信息社会,每个文明阶段人类社会都围绕一定的技术和谋生手段,形成了人地相互作用方式,而人类社会的组织、消费方式等与之相协调,构成了人类社会与自然环境之间的

---

① 陈慧琳,郑东子.人文地理学[M].3版.北京:科学出版社,2013.

相互适应模式,如表 2-4-1 所示。

表 2-4-1 人地适应的历史演变

项目	采集狩猎社会	农业社会	工业社会	信息社会
时间尺度	约 1 万年前	农业革命后 (约 1 万年前至 1700 年)	工业革命后 (约 1700 年至今)	信息革命后
对自然的态度	崇拜、敬畏	模仿、学习 (天定胜人)	改造、征服 (人定胜天)	适应、协调 (人地和谐)
人口自然增长率	极低	低	从高到低	低或零增长
主要技术	原始技术—— 石器、木器	农业技术—— 铜铁器、耕作制等	工业技术—— 机器、电器等	高技术、清洁技术、 信息技术
主要资源	天然食物	农业资源	工业资源	智力和信息资源
主要能源	人力、薪材	人力、畜力、 水力、风力等	煤、石油	清洁的可替代能源
生产模式	从手到口	简单技术和工具	复杂技术与体系	智力、信息转化 与再循环体系
主要产业活动	采集、渔猎	农业	工业	第三产业
消费方式	低水平食物	维持生存需求	高物质消费 发展需求	物质与精神的全面 和可持续消费
发展方式	依赖天然 食物资源	大规模开发农业资源	掠夺型利用 资源和环境	追求可持续发展
人类影响的范围	个体、群体 的聚集地	村、城市、国家	国家、跨国	全球
人地相互作用 产生的问题	食物短缺	人口过剩、 土壤侵蚀等 生态破坏	人口过剩、资源短缺、 粮食紧张、能源危机、 生态破坏、环境污染	人力资源开发、 不可再生资源 的耗竭、全球变化

在早期的采集狩猎社会,人口增长缓慢,生产力低下,人们被动地适应自然、崇拜和敬畏自然,人地相互作用不剧烈,人对地的影响较小、受地的影响较大,人地关系相对和谐;农业社会,人类开始逐渐改造自然,主要利用耕地、淡水等可再生资源,大规模开发农业资源,开垦森林、草原,出现水土流失、土地沙化、生物多样性减少等问题,人地系统受到局部破坏;工业社会,随着蒸汽机、燃煤量剧增,人口增长加快,生产力得到极大提高,环境污染严重,温室效应、臭氧破坏、光化学烟雾等环境问题日益尖锐,人地系统遭受的破坏不再是局部的而是全球化的;信息社会,随着人类对环境认识的不断深化,从以人类为中心向以生态为中心的观念转变,对自然的态度也由改造、征服自然到调节、适应自然,因而我们人类社会正由工业文明向生态文明转型。

一、环境问题

环境问题是指由于自然和人类活动引起的环境质量下降或生态失调,以及这种变化对人类的生产和生活产生不利影响的现象。环境问题表现形式多种多样,归纳起来主要有两大类:一类是原生环境问题,也叫第一环境问题,是由自然演变和自然灾害引起的,如火山、地震、泥石流、海啸、风暴等;另一类是次生环境问题,也叫第二环境问题,是由人类活动等人为因素引起的环境问题,如白色塑料污染、工业污水排放、汽车尾气、核污染等。环境问题影响人类生存与和谐持续发展。通常我们所说的环境问题主要是指次生环境问题。人类在利用、改造自然环境和创造社会环境的过程中也造成了对环境的污染和破坏,产生了环境问题。

(一) 全球变暖

世界气象组织发布的《2020 年全球气候状况》报告指出,近 20 年来,全球平均温度比工业化前(1850—1900 年)水平约高 1.2 ℃,2011 年至 2020 年是有记录以来最暖的十年。《中国气候变化蓝皮书 2020》[①]显示,我国是全球气候变化的敏感区和影响显著区,如图 2-4-1 所示,1901 年到 2019 年我国地表年平均气温呈显著上升趋势,1951 年到 2019 年,我国平均气温每 10 年升高 0.24 ℃,升温率明显高于同期全球平均水平。尤其是近 50 年,我国极端最低温度和最高温度都出现了增高趋势。

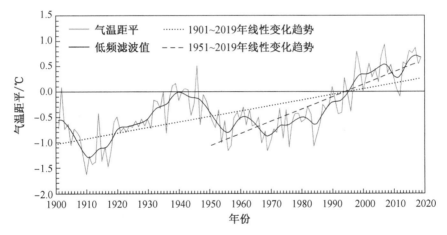

图 2-4-1　1901—2019 年中国地表年平均气温距平

气候变暖引起海平面上升、冰川融化、物种灭绝和极端天气增加等。如图 2-4-2、图 2-4-3 所示,从 1980 年到 2019 年,我国沿海海平面变化总体呈波动上升趋势,上升速率为 3.4 毫米/年。

海水升温和海平面上升不仅会淹没大量土地和沿海地区,还会引起海水入侵沿海地下淡水层,造成淡水资源减少,土壤盐碱化,风暴、飓风现象增加,珊瑚大量死亡。从 1979 年到 2019 年,北极海冰范围呈显著减少趋势,而大量冰川融化会导致海平面上升、淡水资源减少、北极熊等物种消亡。气候变暖所引起的极端事件频发,如图 2-4-4 所示,20 世纪 90 年代中期以来,我国极端高温事件明显增多。近 50 年以来,我国极端最低温度和平均最低温度都出现了增高趋势,尤其是北方冬季最为突出。我国极端气候事件表现在极端降水增多增强,夏季高温热浪也有增强的趋势,洪涝干旱灾害概率增加,给国家带来巨大的经济损失。

---

① 中国气象局气候变化中心. 中国气候变化蓝皮书(2020)[M]. 北京:科学出版社,2020.

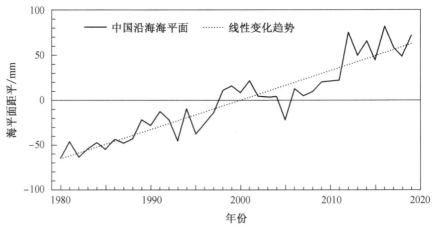

图 2-4-2　1980—2019 年中国沿海海平面距平

（相对于 1993—2011 年平均值）

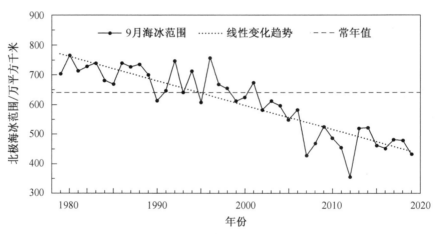

图 2-4-3　1979—2019 年北极 9 月海冰范围变化

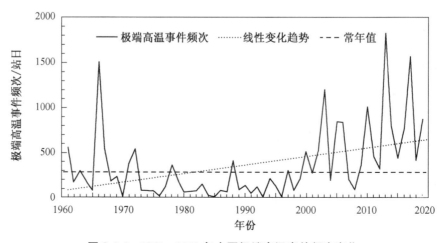

图 2-4-4　1961—2019 年中国极端高温事件频次变化

全球变暖主要是人为因素引起的，也就是由人为温室效应引起，而产生温室效应的温室气体包括二氧化碳（CO_2）、甲烷（CH_4）、一氧化二氮（N_2O）、臭氧（O_3）、氯氟烃类化合物（CFCs）、全氟碳化物（PFCs）、氢氟碳化物（HFCs）、氢代氯氟烃类化合物（HCFCs）及六氟化硫（SF_6），其中前四种为大气中本身含有的成分，后五种则是人类活动的产物。此外，引起温室效应的成分也有水汽，水汽对温室效应的贡献率为 60%～70%，但水汽含量是由大自然决定的，因此温室气体不包括水汽。任何物体都向外辐射电磁波，温度越高辐射的电磁波波长越短，太阳表面温度约 6000 K，辐射的电磁波是短波。地球大气对太阳短波辐射几乎是透明体，大部分太阳辐射能够透过大气到达地球表面使地面升温，地球升温同时向外辐射电磁波，由于温度较低发射的电磁波较长。温室气体能强烈吸收地球的长波辐射，并向地球辐射波长更长的长波辐射，即逆辐射，形成一个保温层。化石燃料燃烧、工业生产、森林砍伐等人类活动使温室气体增加过多过快，从而导致温室效应增强，全球变暖，气候异常。

（二）大气污染

大气污染是目前全球最为关注的问题之一，人为排放是造成大气污染的主要原因，如工业排放、汽车尾气、燃煤排放、建筑扬尘、餐饮油烟、生物质燃烧等。目前我们已经知道的危害人类和环境的大气污染物约有 1000 多种，包括颗粒态污染物、气态污染物、放射性污染物，如霾、硫化物、氮氧化物、碳氢化合物、卤素化合物、含氡放射性尘埃等。

颗粒态污染物：颗粒态污染物通常根据颗粒物粒径的大小分为降尘（粒径为 100～1000 微米）、总悬浮颗粒物（粒径小于 100 微米）、粗颗粒物（粒径不小于 10 微米）、可吸入颗粒物（PM_{10}，粒径小于等于 10 微米）、可入肺颗粒物（$PM_{2.5}$，粒径小于等于 2.5 微米）、超细颗粒物（粒径小于等于 0.1 微米）、纳米颗粒物，粒径越小危害越严重，当粒径小于 2.5 微米时，很容易被人体吸入到肺部和器官，甚至进入血液，危害人体健康。PM_{10} 和 $PM_{2.5}$ 是空气质量检测的重要指标。霾的核心成分是气溶胶粒子（包括 PM_{10} 和 $PM_{2.5}$），其组成成分复杂，含有数百种大气颗粒物，如硫酸盐、硝酸盐、铵盐、重金属以及氮氧化合物、甲烷、甲醛等有机气溶胶粒子，易引发呼吸道和心血管疾病，如咽喉炎、肺气肿、哮喘、鼻炎、支气管炎等炎症，长期处于霾环境中还会诱发肺癌、心肌缺血和损伤，其主要来源包括工业排放、燃煤、机动车尾气、餐饮炊事、扬尘、生物质燃烧及各种污染物在空气中发生的二次反应等。$PM_{2.5}$ 是判断霾的关键指标，我国于 2012 年颁布了新修订的《环境空气质量标准》，并于 2016 年 1 月 1 日起在全国实施，成为第一个出台 $PM_{2.5}$ 标准的发展中国家。全面控制 $PM_{2.5}$ 已经成为当下非常紧迫的任务。

硫化物与氮氧化物 NO_x：人为产生的硫排入大气的主要形式是 SO_2，主要来自含硫煤和石油的燃烧、石油炼制、有色金属冶炼、硫酸制造等。SO_2 是一种具有刺激性气味、无色的不可燃气体，是一种分布广、危害大的主要大气污染物。人为活动排放的氮氧化物主要来自化石燃料燃烧，如汽车、飞机、内燃机及工业窑炉的燃烧过程；也来自生产、使用硝酸的过程，如氮肥厂、有机化学品生产、有色及黑色金属冶炼厂等。

SO_2、氮氧化物 NO_x 在空气中被氧化形成 H_2SO_4、硫酸盐、HNO_3，是酸雨的主要组成成分，酸雨能够危害森林、农作物、建筑物，使土壤酸化贫瘠，影响人体免疫功能，诱发呼吸道疾病。生态环境部 2021 年 5 月 26 日发布的《中国生态环境状况公报》显示,2020 年我国酸雨区面积约 46.6 万平方千米,占国土面积的 4.8%,主要分布在长江以南—云贵高原以东地区,包括浙江上海大部分地区、福建北部、江西中部、湖南中东部、广东中部、广西南部和重庆南部。此外,氮氧化物 NO_x 和碳氢化合物经一系列光化学反应生成以臭氧为主的二次污染物,二次污染物与一次污染物混合形成光化学污染,刺激人的眼睛和上呼吸道黏膜,引发疾病,甚至造成人员死亡。

碳氢化合物:碳氢化合物包括烷烃、烯烃和芳烃等复杂多样的物质。碳氢化合物的人为主要来源是石油燃料的不充分燃烧、石油炼制、石油化工生产、燃油机动车等。碳氢化合物是形成光化学烟雾的主要物质,碳氢化合物促使 NO 向 NO_2 快速转化,NO_2 光解产生臭氧,并且碳氢化合物在活泼氧化物如原子氧、臭氧、羟基等自由基的作用下发生一系列链式反应,产生醛类、过氧乙酰硝酸酯等二次污染物。

卤素化合物:大气中的卤素化合物包括卤代烃、氟化物、氯氟碳化物等,氟氯烷烃(CFCs)、溴氟烷烃、四氯化碳(CCl_4)、甲基氯仿(CH_3Cl_3)、甲基溴(CH_3Br)是造成臭氧层消耗的主要物质。其中氟氯烷烃(CFCs)、溴氟烷烃对臭氧破坏最大,臭氧层破坏导致到达地面的紫外辐射增加,对人体健康产生不利影响,造成皮肤病、皮肤癌、白内障、免疫系统疾病等。

放射性污染物:放射性污染源主要来源于核工业、核试验、意外事故、放射性同位素应用。如氡(Rn)锶(Sr)铯(Cs)等放射性尘埃扩散到大气中,造成空气污染。

(三)淡水危机

地球上水的总量约有 14.5 亿立方千米,其中 97.2% 的水是海水,大约 13.7 亿立方千米,淡水资源仅占 2.8%,而且淡水资源中约 70% 存在于两极、冰川、雪山、永久冻土中,人类难以利用,能够为我们人类真正利用的水资源不足 1%。地球上的水资源分布极不均衡,约 65% 的淡水资源集中在不到 10 个国家里,而占世界人口 40% 的 80 个国家严重缺水,例如,埃及、利比亚、沙特阿拉伯、以色列、约旦等,另外有 26 个国家水资源很少。根据联合国《2018 年世界水发展报告》,目前世界有 19 亿人口生活在水安全无保障的地区,预计到 2050 年,全球将有一半以上的人口面临淡水危机。在水质量方面,全球有 18 亿人口在使用没有任何处理的饮用水,全球所产生的污水有 80% 没有进行任何处理和再利用而直接排放到自然环境中。

我国总体上是缺水较严重的国家,淡水资源总量名列世界第六,但人均占有量仅为世界平均值的 1/4,广大的华北、西北地区水资源严重不足。造成水资源危机的原因除人口增长、水资源不均、温室效应、水资源浪费等因素外,还与水资源的严重污染有关。根据环境保护部发布的《2016 中国环境状况公报》,三类至劣五类的地表水占了全国总地表水监测表的 60.1%,而已经存在污染的二类水占 37.5%,一类水仅仅占 2.4%。而地下水水质较差级和极差级占到了 64.5%,其中较差级占 45.4%,优良级仅占 10.1%。2016 年监

测的 118 个湖泊中四类五类和劣五类水质的湖泊高达 76.3%。[①]

水体污染是指排入水体的污染物在数量上超过了该物质在水体中的本底含量和水体的环境容量,导致水体的物理特征、化学特征、生物特征发生不良变化,破坏了水中固有的生态系统。引起水体污染的水体污染物根据其在水中的状态和形态可分为水体颗粒物、浮游生物和溶解物质,按危害特征可分为耗氧有机物、难降解有机物、植物性营养物质、重金属污染物、酸碱污染物、放射性污染物、石油类污染物和病原体等,其中,在环境保护中重点监测的水体污染物为化学需氧量 COD、氨氮、石油类、挥发酚、氰化物、砷、汞、六价铬。

化学需氧量 COD 反映了水中有机污染物等的污染稠度,有机污染物越多,化学需氧量越高,有机污染物含量过高会导致水中溶解氧降低使水中的生物缺氧死亡。有机污染物主要来源于工业污水和生活污水。氨氮主要来源于生活污水中含氮有机物的分解、焦化、合成氨等工业废水,以及农田化肥排水等,氨氮作为水中的营养素容易导致水体富营养化,藻类或其他微生物大量繁殖,使水中溶解氧下降,鱼类等生物死亡。石油类污染物对水质和水生生物的危害非常大,石油进入水中会迅速形成油膜,阻碍空气与水的接触,使鱼类窒息。挥发酚主要污染源为焦化厂、煤气厂、煤气发电站、石油炼厂、木材干馏、合成树脂、合成纤维、染料、医药、香料、农药、玻璃纤维、油漆、消毒剂、化学试剂等生产中的含酚工业废水。长期饮用含酚的水,可引起头痛、瘙痒、贫血或者神经系统疾病,挥发酚可在生物体内富集,通过食物链直接或间接地危害人体健康。

氰化物是剧毒物质,氰化氢的口服致死量平均为 50 毫克,氰化钠约 100 毫克,氰化钾约 120 毫克。氰化物急性中毒表现为呼吸困难、惊厥、昏迷、死亡。氰化物主要来源于电镀、选矿、炼焦、化工、药品以及合成纤维等生产中的含氰工业废水。

砷是最严重的致癌物之一,长期摄取会增加皮肤、肺、膀胱、肾、肝脏、前列腺癌以及一些非癌疾病,包括心血管病、糖尿病、神经功能紊乱的发病概率。亚洲的砷污染问题最为严重,尤其是孟加拉国,每年至少有 3500 万人处在饮用水被砷污染的危险中。砷化物主要来源于农药、硫酸、氮肥和锰铁合金等工业废水。汞主要来源于重金属冶炼、仪器仪表制造、食盐电解、颜料生产、塑料制造等工业废水,损害人的呼吸系统和中枢神经系统,并长期积累导致慢性中毒。含铬废水中的铬主要来源于电镀、制革、化工、颜料、冶金、耐火材料等行业,六价铬对身体的消化系统、呼吸系统、皮肤和黏膜都有伤害,并有致癌的风险。

(四) 固体废物污染

美国夏威夷和加利福尼亚之间的太平洋上有一个"新大陆"形成并移动着,实际上它是由几百万吨塑料垃圾组成的垃圾带,面积达 140 万平方公里,相当于 4 个日本大小,并且随着人类不断向海洋中倾倒垃圾而不断扩大。据悉,每年至少有 800 万吨塑料被倾倒入海洋[②],导致海洋生物因误食海洋垃圾或者被垃圾缠绕而死亡,海洋垃圾还会抑制海洋植物的光合作用导致海洋动物缺氧,严重破坏了海洋的生态平衡。事实上,不仅海洋如

① 郑晓云.生态文明建设如何化解当代水危机——水生态文明建设的背景、理念和途径[J].社会科学家,2019 (8):9-13.
② 王金鹏.构建海洋命运共同体理念下海洋塑料污染国际法律规制的完善[J].环境保护,2021,49(7):69-74.

此,在陆地上,大部分高速发展的城市正在饱受"垃圾围城"之痛,据统计,2018年全国200个城市生活垃圾产生量已达21147.3万吨[①],垃圾正成为经济发展中的"新肿瘤"。

1. 固体废物的分类及主要来源

固体废物是指在生产建设、日常生活和其他人类活动中产生的污染环境的固态、半固态废弃物。根据《中华人民共和国固体废物污染环境防治法》,将固体废物分为城市生活垃圾、工业固体废物和危险废物(有害废物)。

城市生活垃圾又称为城市固定废物,是指在城市居民日常生活中或为城市日常生活提供服务的活动中产生的固体废物以及法律、行政法规规定视为城市生活垃圾的固体废物。主要包括居民生活垃圾、医院垃圾、商业垃圾、建筑垃圾、集贸市场垃圾、街道垃圾、公共场所垃圾等,城市生活垃圾成分复杂,既有厨余废物、庭园废物、废纸、废玻璃、废金属、废塑料,又有建筑废物、废电池、废旧家电等。

工业固体废物是在工业生产、加工过程中产生的固体废物,例如,冶金行业的黑色冶金和有色冶金的废渣,采煤燃煤废物、废机械及其部件、尾矿,化工行业的废渣、废橡胶、塑料,食品行业的腐蚀食品,轻工业的废纤维及石油工业的酸碱渣等工业固体废料。

危险废物是由《国家危险废物名录》规定的具有危险特性的固体废物,一般具有腐蚀性、毒性、化学易反应性、致病性、易燃性、爆炸性。

2. 固体废物对环境的危害

固体废物对环境的危害很大,污染往往是多方面的,具有复杂性、潜在性和长期性。2018年以来,我国固体废物年产量已经超过100亿吨,若不及时处置固体废物垃圾,将造成严重的生态问题。

首先,固体废物侵占大量土地,每堆存一万吨废物约占地667平方米。城市垃圾收纳的空间有限,堆放在郊区占用大量的农田。在我国工业废渣排放中,煤矸石作为排放量最大固体废物,历年积存煤矸石20亿吨,占地面积约为10万亩,且不断增加。这些城市垃圾、工业废渣等占用了越来越多的土地,严重影响了农业耕地、地表植被,破坏了自然环境的生态平衡。

其次,固体废物垃圾污染土壤。固体废物中的有毒物质侵蚀土壤,破坏土壤结构,打破土壤的酸碱平衡,使土壤出现贫瘠化、重金属化、低营养化,无法再种植作物。玻璃制品、塑料制品的降解需要花费很长的时间,会改变土壤成分;来自医院、生物制品厂、肉类联合厂的废渣容易含有病菌、寄生虫等也会污染土壤。

再次,固体废物垃圾污染水体。固体废物排放或随雨水冲刷进入到河流、湖泊中,造成水体污染。如工业废渣中的铬渣遇水溶解成毒性很强的六价铬,侵害人的皮肤和呼吸道;砷和砷化物的开采、冶炼中,砷烟尘降落到水井中污染水井,人们饮用后导致砷中毒或致癌。

最后,固体废物垃圾污染大气。固体废物中的粉尘长期积累形成雾霾天气,影响人们生活质量。废物中含有的有毒物质未做密封处理,经过风吹、焚化释放大量废气到空气中,或者有的经过日晒、雨淋、发酵产生有毒物质飘散到大气中造成污染。固体废物释放

[①] 中华人民共和国生态环境部.2019年全国大、中城市固体废物污染环境防治年报[R].2019.

的恶臭,容易滋生细菌,传染疾病。废物被掩埋后经过长期分解,生成二氧化碳、甲烷等气体,影响周边环境的大气成分。

二、环境保护

(一)清洁能源

能源是人类社会生存和发展的物质基础,化石燃料的广泛使用促进工业化、城市化、现代化的同时也引发了资源枯竭、气候变化、大气污染、酸雨、臭氧层破坏、温室效应等世界环境危机。中国一直高度重视节能减排,为响应能源减排和《巴黎协定》的呼吁,我国承诺到 2030 年全国单位国内生产总值二氧化碳排放量比 2005 年减少 60%~65%,我国已将节能减排纳入经济发展的长期规划中,规划在 2030 年前实现"碳达峰",争取 2060 年前实现"碳中和"。作为治理生态环境污染、推进节能减排的重要途径,清洁能源的利用已成为我国环境治理策略的核心内容。国家发展改革委印发的《2021 年新型城镇化和城乡融合发展重点任务》进一步强调"推动能源清洁低碳安全高效利用,深入推进工业、建筑、交通等领域绿色低碳转型"[①]。国家能源局数据显示,我国水电、风电、光伏、在建核电装机规模等多项指标保持世界第一,到 2020 年底,清洁能源发电装机规模增长到 10.83 亿千瓦,首次超过煤电装机容量,占总装机比重接近 50%,达到约 49.2%。

风能是地球表面大量空气流动所产生的动能。作为一种可再生清洁能源,风能的利用不会产生危害人类和环境的污染物质。风力发电是风能利用的主要形式,具有很大的优势。风能发电建设周期短,对地理环境要求低,资源丰富,不会枯竭,而且能够节约土地资源,保护生态环境,减少温室气体排放,每生产 100 万千瓦时的风电,平均可以减排二氧化碳 600 吨,具有很高的环保效益。目前,风能发电已成为我国第三大能源,资源丰富的地区主要分布在三北地区(东北、华北、西北),包括东北三省、河北、内蒙古、甘肃、宁夏和新疆等省(区、市)近 200 公里宽的地带,风功率密度在 $200\sim300$ W/m² 以上,有的可达 500 W/m² 以上;东南沿海及附近岛屿包括山东、江苏、上海、浙江、福建、广东、广西和海南等省(市)沿海近 10 公里宽的地带,年风功率密度在 200 W/m² 以上。

我国太阳能资源丰富,整体分布呈现"西部高原大于中东部丘陵、平原;西部干燥区大于东部湿润区"的特点,太阳能最丰富的地区有内蒙古、宁夏北部、甘肃北部、青海西部、西藏、新疆东部、四川部分地区。太阳能具有广泛性,是取之不尽用之不竭的巨大能源,人们就地可用,无须运输或输送,尤其在偏远地区更显示出它的优越性。太阳能还具有清洁性,可大大减少环境污染,但在利用太阳能时需要考虑占地、蓄电池等设备费用、地区纬度、气象等方面问题。太阳能利用方式主要是光伏发电和热能利用两种。光伏发电是利用光电效应把太阳能直接转换成电能,我国光伏发电相关产业的发展在世界上尤其突出,产业规模多年保持世界第一。在热能利用方面,我国目前应用最广泛的技术是太阳能热水器,基本原理是利用集热器将太阳辐射能收集起来,利用太阳光的热辐射来加热水,实

---

① 谢金华,杨钢桥,张进,等.长江经济带农户生态认知对其清洁能源利用行为的影响机制——基于 5 区市农户的实证分析[J].华中农业大学学报,2021,40(3):52-63.

现太阳能到热能的转换。

生物质是指可再生或可循环的有机物质,包括所有的动植物、微生物以及生命体排泄代谢产生的有机质。生物质能是指以化学能形式贮存在生物质中的太阳能,是世界第四大消费能源,仅次于石油、煤炭、天然气,生物质能作为清洁、可再生、环境友好的清洁能源,越来越受到全球范围内的重视。生物质能原料大致分为三类:木质燃料,如薪柴、木炭、树枝、木屑等木质材料;农业废料,如秸秆、谷壳、果壳等农作物生产中的副产品;动物肥料,主要指动物的粪便等。世界上技术较为成熟、实现规模化的生物质能利用方式主要有生物发电、生物液体燃料、生物质成型燃料、沼气等。生物质发电占比较高,包括沼气发电、直接燃烧发电、垃圾发电、气化发电,以及与煤混合燃烧发电等发电形式和技术,从2008到2017十年间,全球生物质能装机容量增长了一倍。在生物液体燃料方面主要有生物柴油和燃料乙醇,燃料乙醇是目前世界上生产规模最大的生物能源,原料主要有陈粮、能源植物和农作物秸秆等。美国和巴西用本国生产的玉米和甘蔗生产大量乙醇作为车用燃料。生物质气体燃料以沼气为主,各国的技术已经基本发展成熟。

(二)垃圾分类

随着经济的快速发展和城市规模的扩大,我国城市生活垃圾产生量也呈逐年递增的趋势。据生态环境部统计数据,2016—2019年间,我国大、中城市生活垃圾年产量从18850.5万吨增长到23560.2万吨,年均增长率为7.7%,为垃圾后续处理带来了严峻挑战。城市垃圾成分复杂,要资源化利用,必须进行分类。日本、瑞典、德国等发达国家垃圾分类处理技术较早,技术较成熟。德国是全球率先为垃圾立法的国家,其环保法律法规甚至多达几千部,如《废弃物处理法》《废物分类包装条例》《可再生能源法》等,德国在小学教育时便早早地建立垃圾分类课程,大学里也开设了垃圾管理相关课程和专业[1]。

 思考与讨论

减少垃圾的数量是从源头上解决垃圾问题的办法,日常生活中哪些垃圾是可以减少的?哪些垃圾可以回收利用?怎么回收利用他们呢?重新使用是指多次或另用一种方法来使用已用过的物品,它也是减少垃圾的重要方法。

图 2-4-5　生活中的物品

---

① 方伶俐,张紫微,吴思雨,等.主要发达国家城市生活垃圾分类处理的实践及对中国的启示[J].决策与信息,2021(6):28-34.

一根包装绳的10种
重新使用的方法

一个玻璃瓶的10种
重新使用的方法

一个塑料袋的5种
重新使用的方法

图 2-4-6　物品的重复利用

请思考家庭中将要被当作垃圾丢弃的物品中,哪些是可以重新使用的? 估计一下,可以重新利用的物品大约能占全部生活垃圾的多大比例? (来自教科版《科学》六年级下册《环境与我们》单元第 4 课:分类和回收利用)

我国对垃圾分类越来越重视并于 2019 年 11 月发布了《生活垃圾分类标志》标准,将生活垃圾分为可回收物、有害垃圾、厨余垃圾和其他垃圾 4 个大类和 11 个小类,如表 2-4-2 所示。城市生活垃圾的处理主要采用焚烧、填埋和堆肥三种方式。厨余垃圾采用好氧堆肥和厌氧发酵的方式,借助垃圾中微生物的分解能力,将有机物分解成无机养分,经过堆肥处理后,生活垃圾变成卫生无味的腐殖质。其他垃圾一般采用焚烧或者填埋的方式,利用焚烧的热量可进行发电或者供暖。可回收垃圾经过回收系统进入可回收物分选中心,经过人工分选、自动分选、磁选、打包等相关工艺方法处理,得到不同类别的再生资源,销售至下游再生资源企业变为再生原料。有害垃圾由危险废物处理单位进行处理。

表 2-4-2　生活垃圾分类标志

分类类别	符号	内容
可回收物	♺	表示适宜回收循环使用和资源利用的生活垃圾。 纸类:未严重玷污的文字用纸、包装用纸和其他纸制品等,比如报纸、各种包装纸、办公用纸、广告纸片、纸盒等; 塑料:废容器塑料、包装塑料等塑料制品,比如塑料瓶、塑料桶、塑料餐盒等; 金属:各种类别的废金属物品,比如易拉罐、铁皮罐头盒、金属工具等; 玻璃:有色和无色废玻璃制品,比如酒瓶、玻璃杯、窗玻璃、镜子等; 织物:旧纺织衣物和纺织制品。
有害垃圾	✕	指对人体健康或自然环境造成直接或潜在危害的物质。比如废荧光灯管、废温度计、废血压计、废日用化学品、废电池等。
厨余垃圾	⌛	指易腐烂的、含有有机质的生活垃圾,包括家庭厨余垃圾、餐厨垃圾和其他厨余垃圾。比如菜叶、瓜果皮壳、剩菜剩饭、废弃食物、腐肉、水产品、畜禽内脏、食品加工废料。

（续表）

分类类别	符号	内容
其他垃圾		指除可回收物、餐厨垃圾、有害垃圾以外的其他生活垃圾。

注："厨余垃圾"也可称为"湿垃圾"，"其他垃圾"也可称为"干垃圾"。

拓展阅读

2017年我国垃圾分类政策开始密集发布，2017年颁布的《生活垃圾分类制度实施方案》指出，到2020年底，基本建立垃圾分类相关法律法规和标准体系，形成可复制、可推广的生活垃圾分类模式，在实施生活垃圾强制分类的城市，生活垃圾回收利用率达到35%以上。《关于加快推进部分重点城市生活垃圾分类工作的通知》中指出，加快推进北京、天津、上海等46个重点城市生活垃圾分类工作，并要求46个重点城市今年均要形成若干垃圾分类示范片区。2018年颁布的《关于创新和完善促进绿色发展价格机制的意见》指出，全面建立覆盖成本并合理盈利的固体废物处理收费机制，加快建立有利于促进垃圾分类和减量化、资源化、无害化处理的激励约束机制。2019年，垃圾分类进程明显加快，住建部发布的《关于在全国地级及以上城市全面开展生活垃圾分类工作的通知》提出，到2020年46个重点城市基本建成生活垃圾分类处理系统，到2022年，各地级城市至少有1个区实现生活垃圾分类全覆盖，其他各区至少有1个街道基本建成生活垃圾分类示范片区，到2025年全国地级及以上城市基本建成生活垃圾分类处理系统。

（三）生态文明建设

我国已经进入中国特色社会主义生态文明建设新时代，十九大报告中提出："为把我国建设成为富强民主文明和谐美丽的社会主义现代化强国而奋斗。"社会主义现代化奋斗目标从"富强民主文明和谐"进一步拓展为"富强民主文明和谐美丽"，这充分体现了我国对生态文明建设的重视。习近平总书记在党的十九大报告中，首次将"树立和践行绿水青山就是金山银山的理念"写入了中国共产党的党代会报告，且在表述中与"坚持节约资源和保护环境的基本国策"一并成为新时代中国特色社会主义生态文明建设的思想和基本方略[①]。

2020年到2050年生态文明建设的"两阶段"目标愿景：到2035年基本形成节约资源和保护环境的空间格局、产业结构、生产方式和生活方式，生态环境质量根本好转，基本实现生态环境领域国家治理体系和治理能力现代化目标，基本实现美丽中国目标；到2050年全面形成绿色发展方式和生活方式，实现人与自然和谐共生，全面实现生态环境领域国

---

① 黄承梁.习近平新时代生态文明建设思想的核心价值[J].行政管理改革，2018(2)：22－27.

家治理体系和治理能力现代化,建成美丽中国①。"十四五时期"生态文明建设的主要目标是:生态文明建设实现新进步,即国土空间开发保护格局得到优化,生产生活方式绿色转型成效显著,能源资源配置更加合理、利用效率大幅提高,单位国内生产总值能源消耗和二氧化碳排放分别降低 13.5%、18%,主要污染物排放总量持续减少,森林覆盖率提高到 24.1%,生态环境持续改善,生态安全屏障更加牢固,城乡人居环境明显改善。

新时代生态文明建设必须坚持的六项基本原则:一是坚持人与自然和谐共生,人与自然是生命共同体,人因自然而生;二是绿水青山就是金山银山,牢固树立保护生态环境就是保护生产力、改善生态环境就是发展生产力的理念;三是良好生态环境是最普惠的民生福祉,"良好的生态环境是最公平的公共产品,是最普惠的民生福祉"体现了坚持以人民为中心的发展思想,有利于提升人民群众的获得感和幸福感;四是山水林田湖草是生命共同体,人与自然各要素息息相关、同呼吸共命运;五是用最严格制度最严密法治保护生态环境,保护生态环境必须依靠制度、依靠法治,只有实行最严格的制度、最严密的法治,才能为生态文明建设提供可靠保障;六是共谋全球生态文明建设,生态文明建设关乎人类未来,国际社会应该携手同行,共谋全球生态文明建设之路。②③

绿水青山就是金山银山("两山")理论是我国生态文明建设的核心理念,两山论的主要内涵是坚持人与自然和谐共生,既要绿水青山,也要金山银山,宁要绿水青山,不要金山银山,而且绿水青山就是金山银山。在我国社会主义生态文明建设历史上,我们对"两山"关系的认识与探索历经三个阶段:第一个阶段是用绿水青山去换金山银山,不考虑或者很少考虑环境的承载能力,一味索取资源。第二个阶段是既要金山银山,但是也要保住绿水青山,这时候经济发展和资源匮乏、环境恶化之间的矛盾开始凸显出来,人们意识到环境是我们生存发展的根本,要留得青山在,才能有柴烧。第三个阶段是认识到绿水青山可以源源不断地带来金山银山,绿水青山本身就是金山银山,我们种的常青树就是摇钱树,生态优势变成经济优势,形成了浑然一体、和谐统一的关系④。这从本质上厘清了绿水青山与金山银山的辩证关系,绿水青山既是自然财富、生态财富,又是社会财富、经济财富,保护生态环境就是保护生产力,改善生态环境就是发展生产力。

把生态文明建设融入中国特色社会主义"五位一体"建设事业总布局中,是新时代我国建设生态文明的重要实践路径。依据国家相关法律法规和 2015 年出台的《水污染防治行动计划》,继续大力实施相关区域流域和海域的水污染治理,坚持综合推进和重点推动相结合的原则,综合推进饮用水水源地水污染防治工作,长江、黄河、洞庭湖等全国重点水域污染防治工作,地下水污染防治工作和城市黑臭水体治理工作等;依据国家相关法律法规和 2013 年出台的《大气污染防治行动计划》以及 2018 年国务院出台的《打赢蓝天保卫

---

① 庄贵阳,丁斐. 新时代中国生态文明建设目标愿景、行动导向与阶段任务[J].北京工业大学学报(社会科学版),2020,20(3):1-8.

② 中共中央党校. 习近平新时代中国特色社会主义思想基本问题[M].北京:人民出版社,中共中央党校出版社,2020.

③ 中共中央文献研究室. 习近平关于社会主义生态文明建设论述摘编[G].北京:中央文献出版社,2017.

④ 习近平. 从"两座山"看生态环境[M]//习近平. 之江新语. 杭州:浙江人民出版社,2007.

战三年行动计划》,继续推动细颗粒物(PM$_{2.5}$)、氮氧化物、二氧化硫等大气污染物问题的解决,明显降低二氧化碳、氯氟烃等破坏性气体的排放量,继续对京津冀、长三角、珠三角等大气污染比较严重的地区给予重点关注;依据 2016 年出台的《土壤污染防治行动计划》和 2019 年出台的《土壤污染防治法》,重点推动耕地和建设用地的土壤污染防治,优先解决农产品安全和人居环境安全问题。通过针对性的立法和执法促使城市光污染和噪声污染得到有效缓解,为优化人民群众的居住环境贡献力量;加快推进生态系统功能修复和恢复工作,通过各方面努力建立生物多样性保护机制,继续通过建立自然保护区,维持生命体之间的生态平衡,重点针对濒危动植物建立保护机制,做好生态脆弱区生态修复工作,建立起促使生态平衡的生态廊道[1]。

 本章小结

　　宇宙既有统一性又有多样性,统一性在于其普遍的物质世界,多样性在于组成宇宙的物质多种多样,包括了广袤的空间、形形色色的天体、弥漫物质,其中宇宙中最主要的天体是恒星和星云,整个可见宇宙空间大约有 700 万亿亿颗恒星。而银河系仅仅是宇宙中一个很普通的星系,是旋涡星系,太阳位于其旋臂上,其引力控制着太阳系里其他天体的运动,包括八大行星、卫星、矮行星、小行星、彗星、流星体以及行星际物质等。地球作为太阳系的一员,虽然十分渺小,却是我们人类赖以生存的家园,其自转及公转产生了昼夜变化、四季、五带,受太阳辐射、大气环流、下垫面因素的影响,形成了风、雨、雪、云雾、霜露等常见天气现象和不同的气候类型,气温、降水等气候要素差异形成了地球上多样的自然带分布,对我们人类的生活产生重要的影响。全球变暖、大气污染、淡水危机、固体废弃物污染是我们面临的主要环境问题,采取清洁能源、垃圾分类等相应的措施是改善生态环境、建设美丽家园的必要措施。

思考与练习

　　1. 结合本节所学知识谈谈你对中国的探月工程的认识和展望。

　　2. 诗句"坐地日行八万里,巡天遥看一千河"是什么道理?

　　3. 为什么太阳东升西落?

　　4. 地球运动和地球表面形态形成有什么关系?

　　5. 谈谈你所在地区的气候类型,分析其气候特征。

　　6. 全球变暖的主因是什么? 简述温室气体造成温室效应的原理。

　　7. "两山论"引领美丽中国,什么是"两山论"? "两山论"的发展经历了哪三个阶段? 查阅资料,了解"两山论"如何指导地方实践的案例。

---

　　[1] 李玉祥.习近平生态文明思想的理论内涵与实践路径研究[J].北京林业大学学报(社会科学版),2021,20(1):1-7.

第三章 奇妙的生命世界

扫码查看
本章资源

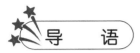

　　46亿年前,炽热的原始地球在宇宙尘埃的余烬中逐渐成形,并慢慢冷却形成坚硬的外壳。外壳不断地被撕裂又闭合,岩浆从地底深处带来的浓烟笼罩大地,彗星为地球带来了最早的水。在这个表面被沸腾的海洋覆盖、终日雷鸣电闪、饱受火山喷发和陨石雨摧残的地球上,生命开始了漫长的旅程。

　　生命是大自然的恩赐,生命是大自然的奇迹,生命是地球最珍贵的财富。在这个蓝色的星球上,存在着多姿多彩的生命:葱郁的树木、缤纷的花朵、翩翩的彩蝶、凌空的飞鸟、威武的雄狮、彪悍的猎豹……每一种生命都是大自然亿万年进化的精华。最小的单细胞生物——支原体直径仅有 100 nm,北美的一株巨杉高达 83 m;细菌每分钟分裂一次,树木的树龄可达 3200 年。这些种类繁多、千奇百怪的动物、植物和微生物,还有我们——拥有高度智慧的高等动物——人类,这千百万种生命在地球上相依相伴,繁衍生息,构成了一幅和谐多姿的美景。今天,就让我们走进奇妙的生命世界一探究竟。

第一节 生命的基本特征

1. 掌握生物的基本特征。
2. 了解生物的分类系统。
3. 能够根据生物的特征对生物进行分类。

一、生物的基本特征

　　古往今来人类从未停止过对生命的认识和探索,人们逐渐学会了用科学方法揭示生命的本质,由此产生了生命科学。生命科学是研究生物的生命活动现象及其本质,以及生物与环境之间相互关系的一门学科。生物作为各种元素的集合体,具有一定的组织结构及能动性,能够表现出各种生命现象。具体来说,在自然条件下,生命能够进行新陈代谢,对自然界的物质和能量加以吸收、整合或释放。在这一系列过程中,生命表现出一些基本

特征如应激性、适应性等，进而达到与外界环境相互依赖、相互影响，并最终趋向于共存的状态。

（一）化学成分的同一性

从元素成分来看，构成形形色色生物体的元素都是普遍存在于无机界的 C,H,O,N,P,S,Ca 等元素，并不存在生命所特有的元素；由这些元素构成各种生物大分子，如蛋白质、核酸、脂质、糖、维生素等；再由各种生物大分子构成细胞、组织、器官、系统乃至生物个体。所以说，生物种类虽多，但都是由这些基本的化学元素构成生物大分子，进而构成细胞的结构，在化学成分上具有同一性。

（二）严整有序的结构

生物体的各种化学成分在体内不是随机堆砌在一起的，而是严整有序的。生命的基本单位是细胞，细胞内的各种细胞器都有特定的结构和功能。生物大分子，无论它如何复杂都不能称为生命，只有当它组成一定的结构，或形成细胞这样一个有序的系统时，才能表现出生命的特性。失去有序性，如将细胞打成匀浆，生命也就完结了。

生物界是一个多层次的结构，其结构层次表现为：分子—细胞—组织—器官—系统—生命个体—种群—群落—生态系统—生物圈。每一个层次中的各个结构单元，如系统中的各种器官、器官中的各种组织等，都有它们各自特定的结构和功能，它们的协调活动构成了复杂的生命系统。

（三）新陈代谢

新陈代谢是生物体最基本的特征，是指生物体与环境之间产生的物质与能量代谢过程，即生物体内所进行的所有的化学反应[1]。它包括两个完全相反但相互依存的过程：一个是同化作用，即从外界摄取物质和能量，将它们转化为自身的物质并贮存可利用的能量。另一个是异化作用，即分解生命物质将能量释放出来，供生命活动需要。新陈代谢是生命活动的首要条件，为生命的各种现象提供能量和物质供给。新陈代谢一旦停止，生命就会结束。

 讨论与交流

为什么说生物体是一个开放的系统？

生物体是有生命的个体，它需要从外部的自然界获得其生命活动所需的物质和能量，同时需要物质和能量的进入；这些物质和能量进入生物体后，经过生物体的一系列加工，有的部分为生物体所用，而有些则被当成废物排出生物体外，这就需要物质和能量的排出。所以说生物体是一个开放的生态系统，它需要不断地与外界进行物质和能量的交换。[2]

---

① 林长春,吴育飞.小学科学基础[M].重庆:西南师范大学出版社,2019.
② 吴相钰,陈守良,葛明德.陈阅增普通生物学[M].4 版.北京:高等教育出版社,2014.

（四）稳态和应激性

生物体具有许多调节机制用来保持内部条件的相对稳定，并且在环境发生某些变化时也能做到这一点，这个特性称为稳态。例如，当某种细胞成分制造得过多时，产生它的过程就会关闭；当细胞中能量的供给不足时，释放能量的过程就会加强。

生物体具有趋利避害的本能。生物体对外界刺激做出反应的能力即为生物的应激性。例如，苍蝇被腐肉吸引，植物茎尖向光生长。动物的神经系统和感觉器官具有更高级的应激性，如青蛙被放入热水中会迅速跳起。生物体应激性的进一步发展，就产生更复杂的生物反应——行为，生物不但各有各的行为，而且还会通过学习来调整自己的行为，向更高级更复杂的行为发展。

（五）遗传和变异

生物的遗传是指亲代将遗传物质传递给后代的过程。任何一种生物个体都不能永久存活，需要通过生殖产生子代使物种延续。但是后代并不是亲代的复制，二者间存在一定的差异，这便是生物的变异。遗传保持了物种的相对稳定，变异产生新的性状，使物种发生变化。遗传和变异是生物种群发展和进化的基础。

生物界有多种生殖的模式，无论哪一种模式，都必须将全部遗传信息通过细胞从亲代传递到子代。

 讨论与交流

遗传和变异在生物进化中有什么重要意义？

自然选择是建立在遗传和变异的基础上的，没有变异就不存在生物的多样性，也就没有选择的对象，就没有生物的进化；如果没有遗传，生物不能延续繁衍，自然选择也就失去了意义。正因为生物具有遗传和变异的特点，自然选择才能成为推动生物进化的动力。生物的变异在生物进化上的意义是，可遗传的有利变异会出现新的生物类型，使生物能由简单到复杂、由低等到高等不断进化。[①]

（六）生长和发育

生物的生长是细胞体积或者数量的增长。虽然某些无生命物质也能"生长"，例如，同类物质的聚集，但是生物的生长过程中发生了一系列的变化。生物依靠从外界吸收食物而生长，并用化学方法把这些食物转化为自身的一部分。例如，牛吃进去的是草，挤出来的是牛奶；树苗吸收肥料、水分、二氧化碳和阳光而生长为参天大树。

发育是和生长密切相关的过程，在多细胞生物的生活史中，发生了一系列结构和功能的变化，包括组织器官的形成、成熟、衰老等。发育也是一种被精确调控的程序性变化过程。在环境相对保持稳定的条件下，生物的发育总是按一定的尺寸、模式和程序进行的。

---

① 杨玉红，王锋尖. 普通生物学[M]. 武汉：华中师范大学出版社，2012.

大多数动物的受精卵脱离母体后,可直接发育成与亲代相似的成体。但有许多动物,如昆虫,受精卵不直接发育为成虫,而是要经过变态的过程,即经由有独立生活能力的幼虫阶段再发育成为成虫。

(七) 进化和适应

在生殖过程中,遗传物质往往会发生重组和突变,使亲代和子代以及子代不同个体之间出现变异。按达尔文的自然选择学说,自然选择使生物一代代愈发适应它所处的环境,生物体的结构也更适应其功能,例如,鸟类翅膀的构造适于飞翔,人类眼睛的构造适于感受物像。生物的特定结构和功能是适应环境的结果,例如,鱼的体形和用鳃呼吸适于在水中生活。

以上关于生物特征的叙述并没有穷尽生物的所有特征,但是它已经可以用来区分生物和非生命物体。纵观这些特征,我们可以用这些特征来说明一条狗和一块石头的不同到底在哪里。但是这些却不能用来描述病毒,病毒由蛋白质和核酸(DNA 或者 RNA)组成,由于没有新陈代谢所必需的基本系统,自身不能复制。但是当它接触到宿主细胞时,便脱去蛋白质外套,它的核酸(基因)侵入宿主细胞内,借助后者的复制系统,按照病毒基因的指令复制新的病毒。今天,许多生物学家认为病毒是处于生物与非生物体的交叉区域的存在物。[①]

二、生物的分类

目前,已记载的地球上的物种约有 200 万种,加上还没有被记载的种类,地球上的物种可能达到 500 万~5000 万种。要认识世界上如此之多的生物,首先就需要对各种生物进行分类,一个科学而完善的分类体系不仅能帮助我们认识各种生物本身,还能反映出地球上生物的进化历程以及各生物种类之间的亲缘关系。由于生物种类繁多及其分布的复杂性,人们至今还未提出一个理想的、完全的分类系统。

(一) 生物的分类系统

生物界具有惊人的多样性和庞大的数量。研究生物,首先就要对物种予以鉴定、命名和分类。1735 年,瑞典植物学家林奈(Carolus Linnaeus)出版了《自然系统》一书,根据生物之间相同、相异的程度及亲缘关系的远近,建立了以纲、目、科、属、种为框架的生物分类系统,也提出了生物命名法。生物的命名法规定,每种生物的学名由两个拉丁词或拉丁化的词组成。第一个词是该生物所在属的属名,其第一个字母要大写;第二个词是种名,表示该种的主要特征或产地,在学名之后应写上命名人的姓氏或其缩写。属及属以下的学名都应以斜体字打印出来,手写时应在学名之下画横线表示,例如,人的学名是 *Homo sapiens* L.,*Homo* 是人属,*sapiens* 是智慧的意思,所以 *Homo sapiens* 可以译为"智人",这个学名是林奈命名的。

对于林奈的生物分类系统,后人又进一步将生物划分为 7 个最基本的分类阶元(等级),自高而低的顺序为:界(kingdom)、门(phylum)、纲(class)、目(order)、科(family)、属(genus)、种

① 吴相钰,陈守良,葛明德.陈阅增普通生物学[M].4 版.北京:高等教育出版社,2014.

(species)，必要时还可在某一等级（界除外）之前增加一个"超级"（super-）或在其之后增加一个"亚级"（sub-）。例如，杨树属于植物界，被子植物门，双子叶植物纲，杨柳目，杨柳科，杨属，枫杨种。按照这种分类系统，每一个物种在分类系统中都有其确定的分类地位，并且能够反映该物种与其他物种的亲缘关系，这就构成了当今世界通用的多级分类系统。

（二）生物的简单分类

1. 非细胞形态生命体——病毒

（1）病毒的结构和特点

绝大部分病毒只有借助电镜才能看到。病毒形态多样（见图 3-1-1），结构通常极其简单，不具备细胞结构，通常只由一个核酸芯子和一个蛋白质外壳组成，核酸芯子只含一种类型的核酸，DNA 或者 RNA，二者不可兼得。病毒无法独立完成各种生命过程，只有在进入别的细胞之后，才能"指导"这些宿主细胞为它们服务——生产出新的病毒颗粒，表现出遗传、变异、繁殖等生命特征。而在宿主细胞外，病毒只能以形态成熟、具有感染性的病毒颗粒形态存在，并如同化学大分子一样可以结晶纯化而不表现任何生命特征。虽然病毒不具有细胞结构，但是由于病毒与人及其他生物关系密切，所以长期以来人们把它作为生物进行研究。

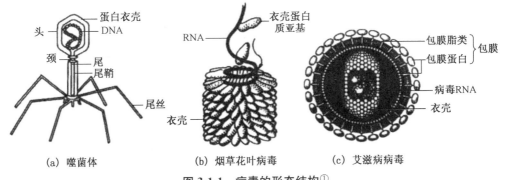

图 3-1-1　病毒的形态结构[1]

（2）病毒的分类

病毒按所寄生的细胞不同可分为 3 类：动物病毒、植物病毒和细菌病毒（噬菌体）。若按所含核酸不同则可分为 2 类：DNA 病毒和 RNA 病毒。

DNA 病毒：DNA 病毒中的 DNA 有单链、双链之分，线状、环状之别。不同的 DNA 病毒，都有各自的结构和功能特点。一般 DNA 病毒繁殖周期大致要经过如下 4 个阶段：① 病毒侵入宿主细胞，脱壳，释放出 DNA 和衣壳蛋白；② 利用宿主酶系统复制病毒基因组；③ 利用宿主酶系统，以病毒基因组为模板，转录出病毒 mRNA，翻译出病毒蛋白；④ 病毒的基因组和衣壳蛋白各自组装成新的病毒颗粒，并从宿主细胞中释放出来。

DNA 病毒广泛存在于人、脊椎动物、昆虫体内以及多种传代细胞系中，每种病毒只能感染一种动物（个别例外），仅少数致病。DNA 病毒很少，自然界中，大多数为 RNA 病毒

① 杨玉红，王锋尖. 普通生物学[M]. 武汉：华中师范大学出版社，2012.

和噬菌体。天花病毒、花椰菜花叶病毒和乙肝病毒等是 DNA 病毒。

RNA 病毒：RNA 病毒中的 RNA 一般为线性单链，但也存在线性双链。冠状病毒属的病毒是单链 RNA 病毒。冠状病毒是目前已知 RNA 病毒中基因组最大的病毒，在自然界广泛存在。冠状病毒仅感染脊椎动物，如人、鼠、猪、猫和禽类等。2019 新型冠状病毒（2019 - nCoV，引发新型冠状病毒肺炎）是目前已知的第 7 种可以感染人的冠状病毒（见图 3-1-2）。

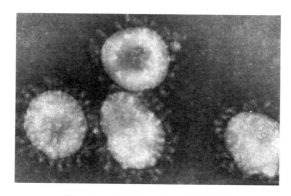

图 3-1-2　2019 - nCoV 电镜图片

HIV（人免疫缺陷病毒），俗称艾滋病病毒。它是引起艾滋病或称获得性免疫缺陷综合征（AIDS）的元凶，HIV 也是一种 RNA 病毒，HIV 主要入侵人的淋巴细胞，破坏人的免疫系统，阻止新的免疫细胞形成，使人丧失免疫能力，最后患者不敌任何病菌入侵或各种癌症，而导致死亡。

（3）病毒与人类的关系

病毒与人类的日常生活越来越密切。主要有以下几个原因：首先，病毒能引起人类的各种疾病。从最常见的普通流感，到影响全球的 2019 新型冠状病毒和令人望而生畏的艾滋病等，都是由病毒引起的。其次，病毒会给各种工农业生产带来危害。如对虾斑白杆状病毒，每年都造成养殖对虾大量减产。第三，病毒作为杀灭有害生物的一种有效途径，逐步被用在农业病虫害控制等方面。第四，病毒在生物防治和遗传工程等领域中发挥着重要的作用。

2. 原核生物界

35 亿年前地球上就已经出现了原核生物，它们在整个生命史前 3/4 时间里是地球生物圈唯一的或是主要的成员。原核生物是由原核细胞构成的单细胞生物，在生物圈内广泛分布，个体数量最多。原核生物最基本的特征是：没有核膜，其拟核或核基因组主要由一个裸露的环状 DNA 分子构成，遗传信息量小；细胞小，直径为 0.2～10 μm，有细胞壁，细胞壁成分多为肽聚糖；细胞内没有以膜为基础的细胞器。原核生物包括细菌、放线菌、古细菌、蓝细菌和支原体等。

细菌是原核生物的典型代表。细菌平均直径为 500～1000 nm，长为 1500～2500 nm，形状有球形、杆形和螺旋形之分。球形或椭圆形的称为球菌，杆状或长柱形的称为杆菌，螺旋菌有多种形态，有些细菌不是单体存在的，而是多个细菌聚成一定的形态。细菌的种类

很多,有一万余种,目前,已知的种类已超过 1500 种。细菌的分布范围也很广,适应性强,广泛分布于冰山旷野、江河湖海,上至数万米高空,下至万米深海底,以及动植物和人体内外,不少细菌具有耐受极端恶劣自然环境的特殊能力。

细菌细胞具有原核细胞的基本特征。大部分细菌通常只有一个环状的 DNA 分子,位于细菌细胞特定的区域内,称为类核体。在这一区域内有少量的 RNA 和非组蛋白。除支原体外,细菌都有细胞壁,细胞壁不含纤维素,主要由肽聚糖(革兰氏阳性菌)和脂多糖(革兰氏阴性菌)构成(见图 3-1-3)。有些细菌在胞外还有荚膜或鞭毛。有些细菌在逆境时能在胞内生成细胞壁极厚的芽孢,以渡过难关。

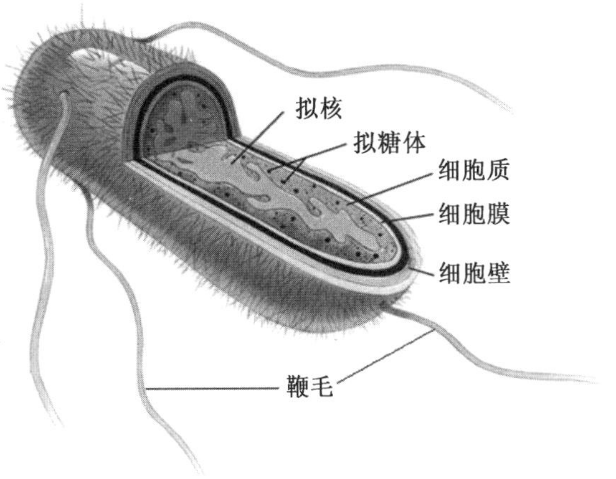

拟核
拟糖体
细胞质
细胞膜
细胞壁

鞭毛

图 3-1-3 细菌结构图

大多数细菌是异养的,但有少数细菌是自养的,其中有些细菌能够通过光合作用直接摄取日光能,有些细菌通过无机化合物的氧化而取得能量,又称为化学能合成作用。

除少数细菌是致病菌,能引起人类及动植物的许多传染病外,大部分的细菌对人类是有益的。例如,土壤中的自生固氮菌、根瘤菌将空气中的游离氮转化为含氮化合物为植物提供营养;化能异养菌将许多含微量元素的不溶性有机物转化为植物可吸收的形式;腐生细菌作为生态系统中的还原者,将动、植物的残体分解成简单的无机物,推动和维持了自然界的物质循环。在工业上,利用细菌可生产乙醇、丙酮和醋酸等产品。细菌由于遗传背景简单,生长迅速,已经成为基因工程最常用的工程菌,其中以大肠杆菌最为突出。随着科学的发展,细菌还将展示出更广阔的应用前景。

拓展阅读

极端环境中的微生物

自然界中,存在着一些极端恶劣环境,如高温、低温、高酸、高碱、高盐、高压或高辐射强度等,以前这些环境被认为是生命禁区,生命无法生存。随着科学技术的发展,人们发现有些微生物在这些恶劣环境下顽强地生活着。例如,热泉(温度可达 100 ℃)、炎热地区土壤及岩石表面、海底火山附近等处广泛分布嗜热微生物;有一种藻类甚至能在 pH=13 的强碱条件下生长,这是迄今发现的抗碱值最高的微生物。[1]

---

3. 真菌界

真菌界以及后面将要讲到的植物界、动物界的生物都属于真核生物。真核生物是由

① 金黎明. 极端环境下的微生物[J]. 生物学教学,2010,35(4):56-58.

真核细胞构成的有机体。真核细胞大约在12亿~16亿年前才在地球上出现。它们由原核细胞进化而来,核内有2条以上的染色体,染色体由线状DNA与蛋白质构成;细胞质内有以膜为基础的功能专一的各种细胞器;有骨架系统,细胞体积较大,直径一般在10~100 μm之间。

真菌是低等的异养型真核生物。绝大多数真菌是由分枝或不分枝的菌丝构成的多细胞菌丝体组成,细胞间只有简单分化,如香菇、蘑菇、木耳等;少数真菌为单细胞生物,如各种酵母菌。除黏菌以外,真菌一般都有以几丁质为主要成分的细胞壁。真菌没有光合色素,所以其营养方式为腐生、寄生、兼性寄生或共生,由菌丝、假根或菌丝上分出的吸器深入基质或宿主细胞内,借助于高渗透压吸收水分和养料。

真菌界分为两个亚界,即黏菌亚界和真菌亚界。黏菌生长在阴湿的土壤、木块、腐朽植物体、粪便等上面,没有细胞壁,单核或多核。真菌是生态系统中的分解者,以动、植物尸体和枯木烂叶为食物来源,也可侵入活的生物体内摄取营养。

4．植物界

植物细胞具有以纤维素为主要成分的细胞壁,绝大多数叶绿体的类囊体上含有叶绿素a、叶绿素b、类胡萝卜素等光合色素,进行光合自养生活。作为生态系统中的生产者,绿色植物通过光合作用合成有机物,贮藏能量,不仅直接或间接地为人类和其他生物提供了食物、能源以及某些工业原料,而且推动了生物圈的物质循环;光合放氧维持了空气中氧的含量,并在大气上形成臭氧层,使需氧生物和其他所有生物得以在地球上生存、繁衍;植物还有净化环境、监测环境、水土保持和固沙等作用。植物主要分为5大类群:藻类植物、苔藓植物、蕨类植物、裸子植物和被子植物。

（1）藻类植物

藻类为单细胞或多细胞群体,一般都具有进行光合作用的色素,能利用光能把无机物合成有机物,供自身需要。[①] 大多数种类一生都生长在水中,少部分生长于潮湿的土表。其植物体基本上没有根、茎、叶的分化,生长不经胚胎发育过程。生殖器官多数是单细胞,有些高等藻类的生殖器官是多细胞的,生殖器官中的每个细胞都直接参加生殖作用,形成孢子或配子。我们常见的紫菜、海带等都属于藻类植物。

此外,海洋中的"森林火灾"——赤潮,其引发原因也是由于某些藻类的大量繁殖,集中于海平面,使大面积的海水变成红色或灰褐色。赤潮形成后,由于藻类的数量庞大,不仅与海洋生物争夺氧气,而且分泌毒素使海洋生物中毒,严重危害海洋生态环境。

（2）苔藓植物

苔藓植物与藻类植物相比,有一定的保持水分的能力,但这种能力比较有限,因而苔藓植物多生长在阴湿的环境中,在潮湿的土壤表面经常可以见到。苔藓植物的细胞结构较为简单,容易受到环境等因素的影响,在城市中由于空气污染很难见到,因而苔藓植物的分布经常作为评定一个地区空气污染程度的标准之一。

苔藓植物共约4万余种,分为苔纲和藓纲。苔纲植物通常为扁平状,呈匍匐生长;藓

---

① 吴国芳,冯志坚,马炜梁,等. 植物学[M]. 2版. 北京:高等教育出版社,2007.

纲植物一般略呈直立状,它们都有假"根""茎""叶"的初步分化,不过其中无维管束。苔藓植物具有明显的世代交替。我们常见的植物体是它的配子体,配子体在世代交替中占优势,孢子体占劣势,并且寄生在配子体上面,这是与其他陆生高等植物的最大区别。

常见的苔藓植物有地钱、葫芦藓(如图 3-1-4)等。有些藓类还能作为药物,如金发藓具有清热解毒的功效,仙鹤藓的提取液是金黄色葡萄球菌的抗菌剂。

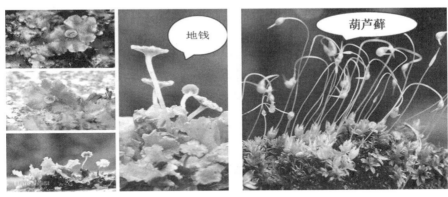

图 3-1-4　常见的苔藓植物

(3) 蕨类植物

蕨类植物是介于苔藓植物与高等的种子植物之间的一大类群。从蕨类植物起,植物体中发展起了发达的水分运输系统——维管系统,这使蕨类植物能够逐步适应陆地生活。蕨类植物的受精作用仍需在有水的条件下进行。多数蕨类植物生长于陆地的森林中,少数种类仍生长在淡水中。现在地球上的蕨类植物约有 12000 多种,其中绝大多数为草本植物。

与苔藓植物一样,蕨类植物也具有明显的世代交替现象,无性繁殖产生孢子。蕨类植物的孢子体远比配子体发达,并有根、茎、叶的分化,体内有较原始的维管组织构成的输导系统。蕨类植物的孢子体和配子体都能独立生活。蕨类植物开始出现维管束(尽管还不很完善),分化出了含维管束的真正根、茎、叶,使得蕨类植物的根可以扎入较深的土壤中吸收水分和无机盐,茎和叶高举能更好地进行光合作用。

常见的蕨类植物有铁线蕨、满江红、肾蕨等(见图 3-1-5)。

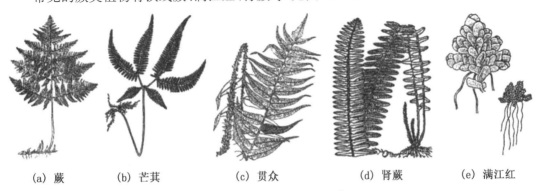

(a) 蕨　　　(b) 芒萁　　　(c) 贯众　　　(d) 肾蕨　　　(e) 满江红

图 3-1-5　常见的蕨类植物[1]

① 杨玉红,王锋尖.普通生物学[M].武汉:华中师范大学出版社,2012.

（4）裸子植物

裸子植物的主要特征是产生种子，以种子进行繁殖，但其种子是裸露的，所以称为裸子植物。种子的形成使子代的幼体得到很好的保护以度过不良环境，并有利于适应各种传播方式。裸子植物通过花粉和花粉管的传递完成受精作用，使有性生殖摆脱了对水的依赖，从而更加适应陆地生活。在裸子植物生活史中，孢子体更加发达，大多数为多年生木本植物，配子体完全寄生在孢子体上。[①] 裸子植物还具有其他一些特征，如传粉时花粉直达胚珠，具多胚现象等。

裸子植物历史久远，中生代十分繁茂，属种很多，现存的裸子植物只是历史遗留的一部分，如银杉、水杉、银杏等，都是仅存于我国的第三纪孑遗植物，或称"活化石"植物。此外，常见的裸子植物还有苏铁、马尾松、圆柏、红豆杉等。

拓展阅读

铁树开花

铁树，又名凤尾铁，属裸子植物，生活在热带亚热带地区，喜光喜温暖，其植株生长速度十分缓慢，寿命比较长久，一般可以生长两百年的时间。环境适宜的条件下一般要养殖十几年才会开花，花期不定，6—8 月份或 10—11 月份都可能开花；如果养殖环境不适合它生长，它就会一直不开花，一般情况下，我国北方地区养殖的很少开花。所以才会有"铁树开花"的说法。

（5）被子植物

被子植物是植物界最高级的一类，新生代以来，它们在地球上占有绝对优势。现知的被子植物有 20 多万种，占植物界的一半。

被子植物有如此众多的种类，有极其广泛的适应性，与它的结构复杂化、完善化分不开。首先，被子植物有真正的花。典型的被子植物的花由花萼、花冠、雄蕊、雌蕊四个部分组成，雌蕊包括子房、花柱和柱头三部分。其次，被子植物具有双受精现象，即两个精细胞进入胚囊以后，一个与卵细胞结合形成合子，另一个与极核结合成三倍体胚乳。最后，孢子体在形态、结构、生活型等方面比其他各类植物更完善、多样，而配子体则进一步退化。被子植物的雌雄配子体均无独立生活能力，终生寄生在孢子体上，结构上比裸子植物更简化。被子植物的上述特征，使它在生存竞争中具备了优于其他各类植物的内部条件。被子植物的产生，使地球上出现了颜色鲜明、类型繁多、花果丰茂的景象。被子植物与人类的生产和生活关系极为密切，栽培植物中绝大多数是被子植物。

5．动物界

动物是整个丰富多彩的生物界的重要组成部分，伴随着地壳运动、气候变迁和植物界的演变，动物经历着曲折复杂的进化过程，旧的物种不断绝灭，新的物种不断产生，现已知的动物有 150 多万种。动物是大多以吞噬方式摄食现成有机物的一类异养型真核生物，

---

① 周永红，丁春邦．普通生物学［M］．2 版．北京：高等教育出版社，2018．

其细胞无细胞壁。

动物界可划分为原生动物和后生动物两大类型。绝大多数原生动物是由单个细胞构成；后生动物又可分为无脊椎动物和脊索动物。主要有原生动物门、海绵动物门、环节动物门、软体动物门、节肢动物门和脊索动物门等 36 个门[①]。脊索动物门为动物界等级最高的一门，分为尾索亚门、头索亚门和脊椎亚门。

（1）原生动物门

原生动物是动物界里最原始、最低等的动物。它们的主要特征是身体由单个细胞构成，细胞内各种细胞器执行和完成各项生活机能，是独立的动物机体，因此也称为单细胞动物。原生动物的身体微小，一般必须用显微镜才能看见。这类动物分布很广，生活在淡水、海水以及潮湿的土壤中，如常见的变形虫、草履虫等。也有些种类是寄生的，如疟原虫、黑热病原虫等。

（2）海绵动物门

海绵动物又称多孔动物，是最原始、最低等、处于细胞水平的多细胞动物类群，是单细胞动物向多细胞动物演化过程中发展起来的一个侧支。海绵动物大部分生活在海洋中，营固着生活，体形基本上是辐射对称的，也有因为附着物的形状或出芽而导致身体不对称。水沟系统是海绵动物的主要特征之一，对其固着生活方式十分重要。海绵动物体表有许多入水孔与体内特有的水沟系统相通。通过水流完成摄食、排泄、呼吸、生殖等生理功能。已知的海绵动物有约 1 万种，代表种类如偕老同穴和沐浴海绵等。沐浴海绵的群体较大，多呈圆形，可用于沐浴，亦可在医学上用来吸收药液、血液、浓汁等。

拓展阅读

偕老同穴

偕老同穴是生活在深海中的海绵动物，这种海绵像网兜，四周布满小孔。偕老同穴的名称和一种称为"俪虾"的小虾有关，这种小虾小而纤弱，它们在很小时，常一雌一雄从海绵小孔中钻入，生活在里面既安全又能得到食物，随着小虾长大，它们在海绵体内再也出不来，成对相伴生活，直至寿终，因此人们把这种海绵称为偕老同穴。

（3）腔肠动物门

腔肠动物是真正的后生动物的开始。大多数腔肠动物身体呈辐射对称。腔肠动物第一次出现了胚层分化，具有两胚层，并开始出现了有口无肛门的原始消化循环腔。消化循环腔是动物向高等级发展的重要步骤，使动物更有效地取食和消化，提高代谢能力。现存的腔肠动物约有 11000 种，除极少数种类为淡水生活外，绝大多数生活于海洋中。我们常见的水螅、海葵、海蜇、珊瑚虫等都属于腔肠动物。

（4）扁形动物门

扁形动物是最早出现的两侧对称和中胚层的动物，代表动物进化中的一个新阶段。

---

① 刘凌云，郑光美. 普通动物学［M］. 4 版. 北京：高等教育出版社，2009.

两侧对称促进了身体各部位机能的分化,有利于动物的定向运动,提高了对环境的适应能力。中胚层的产生,减轻了内、外胚层的负担,并使动物达到器官系统分化的水平。扁形动物无体腔,消化系统不完全,无肛门,具有发达的生殖系统。扁形动物约有 15000 种,代表种类如日本血吸虫、猪带绦虫等。

(5) 线虫动物门

线虫动物在消化管和体壁之间出现了假体腔,是假体腔动物中的典型代表,其消化管末端出现了肛门。但这类动物仅仅是动物进化中的一个盲支。自由生活的线虫借体表从外界吸收氧气,同时将二氧化碳排至水中。寄生的线虫可进行厌氧呼吸。线虫动物约一万五千种。自由生活的种类分布于土壤、淡水和海水中;寄生种类会导致人、畜和植物疾病,如蛔虫、十二指肠钩虫、小麦线虫等。

(6) 环节动物门

环节动物在动物进化中具有十分重要而突出的地位,是高等无脊椎动物的开始。身体出现同律分节现象,即身体除头部外,各体节在形态和技能上基本相同;出现了真体腔,真体腔的出现使肠壁有了肌肉层,促进了肠的蠕动,提高了代谢水平;出现了血液始终在血管中流动的闭管式循环系统、两端开口的消化系统,以及可控制全身的感觉与运动、更为集中的链状神经系统。环节动物约 9000 种,大多营自由生活,分布于海洋、淡水和土壤中,如沙蚕和蚯蚓;少数营半寄生生活,如各种吸血蚂蟥。

(7) 软体动物门

软体动物形态差异很大,生活方式多样。身体柔软,通常由头、足、内脏团、外套膜和贝壳等几部分构成。其循环系统为开管式循环,即血液不全在血管中流动,而是经过血窦。生殖方式有卵生和卵胎生等多种形式。

软体动物是动物界中第二大类群,已知约 11.5 万种,广泛分布于海水、淡水和陆地上。大多数种类与人类关系密切。软体动物多肉质,多数是营养珍品,如淡水蚌、田螺,海产的鲍、牡蛎、扇贝、乌贼等。有的可入药,如乌贼的内壳、鲍的贝壳、珍珠等;也有的软体动物对人类有害,如钉螺等。

(8) 节肢动物门

节肢动物是动物界种类最多、数量最大、分布最广的动物类群。出现了头、胸、腹的分化,随着身体的分化,器官趋于集中,机能也相应地有所分化。节肢动物的附肢与身体的连接处有活动的关节,附肢的节与节之间以关节相连,加强了附肢的灵活性,节肢动物有几丁质的外骨骼和蜕皮的现象,有开管式循环系统,血压较低,可以避免因断肢而引起大量失血。

节肢动物门是动物界最大的一个门,已知的节肢动物超过 100 万种,占全部动物种类总数的 85% 以上。自由生活的种类广泛分布于水、陆、空,少数营寄生生活。节肢动物可分为三个亚门七个纲,常见种类有各种虾、蟹、水蚤、剑水蚤等甲壳动物,各种蜘蛛、蝎子、蝉等蛛形类,各种蜈蚣、马陆等多足类,苍蝇、蚊子、蝗虫、螳螂、甲虫、蜜蜂、蚕、蝴蝶等昆虫。节肢动物与人类关系极为密切和复杂。

(9) 棘皮动物门

棘皮动物是一类古老而特殊的无脊椎动物,又是一类较复杂的高等无脊椎动物,与脊索动物的亲缘关系较近。棘皮动物的身体呈辐射对称,有内骨骼,内骨骼由钙化的小骨片组成,骨片间以结缔组织及肌肉组织相连,可以形成棘、刺突出于体表,使体表变得粗糙,故名棘皮动物。棘皮动物全部为海洋底栖动物,现存约 6000 种。常见种类有海参、海胆、海星、海百合等。

(10) 脊索动物门

脊索动物是动物界的最高等类型,现存约有 4.5 万余种,它们具有以下三个显著的共同特征:首先,脊索是一条支持身体纵轴、柔软而具弹性的结缔组织组成的棒状结构。低等的脊索动物终生具有脊索,有的种类脊索仅见于幼体,高等的种类,脊索只在胚胎期出现,随着成长逐渐由分节的脊柱所取代。第二,背神经管位于身体背部、脊索的上方,呈管状结构,是脊索动物神经系统的中枢。在高等种类中,背神经管分化为脑和脊髓。第三,咽鳃裂是咽部两侧壁裂缝,直接或间接与外界相通,内有咽鳃。咽鳃是呼吸器官,低等脊索动物咽鳃裂终生存在,高等种类只出现在胚胎期或幼体,之后便完全消失。

脊索动物按进化地位的高低可分为尾索动物亚门、头索动物亚门和脊椎动物亚门。现存的脊椎动物分为 6 个纲。

圆口纲:是脊椎动物中最低等的一个纲,已知的种类有约 50 种。圆口纲动物无上下颌,脊索终生存在,未形成脊椎。该纲包括七鳃鳗目与盲鳗目。

鱼纲:鱼类终生生活在水中,皮肤富有黏液腺,体表被鳞片,具上下颌,以鳃呼吸,有成对的附肢(胸鳍和腹鳍),多数以脊柱取代脊索,终生具有鳃裂,血液循环为一心室一心房的单循环。

两栖纲:两栖纲的动物皮肤裸露,富有腺体。幼体在水中生活,以鳃呼吸,成体登陆后以简单的囊状肺和表皮进行气体交换。血液循环为一心室二心房的不完全双循环。受精仍在水中进行,属不完全登陆型动物。代表动物如黑斑蛙、大鲵等。

爬行纲:是真正登陆成功的类群,具有许多与陆地生活相适应的机制。首先,出现了羊膜卵,羊膜卵中有羊膜腔,胎儿在腔内羊水中发育,使生殖完全摆脱了水的束缚,解决了陆上繁殖的问题,因而爬行类能成为真正的陆生动物;第二,皮肤角质化,可以防止水分大量散失;第三,机体结构和功能进一步完善,包括心脏为二心房一心室或近乎二心室;第四,四肢比较强大,能撑起身体以利于在陆地上运动;第五,大脑开始出现新脑皮层;第六,代谢水平显著提高;第七,氮代谢终产物主要是尿酸,有利于克服陆地生活水分相对匮乏、氮代谢终产物排泄不畅的困扰等。爬行纲的代表动物如乌龟、蟒蛇等。

鸟纲:鸟类体被羽毛,趾端具爪,前肢特化为翼,善于飞翔,具有发育良好的肺以及非常发达的 9 个气囊,具完善的由二心室二心房组成的心脏,血液循环为完全的双循环。鸟类为恒温动物,具有较高而稳定的新陈代谢水平及调节产热和散热的能力。同时,鸟类也是羊膜动物,且具有完善的筑巢、孵卵、育雏等生殖行为,无膀胱,尿连同粪便随时排出体外。

哺乳纲:哺乳动物是脊椎动物中身体结构、功能、行为最复杂且最完善的高等动物类群。哺乳动物的特征主要有以下几点。首先,具有高度发达的神经系统和感觉器官。哺乳动物的大脑皮层发达,各种感官十分灵敏,能协调复杂的机能活动和适应多变的环境条件。第二,具有强有力的口腔咀嚼系统和消化系统,进一步提高了对营养物质的摄取。第

三,具更加完善的胎生和哺乳的生殖、护幼方式,受精卵在母体的子宫内发育成胎儿才产出,胚胎通过胎盘从母体获得营养,这种生殖方式大大提高了子代的成活率。现存的哺乳动物约有 3500 种,包括原兽亚纲、后兽亚纲和真兽亚纲。

原兽亚纲是哺乳动物中最原始的类群,虽然仍是卵生,并且无乳头,但它也具备哺乳、体表被毛、恒温等哺乳动物的特征。代表动物如鸭嘴兽。

后兽亚纲为低等的哺乳类,主要特征为胎生,但不具真正的胎盘,幼仔发育不完全,需在母兽的育儿袋内继续发育一段时间,具乳腺,乳头位于育儿袋内,代表动物如大袋鼠。

真兽亚纲又称胎盘类,为高等哺乳动物,主要特征为具真正的胎盘,胎儿发育完全后产出,乳腺发达且具乳头,大脑皮层发达,体温一般恒定于 37 ℃。现有哺乳动物中的绝大多数种类都属于真兽亚纲。

第二节　地球上的生物

学习目标

1. 掌握真核细胞的基本结构与功能。
2. 掌握植物的结构与功能。
3. 能够描述人体的各项器官及其功能。
4. 理解细胞呼吸和光合作用的实质。
5. 了解细胞有丝分裂和减数分裂的过程和特点。
6. 了解细胞的分化、衰老和凋亡。

一、细胞

(一)细胞的结构

细胞是生物体结构和功能的基本单位。从形态结构上细胞分为原核细胞和真核细胞两大类。原核细胞最主要的特征是没有膜包围的细胞核。原核细胞体积较小,一般在 $1\sim10\ \mu m$,由细胞膜、细胞质、核糖体、拟核组成,拟核由一环状 DNA 分子构成,无核膜。原核细胞没有内质网、线粒体、高尔基体和质体等细胞器。真核细胞直径为 $10\sim100\ \mu m$,结构较为复杂。除细胞膜外,还有多种膜结构的细胞器(如内质网、线粒体、高尔基体、质体等)、非膜结构的细胞器(如核糖体等)、具有核膜的真正细胞核。植物细胞还有细胞壁,其主要成分为纤维素[1]。

1. 细胞壁

植物细胞区别于动物细胞的显著特征之一是在细胞膜之外还具有细胞壁。一般认

---

① 周永红,丁春邦.普通生物学[M].2 版.北京:高等教育出版社,2018.

为,细胞壁是由原生质体(通常指植物细胞去除掉细胞壁后剩下的部分)所分泌的非生活物质构成。细胞壁具有一定的机械强度,使细胞维持一定的形状,能承受外力的挤压,还能防止病原体侵袭。细胞壁在植物的吸收、分泌、蒸腾作用和细胞间物质运输、信息传递中也起重要作用。除植物细胞外,细菌、真菌细胞也具有细胞壁,但它们的结构与主要成分都不相同。

2.细胞膜

细胞膜又称质膜,是细胞表面的膜,是各类细胞都具有的结构。它的厚度通常为 $7\sim 8$ nm,主要由脂质(主要是磷脂)和蛋白质构成。细胞膜是一种半透性或选择透过性膜,即有选择地允许物质通过扩散、渗透和主动运输等方式出入细胞,从而保证细胞正常代谢的进行。质膜在物质运输、细胞分化、代谢调控、激素作用、免疫反应和细胞通讯等过程中也起着重要作用。

真核细胞除细胞膜外,细胞质中还有许多由膜分隔成的多种细胞器,这些细胞器的膜结构与质膜相似,只是功能有所不同,这些膜称为内膜。细胞的质膜和内膜统称为生物膜。

拓展阅读

生物膜的流动镶嵌模型

根据生物膜所含蛋白质和磷脂分子排布情况以及电子显微镜所观察到的膜的形态,科学家们曾提出多种生物膜的结构模型,目前较为公认的是桑格于 1972 年提出的流动镶嵌模型。这个模型表示生物细胞生活在含水的环境里,细胞内部也含有水分,因此细胞膜的内外两侧都是含水的液体,组成膜的磷脂形成双分子层,构成膜的骨架,其亲水性的头部暴露在两侧的水中,疏水性尾部两两相对,藏在中间。这些脂类分子是可以运动的,而不是静止固定不变的,所以脂质双分子层是一层薄薄的半流动性的油。许多球形蛋白质分子镶嵌在脂质双分子层之间,或附在它的内外表面,也有的穿过整个双分子层,这些蛋白质分子也是可以运动的,就好像一群"蛋白质冰山"漂浮在脂质双分子层的海洋中。膜的外表还常含有糖类,形成糖脂和糖蛋白。

3.细胞质与细胞器

(1)细胞质基质

细胞质基质也称基质或胞质溶胶,是一种半透明、无定型、可流动的胶状物质,它的成分复杂,含有无机盐、脂类、糖类、氨基酸、蛋白质等。在生活细胞中,细胞质基质处在运动状态之中,它能带动其中的细胞器在细胞内作规则的持续运动,这种运动称为胞质运动。胞质运动可以朝一个方向进行,也可以同时有不同的流动方向。它对于细胞内物质的转移具有极为重要的作用,促进了细胞器之间的相互联系。细胞质基质不仅是细胞核、细胞器的微环境,而且为细胞器的生理活动提供原料。

（2）细胞器

线粒体:线粒体呈棒状(见图 3-2-1),具有双层膜结构,其内层膜向内折叠成嵴(增大内膜面积,扩增酶类的附着位点)。线粒体是细胞呼吸作用的主要场所。细胞生命活动所需要的能量,约有 95% 由线粒体提供。此外,线粒体内除了含有与呼吸作用相关的酶类外,还含有核糖体 DNA 和 RNA,因此能够独立遗传。在真核生物中,线粒体多集中于新陈代谢旺盛的部位。

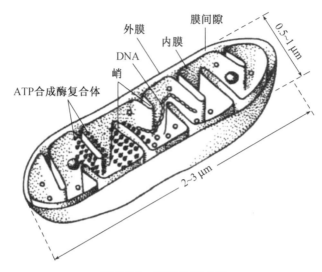

图 3-2-1　线粒体模式图

核糖体:核糖体不具有膜结构,主要成分为 rRNA 和核糖核蛋白,按照分布位置的不同,可分为附着核糖体与游离核糖体。其主要功能是利用自身的多个活性中心合成蛋白质,是合成蛋白质的主要场所。

内质网:内质网在细胞中分布广泛,可分为光面内质网与粗面内质网。内质网由单层膜构成,具有加工蛋白质和合成脂质的功能。其中粗面内质网因其膜的表面具有核糖体,主要功能为加工蛋白质,而光面内质网主要功能是合成脂质。一般真核动植物细胞内都有内质网。

高尔基体:高尔基体是单层膜结构(见图 3-2-2)。主要功能是与内质网相互配合,对来自内质网的蛋白质进行"深加工"。蛋白质经过高尔基体的分类与包装之后,通过高尔基体末端产生的小泡分泌出细胞。此外,在植物细胞中,高尔基体还参与植物细胞壁的形成。

质体:质体只存在于植物细胞中,其主要成分为蛋白质、类脂与部分色素。根据其所含色素的不

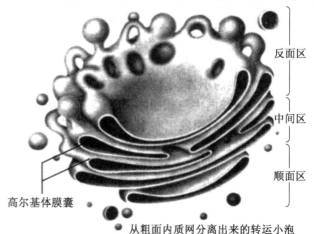

图 3-2-2　高尔基体模式图

同,可将其分为白色体、叶绿体和有色体。白色体主要为球形或纺锤形的无色小颗粒状,与植物细胞物质的积累与贮藏有关。

叶绿体存在于绿色植物细胞中(见图 3-2-3)。为球形或扁平球形,具有双层膜结构,且内部有核糖体、DNA 和 RNA,能够独立遗传,属于半自主细胞器。叶绿体内还有类囊体膜,其上含有各种参与光合作用的相关色素,主要分为叶绿素 a、叶绿素 b、胡萝卜素与叶黄素。此外,叶绿体多分布于绿色植物的叶片中,因此叶片多呈绿色。

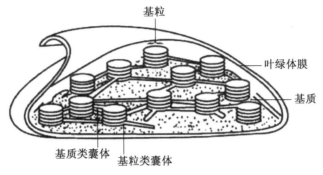

图 3-2-3　叶绿体模式图

液泡:液泡存在于植物细胞中。成分主要是各种无机盐、氨基酸、糖类等代谢物,有的甚至是有毒化合物。液泡内含有大量的水分,会根据周围环境的渗透压调节植物细胞的饱满状态,是稳定细胞内部环境、保持细胞坚挺与活力的重要器官。此外,液泡只存在于成熟的植物细胞中,部分植物细胞则没有液泡。

溶酶体:溶酶体是单层膜结构,其内部含有多种水解酶类,能够将衰老的细胞或细胞器进行分解,或是将侵入细胞的病毒与细菌吞噬或杀死。溶酶体在真核动植物细胞中均有广泛分布。

中心体:中心体存在于动物与部分植物细胞中,不具有细胞膜,因其位于细胞的中心而得名。中心体由两个中心粒构成,参与细胞的分裂。

细胞核:细胞核是真核生物最重要的细胞器,由膜结构包围成,且内部含有细胞绝大部分遗传物质,是细胞遗传与代谢的调控中心。细胞核主要包括核膜、染色质、核仁与核基质等。核膜上有许多小孔,是遗传物质通过的渠道。真核生物的细胞核是其区别于原核生物的最大标志,当细胞核出现后,真核细胞的遗传变异速度得以加快。[1]

(二) 细胞的代谢

我们将正常细胞内的所有化学反应称为代谢,细胞代谢是最基本的生命活动过程,细胞能够通过代谢从外界摄取能量,并获得各种生命活动所需的物质,以此来保证细胞结构的稳定,进而完成生长、分裂等活动。

1. 细胞呼吸

细胞的活动需要消耗能量,这些能量多来自细胞呼吸。细胞线粒体能够氧化葡萄糖、

[1]　吴相钰,陈守良,葛明德. 陈阅增普通生物学[M]. 4 版. 北京:高等教育出版社,2014.

脂肪酸等有机物,将其中的能量释放出来,合成ATP(能量载体)等化合物,并产生CO_2,我们将这个过程称为细胞呼吸作用。细胞呼吸作用过程复杂,需要一系列酶类的参与。[1]根据细胞呼吸是否有氧气的参与分为有氧呼吸和无氧呼吸。

(1)有氧呼吸

进行有氧呼吸的生物必须从大气中吸取游离的氧气,将生物体内的有机物彻底氧化成CO_2和H_2O,并释放出能量。有氧呼吸在生物界普遍存在,是大多数生物特别是人和高等动物、植物获取能量的主要途径。例如,当运动员做跳跃运动时,吸入肺部的氧气被输送到血液中,血液再将其输送给肌肉细胞,肌肉细胞便利用这些进行细胞呼吸,将由血液输送来的葡萄糖等食物分子氧化分解,生成二氧化碳和水,并产生能量使肌肉收缩运动,运动员便完成了跳跃动作。同时二氧化碳作为废气又被血液运送到肺部,再经口、鼻腔排出体外。

细胞呼吸是由一系列生物化学反应组成的一个连续完整的代谢过程,每一步反应都需要特定的酶参与才能完成。在这一系列反应中,某一步化学反应得到的产物同时又是下一步反应的底物。根据产物的性质和反应在细胞中发生的部位,将细胞呼吸的化学过程分为三个阶段:糖酵解、柠檬酸循环、电子传递和氧化磷酸化。按照化学计算方法,1分子葡萄糖通过细胞呼吸彻底氧化成CO_2和H_2O,则总共可得到36或38分子ATP。但是这36或38个ATP是理论值,实际情况往往少于这个数字。

在酶的参与下,以葡萄糖($C_6H_{12}O_6$)为底物的细胞呼吸总反应方程式如下:

$$C_6H_{12}O_6 + 6O_2 + 6H_2O \xrightarrow{\text{酶}} 6CO_2 + 12H_2O + 能量$$

(2)无氧呼吸

在无氧条件下,细胞呼吸只进行到第一步糖酵解,糖酵解的产物丙酮酸被还原产生酒精或乳酸并获取能量的过程称为无氧呼吸(又称为发酵)。

无氧呼吸是一种效能很低的释能方式,从1分子葡萄糖的分解代谢中仅获得2分子ATP。然而,在生物进化的早期,无氧呼吸曾经是唯一的释能代谢途径。地球上刚出现生物时,大气中没有氧气,生物只能靠无氧呼吸生成的能量维持生命活动。在多数现代生物中,无氧呼吸已经不是主要的供能途径,但此途径还是普遍存在的。在厌氧细菌、酵母菌和植物细胞中可发生酒精发酵,乳酸菌、少数植物细胞和各种高等动物细胞中可发生乳酸发酵。

高等植物在无氧的条件下,依靠无氧呼吸也可以生活数小时甚至数日,如小麦、玉米、豌豆、向日葵的种子在发芽期也进行无氧呼吸,高等植物的组织也能进行无氧呼吸,但忍受能力较差,产物多为草酸、苹果酸、柠檬酸等。高等动物和人在剧烈运动时,尽管呼吸运动和血液循环系统都大大加强,但是仍然不能满足骨骼肌对氧的需要,这时候的骨骼肌就会进行无氧呼吸,产生乳酸。

① 林长春,吴育飞.小学科学基础[M].重庆:西南师范大学出版社,2019.

拓展阅读

生物如何从食物中获取能量?

细胞呼吸的主要底物是葡萄糖,但是食物中并不存在多少游离的葡萄糖。食物中的主要成分是多糖、脂肪和蛋白质。我们获得能量的主要来源是淀粉和一些双糖(如蔗糖)以及脂肪和蛋白质。

食物中的多糖和其他糖类都会转变成葡萄糖而参与糖酵解。消化管中的酶会将淀粉水解,产生葡萄糖,葡萄糖被运入细胞后通过糖酵解和柠檬酸循环被分解。肝和肌细胞中储存的糖原也会被水解成葡萄糖。

食物中的蛋白质被用作能量来源时首先被分解为氨基酸,氨基酸去掉氨基后就转变为丙酮酸、乙酰辅酶 A 或柠檬酸循环中的一种酸,最终进入该循环。

食物中的脂肪是含能最多的分子,所以氧化时产生的 ATP 也最多。细胞先将脂肪水解为脂肪酸和甘油,然后使甘油转变为糖酵解的中间产物甘油醛-3-磷酸。脂肪酸则转变为乙酰辅酶 A,然后参与柠檬酸循环。[1]

2. 光合作用

光合作用对于整个生物界都有重要的意义。从物质转变和能量转换的过程来看,可以说光合作用是生物界最基本的物质代谢和能量代谢,它为地球上的绝大多数生物提供了最初的物质和能量来源。

绿色植物和某些原核生物利用太阳光将二氧化碳和水转化成糖的过程叫光合作用。CO_2 通过叶表皮的气孔进入植物体,水分则由根从土壤中吸收而来,二者在阳光作用下,在叶片中合成糖类并释放氧气。植物光合作用总反应式是:

$$6CO_2 + 12H_2O \xrightarrow{\text{光能}} C_6H_{12}O_6(糖) + 6O_2 + 6H_2O$$

光合作用的机理比较复杂,包括一系列的光化学步骤和物质转变,但并非任何过程都需要光。根据需光与否,可将光合作用分为两个阶段——光反应和暗反应(碳反应)。

(1) 光反应

高等植物的叶绿体是由类囊体组成的膜器官,光合色素位于类囊体膜上。高等植物叶绿体中所含的光合色素包括叶绿素 a、叶绿素 b、胡萝卜素和叶黄素。根据功能不同,色素可分为两类:一类是作用中心色素,例如,少数叶绿素 a 分子,它具有光化学活性,既能捕获光,又是光能的转换站;另一类是聚光色素,它只有收集光能的作用,将收集到的光能传到作用中心色素。绝大多数的色素(包括大部分叶绿素 a 和全部的叶绿素 b、胡萝卜素、叶黄素)都属于聚光色素。叶绿素 a、叶绿素 b、胡萝卜素和叶黄素均不吸收或很少吸收绿光,绿光被大量反射出来,因而植物是绿色的。

光反应是在叶绿体的类囊体片层膜中进行的,主要是叶绿体捕获光能并将能量用来合成 NADPH(还原态氢)和 ATP 等,在这一过程中产生氧气释放到体外。

---

[1] 高崇明. 生命科学导论[M]. 3 版. 北京:高等教育出版社,2019.

（2）暗反应（碳反应）

暗反应是在叶绿体基质中进行的利用光反应捕获的能量（NADPH、ATP），将二氧化碳固定、还原成糖类的酶促反应。这一过程将活跃的化学能转换为稳定的化学能，积存于有机物中，也称为碳反应或碳同化。这个过程不依赖于光照，无光、有光条件下都能够进行，所以叫暗反应。

现已阐明高等植物的碳同化有三条途径，即 C3 途径、C4 途径和 CAM 途径。其中 C3 途径是碳同化最重要、最基本的途径，这条途径具有合成淀粉等有机物的能力。其他两条途径只能起固定和转运 CO_2 的作用，不能单独形成淀粉等产物。[①]

 **讨论与交流**

植物也要呼吸吗？

光呼吸是指绿色植物在光照条件下，吸收氧气、释放 CO_2 的呼吸过程。光呼吸与一般生活细胞的呼吸作用显著不同，是在光刺激下释放 CO_2 的现象，它往往将已固定的大约 30% 的碳又变成 CO_2 释放出去，所放出的能量不能以 ATP 的形式储存起来，而是以热的形式散失掉，是一个消耗光合产物的过程，对光合产物的积累很不利。但光呼吸对植物本身可能具有一定的积极意义。

（三）细胞的分裂与分化

1. 细胞分裂

细胞分裂是细胞繁殖的方式，生物通过细胞繁殖以维持其生长、发育和繁衍。单细胞生物（如酵母）以细胞分裂的方式产生新个体，使生物个体数量增加，保持了物种的延续。多细胞生物从一个受精卵发育成由亿万个细胞构成的生物体，也必须通过细胞分裂才能实现。不同的细胞，其寿命不同，例如，红细胞寿命约 130 天；结缔组织细胞可生存2～3 年；神经细胞如人的脑细胞则和个体寿命一样长，脑细胞通过不断更新细胞的组成成分以保持活力，其细胞器及膜结构等全部组成成分不到一个月就更新一遍。如此看来，在生物体内，大多数细胞生活周期较短，需要不断更新，细胞更新也是靠细胞分裂来实现的。

生物经过长期的进化过程，由原核细胞逐渐演化到真核细胞，细胞分裂也由简单而逐渐趋于完善，出现了无丝分裂、有丝分裂和减数分裂三种方式。

（1）无丝分裂

无丝分裂又称直接分裂，较为简单，最常见的是细胞横缢。细胞分裂时，先是核仁拉长分裂为二，接着细胞核拉长，两个核仁分别向核的两端移动，然后核的中部凹陷断裂，细胞质也从中部收缩一分为二。无丝分裂常出现在低等生物和高等动植物生活力旺盛、生长迅速的器官和组织中。无丝分裂过程中不出现纺锤丝和染色体，分裂的结果也不能保证母细胞中的遗传物质平均分配到两个子细胞中去，因而在一定程度上会影响到细胞遗传的稳定性。但无丝分裂的速度快，物质和能量消耗少，细胞分裂时仍能进行正常的生理

---

① 杨玉红，王锋尖. 普通生物学［M］. 武汉：华中师范大学出版社，2012.

活动。另外,当细胞处于不利环境时,无丝分裂作为一种适应性分裂可使细胞得以增殖。

（2）有丝分裂

有丝分裂又称间接分裂,是真核细胞分裂最普遍的一种方式(见图3-2-4)。高等生物的体细胞增殖主要以有丝分裂方式进行。有丝分裂过程较复杂,细胞核、细胞质都发生很大变化,因分裂过程中有纺锤丝及染色质的形态变化而得名。

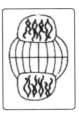

图 3-2-4　有丝分裂图解[1]

有丝分裂一般包括两个过程:一是细胞核分裂,主要是核形状及内含物发生一系列变化,产生两个子核;二是细胞质分裂和细胞分裂,即在两个子核之间形成新的细胞膜或细胞壁,从而将母细胞细胞质一分为二,产生两个子细胞。在多数情况下,细胞核分裂和细胞质分裂是同时进行的。子细胞形成后,将经过由小到大的生长、物质的积累,并准备下一轮的细胞分裂,如此周而复始。

细胞进行有丝分裂具有周期性。连续分裂的细胞从一次分裂完成时开始,到下一次分裂完成时为止,即从形成子细胞开始到再一次形成子细胞结束,为一个细胞周期。一个细胞周期包括分裂间期和分裂期。

分裂间期:从细胞一次分裂结束之后到下一次分裂之前,是分裂间期。分裂间期主要完成染色体中 DNA 的复制和细胞有丝分裂相关蛋白质的合成等。细胞周期中大部分时间处于分裂间期,大约占细胞周期的 $90\%\sim95\%$。

分裂期:分裂间期结束后就进入分裂期。细胞分裂是一个连续的过程,人们为了研究方便将其分为 4 个时期——前期、中期、后期和末期。动物细胞和植物细胞有丝分裂过程大致一样,仅在细节上有差别,以下以高等植物为例了解有丝分裂的过程。

前期:细胞有丝分裂前期是指自分裂期开始到核膜解体为止的时期。间期细胞进入前期时,由染色质构成的细染色质丝螺旋缠绕并逐渐缩短变粗,形成染色体。因为染色质在间期已经完成复制,所以每条染色体由两条染色单体(姐妹染色单体)组成,两个染色单体上由一个共同的着丝点连接。核仁逐渐解体,核膜消失。从细胞的两极发出纺锤丝,形成一个梭形的纺锤体。染色体散乱地分布在纺锤体中央。

中期:中期是指从染色体排列到赤道板上,到染色单体开始分向两极的时期。中期时细胞中各染色体都排列在纺锤体的中央,它们的着丝点都位于细胞中央的同一个平面,即赤道面,此时是染色体计数的最好时期。

后期:后期是指每条染色体的两条姐妹染色单体分开并移向两极的时期。每个着丝点分裂成两个,姐妹染色单体分开,成为两条子染色体,由纺锤丝牵引着分别向两极移动。

① 杨玉红,王锋尖.普通生物学[M].武汉:华中师范大学出版社,2012.

子染色体到达两极时后期结束。

末期:末期指子染色体到达两极后至形成两个子细胞为止的时期。此期的主要过程是子核的形成和细胞体的分裂。到达两极的子染色体首先解螺旋,伸展延长,逐渐形成细长而盘曲的染色质丝。同时,纺锤体逐渐消失,出现新的核膜和核仁。核膜把染色质丝包围起来,形成两个新的细胞核。这时,在赤道板的位置出现一个新的细胞板,细胞板由中央向四周扩展形成新的细胞壁。最后,一个细胞分裂为两个子细胞。大多数子细胞进入下一个细胞周期的分裂间期状态。

有丝分裂将亲代细胞的染色体经过复制以后,精准的平均分配到两个子细胞核中,最终每个子细胞都得到了一组与亲代细胞相同的遗传物质,在生物的亲代和子代之间保持了遗传性状的稳定性。

(3)减数分裂

在有性生殖过程中,两个性细胞即配子(精子和卵)融合为一个细胞即合子或受精卵,由此发育成为新一代生物体。为保证后代中染色体数目的恒定,通常通过一种特殊的分裂方式——减数分裂产生性细胞(见图3-2-5)。

减数分裂是进行有性生殖的生物体在产生成熟生殖细胞时,进行的染色体数目减半的细胞分裂。在减数分裂过程中,染色体只复制一次,而细胞分裂两次。减数分裂的结果是成熟生殖细胞中的染色体数目比原始生殖细胞的减少一半。

配子是由配子母细胞经减数分裂产生的。减数分裂的各个步骤与有丝分裂的相应步骤极为相似。减数分裂间期和有丝分裂间期一样,进行染色体的复制。不过,减数分裂一次复制之后发生的是两次相继的细胞分裂,分别称为减数分裂Ⅰ和减数分裂Ⅱ。两次分裂的结果是产生4个子细胞,每个子细胞中的染色体数都是母细胞的一半。例如,人的体细胞含有23对染色体(二倍体),减数分裂生成的精子和卵子各含23条染色体,即只含每对染色体的一半,是单倍性细胞。

在二倍体生物中,每对染色体的两个成员中,一个来自父方,一个来自母方,形态、大小相同。这两个染色体称为同源染色体。

DNA复制:在减数分裂开始之前的间期进行DNA复制,这是减数分裂全过程中唯一的一次DNA复制。

第一次分裂(减数分裂Ⅰ),此次分裂可分为前期Ⅰ、中期Ⅰ、后期Ⅰ和末期Ⅰ,其中前期Ⅰ很重要,时间很长。因此又可分为5个亚时期:细线期、偶线期、粗线期、双线期和浓缩期。

细线期:已复制的染色体由两条染色单体(姐妹染色单体)组成,但由于两条染色单体互相并列呈细而长的线状,所以看不出染色体的双重性。

偶线期:同源染色体的两个成员逐渐变粗,并侧向靠拢。这种现象称为联会,是减数分裂中的重要过程,是减数分裂区别于有丝分裂的一个重要特点。联会始于偶线期,终于双线期。

粗线期:染色体进一步缩短变粗,同源染色体配对完毕。配对完毕的染色体为二价体或四分体,二价体的每一条染色体都含有两条姐妹染色单体,因此每一个二价体含有4条染色单体,故称四分体。在这个时期,非姐妹染色单体间可能发生交换,即遗传物质发生了局部的互换。

双线期:染色体继续变短变粗,而且二价体中配对的同源染色体趋向分开,在非姐妹染色体间出现交叉结即非姐妹染色单体在若干处相互缠结。交叉结处发生遗传物质的局部互换。

浓缩期:也称终变期。此时染色体螺旋化程度更高,变得更加粗而短,两个同源染色体分开时,交叉也消失;核膜、核仁解体;纺锤体形成,分裂进入中期Ⅰ。

前期Ⅰ时间很长。男人精子发育过程中前期Ⅰ约持续二十几天。女人在降生时体内的卵母细胞(初级卵母细胞)就已经进入前期Ⅰ(双线期),以后停止发育,一直到性成熟时(约 14 岁)才开始逐月排卵,受精后则依次完成减数分裂,受精卵发育成胚胎。

中期Ⅰ:二价体排列在赤道板上,纺锤丝连着的同源染色体的着丝点,将染色体拉向两极。二价体的分离使染色体数由 2n 减为 n。

后期Ⅰ:同源染色体彼此分开,移向两极,但每条染色单体的着丝点并不分开。

末期Ⅰ:进入子细胞中的染色体具有两条染色单体。染色体又渐渐解开螺旋变成细丝状。

间期Ⅰ:时间极短,无染色体复制和 DNA 合成。

第二次分裂(减数分裂Ⅱ)

前期Ⅱ:每条染色体具有两条染色单体。

中期Ⅱ—后期Ⅱ:中期Ⅱ与有丝分裂的中期相同。进入后期Ⅱ则发生重要变化,含有两条染色单体的染色体的着丝点一分为二,并彼此分开。细胞两极各有 n 条染色体,且每条染色体只是一条染色单体。

末期Ⅱ:4 个子细胞形成。

减数分裂的全过程是细胞分裂两次,DNA 只复制一次。分裂形成的 4 个子细胞,每个子细胞中只含有 n 条染色体,是未分裂细胞染色体的一半。

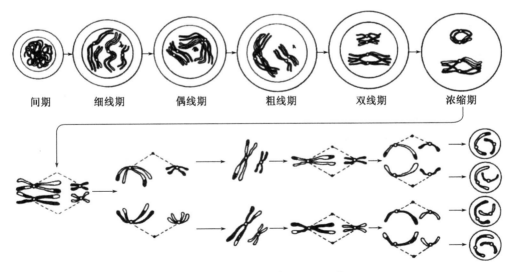

图 3-2-5　减数分裂过程示意图[①]

①　吴相钰,陈守良,葛明德.陈阅增普通生物学[M].4 版.北京:高等教育出版社,2014.

 **讨论与交流**

减数分裂与有丝分裂有何不同?

第一,有丝分裂是 DNA 复制一次,细胞分裂一次;减数分裂是 DNA 复制一次,而细胞分裂二次。前者产生 2 个 $2n$ 的细胞,后者产生 4 个 n 的细胞。第二,因为染色体的行为不同,所产生细胞的倍性不同。有丝分裂中,同源染色体单独行为,没有联会,每一染色体复制为二,分配到两个子细胞中,子细胞得到和亲本同样的一组染色体。减数分裂有联会,即每一染色体复制成 2 个染色单体,在减数分裂 I 期间不分开。同源染色体又配对而成四分体,然后经交叉、重组等过程,2 个同源染色体(各含两个染色单体)分别进入 2 个子细胞。结果每个子细胞中只含每对同源染色体中的一个染色体,所以是单倍性的。

2. 细胞分化

一个受精的卵细胞发育成一个个体是通过细胞分裂和细胞分化实现的。处于发育早期的动物胚胎,其细胞的形态和功能都彼此相似。然而随着细胞的增殖和数目的增多,细胞在形态、大小、内部结构和生理机能上逐渐产生了差异,最后形成各种不同形态和功能的细胞群——组织。细胞这种由一般到特殊,由相同到相异的变化过程,称为细胞的分化。例如,成年人全身细胞总数约 1012 个,细胞种类有 200 多种,这么多种细胞均来自一个受精卵细胞。

细胞分化的本质是各种细胞发生基因的选择性表达,而并非由于某些遗传物质的丢失造成的。细胞分化的结果是形成不同的细胞和组织,细胞分化只改变细胞的形态、结构和功能,不改变细胞的数目。

(四) 细胞的衰老和凋亡

1. 细胞衰老

多细胞生物体的细胞经过有限次数地分裂以后,进入不可逆转的增殖抑制状态,它的结构与功能发生衰老性变化。20 世纪 60 年代初,经过大量实验发现动物细胞,至少是体外培养的细胞,其分裂能力和寿命都是有一定限度的,如体外培养的人的二倍体细胞,只能培养存活 40～60 代。在体内,随着个体发育,细胞逐渐进入衰老状态。衰老细胞的形态变化主要表现在细胞皱缩,细胞膜通透性、脆性增加,核膜内折,细胞器数量特别是线粒体数量减少,胞内出现脂褐素等异常物质沉积,最终出现细胞凋亡或坏死。总体来说老化细胞的各种结构呈退行性变化。如果组成生物体的细胞普遍都衰老,那么生物个体就进入衰老状态。

拓展阅读

不会衰老的细胞

"海拉细胞"来自名叫海拉的一位女癌症患者。这位患者已死去近四十年,但从她身上取下的癌细胞却在实验室一代代地传了下来,成为研究癌症的材料。在

细胞学说中对细胞衰老的研究有一个"端粒学说"：染色体两端的端粒有细胞分裂计数器的功能，能记忆细胞分裂的次数，端粒 DNA 序列随细胞分裂不断被"截短"，细胞活动趋向异常，例如，人的正常体细胞分裂次数平均是 50 次。但是癌细胞却没有寿限，可以不停地分裂下去，原因在于它们的端粒不会缩短。

2. 细胞凋亡

在多细胞生物体器官发育过程中，不仅需要细胞增殖和细胞分化，有时还需要主动地删除掉一些组织、细胞。凋亡就是指细胞在发育过程中发生程序性死亡。细胞凋亡是由基因决定的，是细胞自动结束生命的过程。例如，人的胚胎发育过程中，手指本是相连的，后来指间的细胞凋亡了，手指就分开了。哺乳动物出生以后脑的基本结构已经出现。但在脑的许多区域，初期产生的神经元数目大大超过了发育期以后留存下来的神经元数目。在大脑发育及其神经网络构建过程中，估计有 50% 的神经元凋亡，那些凋亡的神经元正是没有和靶细胞建立起联系的神经元。经过了这样对神经元数目的调整，才构建起成熟的神经网络。[1]

细胞凋亡让多细胞生物体完成正常发育，并维持内部环境的稳定，抵御外界各种因素的干扰。

二、植物的结构与功能

自然界的植物种类繁多，形态各异，由结构简单的低等植物演化到较高等植物的过程中出现了器官。在高等植物中有营养器官和生殖器官的划分，营养器官包括根、茎、叶，生殖器官包括花、果实、种子。营养器官和生殖器官在结构和功能上各有特点，彼此紧密联系，互相影响，使高等植物进行营养生长和繁衍后代。

(一) 营养器官

1. 根

根是植物体的地下部分，是植物在长期适应陆地生活过程中发展起来的器官。具有向地、向湿和背光的特性。土壤中的水分和无机盐主要通过根吸收进入植物的各个部分，根是植物生长的基础。

（1）根的形态

种子萌发时，胚根突破种皮，直接生长而成主根，主根一般与地面垂直，向下生长。当主根生长到一定的长度时，从其侧面长出分支，称为侧根。主根和侧根都是从植物体固定部位生长出来的，属于定根，如人参、桔梗、松的根。许多植物还可以从茎、叶、老根或胚轴上发生出根，这些根的位置不固定，称为不定根，如玉米、秋海棠的根。[2]

有些植物在长期的历史发展过程中，为了适应生活环境的变化，其根的形态构造产生

① 高崇明.生命科学导论[M].3 版.北京:高等教育出版社,2019.
② 林长春,吴育飞.小学科学基础[M].重庆:西南师范大学出版社,2019.

了一些变态,而且这些变态性状形成后可代代遗传下去,常见的变态根有:储藏根、支持根、攀缘根、气生根、呼吸根、水生根、寄生根等。

(2)根的类型

根系按照其整体形态的不同可以分为两大类。凡由明显而发达的主根及各级侧根组成的根系称为直根系。如果主根不发达,主根和侧根无明显区别,或全部由茎的基部节上生出的许多大小、长短相似的不定根组成的根系称为须根系(见图3-2-6)。

主根

侧根

直根系　　　　　须根系

图 3-2-6　根的类型

(3)根系的生理功能

根是植物的重要营养器官,主要具有支持与固着、吸收、输导、合成和繁殖等生理功能。

2. 茎

茎由胚芽发育而来。大多数被子植物的主茎直立生长于地面,分生出许多大小不等的枝条,而枝条上着生叶或花和果实。

(1)茎的形态

茎通常呈辐射对称的圆柱形(见图3-2-7),也有些植物的茎比较特别,如马铃薯和莎草

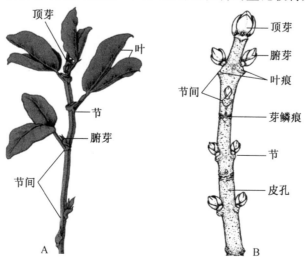

顶芽

叶

节

腋芽

节间

A

顶芽

腋芽

叶痕

节间

芽鳞痕

节

皮孔

B

图 3-2-7　茎的形态

科植物的茎呈三棱形,薄荷和益母草等唇形科植物的茎呈四棱形,芹菜的茎呈多棱形。茎的中心一般为实心,也有一些植物的茎是空心。有些植物的茎中空且有明显的节,即秆。

（2）茎的类型

按茎的质地可以分为木质茎、草质茎、肉质茎,依生长习性可以分为直立茎、缠绕茎、攀缘茎、匍匐茎。有些植物由于长期适应不同的生活环境,其茎产生了一些变态,可分为地下茎的变态和地上茎的变态两大类。地上茎的变态有叶状茎、刺状茎、钩状茎等,地下茎的变态有根状茎、块茎、球茎和鳞茎。

（3）茎的生理功能

茎的主要功能是输导、支持、贮藏和繁殖,幼茎可进行光合作用。

3. 叶片

叶的形状虽然变化多样,但其组成基本一致,通常由叶片、叶柄和托叶三部分组成（见图 3-2-8）。这三部分俱全的叶称完全叶,如桃、柳、月季等植物的叶;有些植物的叶子只具有其中的一或两个部分,称不完全叶,如丁香、茶、白菜;还有些是同时缺少托叶和叶柄,如石竹、龙胆等植物的叶。

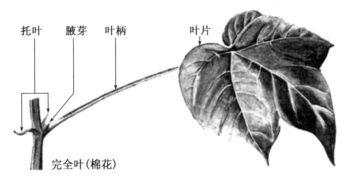

图 3-2-8　棉花的完全叶

（1）叶片的形态

叶片的形状和大小随植物种类而异,甚至在同一植株上也不一样。但一般同一种植物叶的形状是比较固定的。叶片的形状主要有圆形、长椭圆形、卵形、披针形、倒卵形、倒披针形等。通常植物的叶片由表皮、叶肉、叶脉三个部分组成,并且每个部分还可以再细分。

（2）叶片的生理功能

叶的主要生理功能是光合作用、呼吸作用和蒸腾作用,同时还具有一定的吸收和分泌的功能,有些植物的叶还有繁殖、储藏的作用。[1]

（二）生殖器官

高等植物营养器官生长发育到一定程度,生理上达到成熟,就会由营养生长转入生殖生长,在植物体的一定部位分化出花芽,然后开花、传粉、受精,形成果实和种子。

---

[1]　吴国芳,冯志坚等.植物学[M].2 版.北京:高等教育出版社,2007.

1. 花

花为种子植物特有的繁殖器官,所以种子植物又称显花植物。种子植物包括裸子植物和被子植物,裸子植物的花构造简单原始,被子植物的花高度进化结构复杂,通常色彩艳丽、形态美丽、气味芬芳。

（1）花的形态

花由花芽发育而成,是适应生殖的一种变态短枝。典型的被子植物完全花一般由花梗、花托、花萼、花冠、雄蕊群和雌蕊群等部分组成(见图3-2-9)。其中雄蕊群和雌蕊群是花中最重要的部分,执行生殖功能;花萼和花冠合称花被,具有保护和引诱昆虫传粉的作用;花梗及花托主要起支持作用。

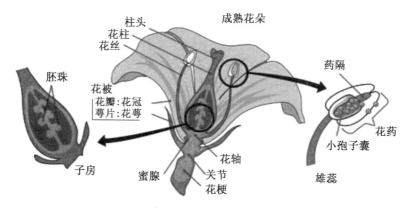

图 3-2-9 被子植物的完全花

（2）花的类型

被子植物的花在长期演化过程中,花的各部分发生不同程度的变化,使花多姿多彩、形态多样,归纳起来其可划分为以下几种主要的类型:完全花和不完全花;两性花、单性花和无性花;风媒花、虫媒花、鸟媒花和水媒花等。

（3）花的生理功能

花是植物的繁殖器官,其主要功能是进行生殖,花完成生殖的过程中要经过开花、传粉和受精等阶段。[1]

2. 果实

果实是被子植物特有的繁殖器官,是花受精后由雄蕊的子房发育形成的特殊结构。

（1）果实的形成

花经过传粉受精后,胚珠发育形成种子,子房渐渐膨大而发育成果实。花的其他部分如花被、雄蕊以及雌蕊的柱头等多枯萎凋谢。果实外面为果皮,内含种子,果皮由子房壁发育而来。不同植物种类的果皮结构有较大的变化。单纯由子房发育而来的果实称真果,如小麦、玉米、桃、杏、柑橘等;有些植物除子房外,还有花托、花萼甚至整个花序都参与果实的形成,这种果实称假果,如苹果、梨、菠萝和瓜类等。

---

① 林长春,吴育飞. 小学科学基础[M]. 重庆:西南师范大学出版社,2019.

（2）果实的生理功能

果实的生理功能主要体现为保护种子和对种子传播媒介的适应。适应于动物和人类传播种子的果实,往往为肉质可食的肉质果;还有的果实具有特殊的勾刺突起或有黏液分泌,能挂在或黏附于动物的毛、羽或人的衣服上而散布到各地;适应于风力传播的种子果实多质轻细小,并常具有毛状翅状等特殊结构;适应于水媒传播的种子果实常质地疏松而易漂浮,可随水流到各处;还有一些植物的果实可靠自身的机械力量使种子散布。

3. 种子

种子是种子植物特有的器官,是花经过传粉、受精后,由胚珠发育形成的,具有繁殖作用。

（1）种子的结构和类型

种子的结构主要包括种皮、胚和胚乳。根据种子成熟时是否具有胚乳,把种子分为有胚乳种子和无胚乳种子两大类;再按种子子叶数目的不同,又可分为双子叶种子(见图 3-2-10)和单子叶种子两种。

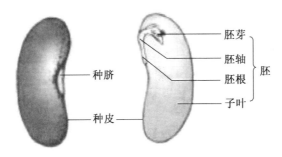

图 3-2-10　双子叶植物种子结构图

（2）种子的萌发

种子的主要功能是繁殖。种子成熟后在适宜的外界条件下即可发芽而形成幼苗,但大多数植物的种子在萌发前往往需要一定的休眠期才能发芽。此外,种子的萌发还与种子的寿命有关。

三、人体的结构与功能

地球上的动物种类繁多,各种类群的动物在形态结构、生理功能和行为特征上表现出明显的种间差异。动物的结构和功能具有显著的相关性,并且与其生活的环境相适应。本部分以人体为例来介绍动物的结构和功能。

哺乳动物根据其生理机能一般分为皮肤系统、运动系统、消化系统、循环系统、呼吸系统、排泄系统、生殖系统、神经系统、内分泌系统及免疫系统。在生物体内,各系统的基本生理活动在神经系统和内分泌系统的调节下相互联系、相互制约,协调完成生物体的生命活动。

（一）皮肤系统

皮肤覆盖于体表,由表皮、真皮及皮下组织组成,具有保护、感觉、分泌、排泄、调节体

温等功能。身体某些部位的皮肤还会演变成特殊的器官,如毛、蹄、角、汗腺、皮脂腺、乳腺等,称为皮肤的衍生物。

(二)运动系统

运动系统是机体完成各种动作的器官系统,由骨骼、骨连接和骨骼肌组成。成人骨共有 206 块,约占体重的 20%,骨以不同的形式连接在一起构成动物和人体的支架,称为骨骼。在运动中骨起杠杆作用,骨连接起着枢纽作用,而骨骼肌收缩则是运动的动力。人全身肌肉共 600 多块,占成人体重的 40%,骨骼肌在神经的支配下收缩,牵拉所附着的骨,以可动的骨连接为枢纽,产生各种杠杆运动。运动系统除了运动功能外,还具有维持体形、保护内脏等功能。

(三)消化系统

人的消化系统(见图 3-2-11)由消化管和消化腺组成。消化管包括口腔、咽、食管、胃、小肠、大肠等部分,消化腺则有唾液腺、肝脏、胰腺、胃腺、小肠腺等。

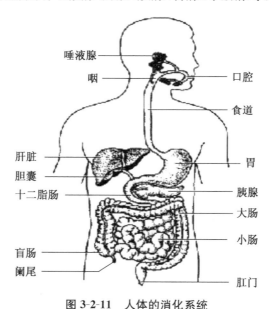

图 3-2-11 人体的消化系统

1. 口腔

口腔是消化管的起始部分,内有牙齿、舌和唾液腺,主要功能是通过牙齿的咀嚼研磨和舌头的搅拌作用对食物进行机械性消化。食物进入口腔后,经咀嚼而被分割、研碎,掺进唾液而成食糜,通过吞咽,经过食管进入胃。人的一生中出两次牙齿,第一次出的牙共20 颗,从婴儿 6 个月到 2~3 岁长齐,称之为乳牙。第二次出的牙称为恒牙,乳牙 6~7 岁开始先后脱落,到 12 岁左右长出 28 颗牙齿,有的人在 18~30 岁还会长出 4 颗第三磨牙(又称智牙),因此人的恒牙共 28~32 颗不等。此外口腔中有腮腺、舌下腺和颌下腺各一对,分泌的唾液中含有唾液淀粉酶,可以将食物中的淀粉初步消化为麦芽糖,这也是长时间咀嚼含淀粉的食物感觉到甜味的原因。

2. 咽

咽是消化与呼吸的共同通道。咽前通口腔与鼻腔,后通食管和喉。淋巴组织在咽背壁集中形成扁桃体。喉门外有一块会厌软骨,其启闭以解决咽、喉交叉部位呼吸与吞咽的矛盾。如果在吞咽时还在说话,声门(喉的开口)打开通气,就有可能将食物挤入气管或鼻腔。口腔初步消化的食物通过咽进入食管。

3. 食管

食管是食物进入胃的通道,无消化作用。口腔中的食物经过吞咽活动被挤进食管,便会引起食管的一种有特点的运动,即蠕动。蠕动是食管出现的一种收缩波,沿食管从口腔向胃的方向移动。[①]

4. 胃

胃是消化管最膨大的部分,可分为贲门、胃底、胃体和幽门,前端以贲门接食管,后端以幽门与肠相通。胃壁的肌肉层非常发达,胃黏膜内有丰富的腺体可分泌大量胃液。胃能够暂时储存及消化食物,并通过胃的蠕动将食物与胃液进一步混合,从而对食物进行消化。此外,胃还能吸收酒精。[②] 由于胃的蠕动波向幽门推进时幽门同时缩小,每一个蠕动波只能将几毫升的食糜挤过幽门进入十二指肠。如果没有胃来存储食物并控制食糜进入小肠的速率,那么大量食物将快速通过小肠,不能被小肠充分消化和吸收,就会产生营养不良的后果。全胃切除和大部分胃切除的人往往变得消瘦,就是失去了胃调节食糜进入十二指肠速率的功能所引起的后果。

5. 小肠

小肠是消化道中最长的部分,前端接胃,包括十二指肠、空肠及回肠。小肠是很重要的消化、吸收器官。酸性食糜从幽门进入十二指肠就会刺激肠黏膜,引起胰腺分泌大量的胰液。胰液含有多种消化酶,食物中的各种营养成分在胰消化酶的作用下分解。小肠也有蠕动,蠕动波不仅将食糜从小肠推向大肠,而且使食糜充分与小肠黏膜接触,有利于营养物质的消化、吸收。

6. 大肠

大肠是消化管最后的一段,一般较小肠粗大,由结肠(升结肠、横结肠、降结肠)和直肠两部分组成。结肠有两项功能:从食糜中吸收水和各种电解质;储存粪便物质,直到它们被排出。从小肠进入大肠的食物残渣是含水很多的流体。大肠回收水分,既保持了体内水量的平衡,也使粪便能够成形。有时,由于某些原因如细菌的刺激等,大肠蠕动太快,水分来不及被吸收,就出现了腹泻。相反,如果大肠蠕动太慢,水分吸收太多,就出现便秘。食物中应含一些粗料如纤维素等,以增进大肠的蠕动。当直肠受到刺激时可引发强烈的蠕动波,促使降结肠、直肠收缩,肛门外括约肌舒张,将粪便排出。

---

① 吴湘钰,陈守良,葛明德. 陈阅增普通生物学[M]. 4版. 北京:高等教育出版社,2014.
② 林长春,吴育飞. 小学科学基础[M]. 重庆:西南师范大学出版社,2019.

（四）循环系统

循环系统是人体内的运输系统,它将消化系统吸收的营养物质和呼吸系统交换的氧气输送到各组织器官,并将各组织器官的代谢废物及时运输到肺、肾并排出体外,以维持内环境的相对稳定。由于管道内流动的液体成分不同,循环系统分为心血管系统和淋巴管系统,其中心血管系统由心脏、血管和血液组成。淋巴管系统包括淋巴管、淋巴液和淋巴器官。

（五）呼吸系统

呼吸系统(见图 3-2-12)是动物体与环境之间进行气体交换的器官系统。人的呼吸系统包括鼻腔、咽、喉、气管、支气管及肺。

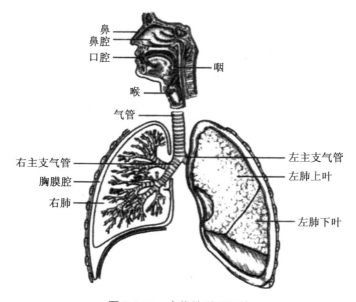

图 3-2-12　人体的呼吸系统

1. 鼻腔

鼻腔是呼吸器官,同时也是嗅觉器官。鼻腔黏膜有丰富的血管和腺体,分泌的黏液能黏附空气中的灰尘、粉末等异物,使之不能随空气进入气管与肺,还可提高吸入气体的温度和湿度。

2. 咽

咽既是消化管的组成部分,又是呼吸道的通路。经口鼻吸入的空气通过咽进入喉。如因患感冒而鼻腔肿胀,黏液分泌过多而不通时,张口呼吸也可使空气从咽入喉。有些人甚至习惯于用口呼吸,这是不可取的。用鼻呼吸不但可使空气得到适当的加工处理,还可防止过多水分随呼气而散失。

3. 喉

喉既是呼吸的通道,又是发声的器官。喉中有一对声带,气体通过时改变声带的张力,就可以发出不同的声音。

4. 气管和支气管

喉下是气管。气管壁上有顺序排列着的 C 形软骨,使气管保持畅通,不致因吸气而变瘪。"C"的开口位于背面,这样就使气管不致压迫食管。气管的黏膜上皮有纤毛,纤毛经常朝上摆动,将裹在黏液里的灰尘颗粒推向喉部,然后咳出。气管的下端分为左、右两个支气管,分别进入左、右肺。每一支气管再分支,最后形成小支气管而终止于肺泡。[①]

5. 肺

肺位于胸腔内,左右各一,左肺两叶,右肺三叶,是进行气体交换的重要场所。肺泡是肺的功能单位,外面密布微血管,是气体交换的场所。肺由无数肺泡所组成。大量肺泡的存在,使肺成为海绵状,面积大大增加。据估计人的肺泡总面积约为 $70\ m^2$,相当于体表面积的 40 倍,这提高了气体交换的效率。空气通过吸气过程进入肺泡,其中的氧气通过扩散作用进入肺泡壁的毛细血管中,随血液循环到达各个组织中的毛细血管,随血液循环到达各个组织中的毛细血管,再通过扩散作用进入细胞中参与代谢活动。细胞代谢产生的二氧化碳同样通过扩散作用,经过一个与氧气运输方向相反的过程,从细胞到达肺泡,再通过呼气过程排出体外。

(六)排泄系统

哺乳动物和人的排泄系统构造完善,包括肾脏(生成尿的器官)、输尿管、膀胱和尿道。此外,皮肤也是哺乳类特有的排泄器官。排泄系统的主要功能是排出机体代谢终产物(如尿素、尿酸、肌酐、肌酸等)、多余的水及各种电解质,同时调节水盐平衡、酸碱平衡和电解质平衡,以维持机体内环境的相对稳定。

(七)生殖系统

生殖系统是指参与和辅助生殖过程及性活动的组织、器官的总称。生殖系统的主要功能是产生生殖细胞、繁殖后代和分泌性激素。哺乳动物和人类的生殖是由一些专门的器官来完成的,生殖系统由生殖腺(卵巢和睾丸)、输精管或输卵管、附属腺体和外生殖器四部分组成。

(八)神经系统

神经系统是机体的主导系统,它维持、调整机体内部各器官系统的动态平衡,使机体成为一个完整的统一体,并使机体主动适应不断变化的内、外环境,维持生命活动的正常进行。分为中枢神经系统和周围神经系统。

1. 中枢神经系统

中枢神经系统由位于颅腔内的脑和椎管中的脊髓组成。

---

① 杨玉红,王锋尖. 普通生物学[M]. 武汉:华中师范大学出版社,2012.

（1）脑

脑是中枢神经系统前端膨大的部分,位于颅骨围成的颅腔内,由大脑、小脑、间脑、中脑、脑桥和延髓构成(见图 3-2-13),其中中脑、脑桥和延髓合称为脑干。脑干最下部为延髓,中间为脑桥。中脑位于脑桥和间脑之间,脑干当中有控制呼吸和心血管运动等重要生命活动的神经中枢。间脑位于中脑与大脑半球之间,被两侧大脑半球所覆盖。其顶部有松果体,为内分泌腺,可抑制性早熟和降低血糖。间脑主要分为丘脑和下丘脑。下丘脑不仅可以调节内脏活动以维持机体内环境的稳定,还能与垂体密切联系,调节机体内分泌活动,同时也是体温调节中枢。小脑位于脑桥和延髓的背侧,小脑的主要机能是调节肌紧张,协调肌肉运动,维持躯体正常姿态平衡等。大脑是中枢神经系统最高级部分,由左、右大脑半球构成,两大脑半球之间由胼胝体相连,这是哺乳动物特有的结构。大脑内部为白质(大脑髓质),表面为灰质(大脑皮质)。大脑皮质有许多的沟和回以增大其表面积。大脑皮质是神经系统最为复杂和最为完善的部分,其中具有许多重要的神经中枢,如躯体运动中枢、躯体感觉中枢、视觉中枢、听觉中枢、语言中枢和内脏活动中枢等。[①]

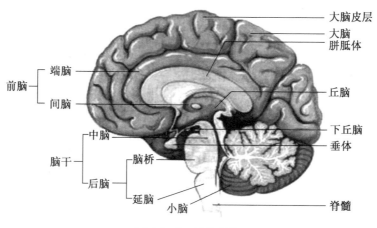

图 3-2-13 脑的结构

（2）脊髓

脊髓位于椎管内,呈前后稍扁的圆柱形,上端与延脑相连,下端止于终丝。脊髓由灰质和白质构成。在脊髓横切面上可见 H 形区,颜色发暗的为灰质,灰质外围色淡的为白质。由脊髓灰质的两个前角和两个后角发出的神经纤维称为前根和后根,两者汇合成为脊神经。前根主要是运动神经,后根主要为感觉神经。脊髓作为中枢神经能够完成简单的反射,称为脊髓反射。感觉神经将冲动传入脊髓,通过脊髓直接将冲动传向运动神经引起反射活动。

2. 周围神经系统

周围神经系统是由于其分布位置在中枢神经系统的外围而得名,包括脑神经、脊神经和自主神经。

---

① 刘海兴,徐国成. 人体解剖学[M]. 2 版. 北京:高等教育出版社,2018.

（1）脑神经

脑神经发自脑部腹面的不同部位，共发出 12 对脑神经，分别司感觉和运动功能，或兼而有之。

（2）脊神经

脊神经连于脊髓，共 31 对，每对脊神经均由与脊髓相连的前根和后根在椎间孔处汇合而成。由于前根主要由运动性纤维组成，后根主要由感觉性纤维组成，所以，脊神经属于混合神经。

（3）自主神经

自主神经又称植物神经，是指分布到心、肺、消化道及其他内脏器官的神经，这一系统的主要特点是不受大脑控制，即不能随意地改变心跳速度，也不能让肠胃的蠕动速度改变，所以称其为自主神经系统。自主神经系统的主要功能是调节内脏活动和新陈代谢过程，保持体内内环境的平衡。

（九）内分泌系统

内分泌系统对于调节机体内环境的稳定、代谢、生长发育和行为等有着十分重要的意义。哺乳动物和人的内分泌系统构成相似，包括垂体、甲状腺、甲状旁腺、肾上腺、胰岛和性腺等。

（十）免疫系统

人类在漫长的进化过程中形成了十分完善的防御疾病的免疫系统。免疫系统能特异性或非特异性地排除侵入机体的异物，如细菌、病毒、移植的器官等。免疫系统由免疫器官、免疫细胞和免疫分子组成。

第三节　生物的生殖与进化

 学习目标

1. 掌握高等动植物的生殖过程。
2. 能够对生物的生殖方式进行归类。
3. 了解生命的起源及进化理论。
4. 树立科学发展观，正确认识生物的进化过程。

一、生物的生殖

生物体生长发育到一定阶段后，能够产生与自己相同或相似的子代个体，称为生殖。根据生物形成新个体的方式，将生物的生殖分为无性生殖和有性生殖两大类。无性生殖是生物不通过两性生殖细胞地结合而产生后代的生殖方式，这种繁殖方式速度快、变异

少。有性生殖则是通过雌雄两性生殖细胞结合成受精卵进而发育成新个体的繁殖方式。有性生殖的后代具有更多的变异,在适应多变的环境过程中更加有利。绝大多数的高等植物和动物采用这种方式繁衍后代。

(一)植物的生殖

1. 植物的有性生殖

(1)花的结构

花是被子植物的有性生殖器官,是形成雌雄生殖细胞和进行有性生殖的场所。花可以分为花梗、花托、花萼、花冠、雄蕊和雌蕊等几个部分,雄蕊包括花丝和花药两部分,花丝细长,顶端着生花药,花药膨大呈囊状,囊内有大量的花粉粒。成熟的花粉粒含有营养细胞和生殖细胞。雌蕊位于花的中央,从上到下依次由柱头、花柱和子房三部分组成(见图 3-3-1),子房膨大,内生胚珠,胚珠内具有胚囊。成熟的胚囊中有一个卵

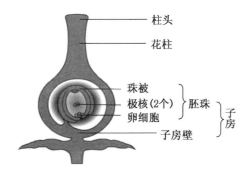

图 3-3-1 雌蕊的结构

细胞、一个中央细胞(含有 2 个极核)、2 个助细胞和 3 个反足细胞。[①]

(2)开花

开花是指植物雄蕊中的花粉粒和雌蕊子房中的胚囊成熟后,花萼和花冠展开,露出雌蕊和雄蕊的现象。不同被子植物的开花年龄、开花季节和开花持续时间等都有显著差别。

(3)传粉

传粉是指植物雄蕊中成熟的花粉粒落到雌蕊柱头上的现象。一朵花的花粉粒传送到同一朵花的柱头上的过程称为自花传粉。一朵花的花粉粒传送到另一朵花的柱头上的过程称为异花传粉。借助风力传送花粉的方式称风媒传粉,靠这类方式传粉的花称为风媒花。借助昆虫传送花粉的方式称为虫媒传粉,靠这类方式传粉的花称为虫媒花。

(4)双受精

双受精是被子植物特有的一种现象。其基本过程如下:成熟的花粉粒通过各种方式传送到雌蕊柱头上开始萌发,形成的花粉管向花柱中生长,并延伸到达子房中的胚珠,从珠孔进入胚囊,释放出由花粉粒生殖细胞有丝分裂产生的两个精子(见图 3-3-2)。一个精子与胚囊中

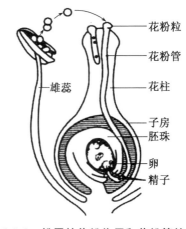

图 3-3-2 松属的传粉作用和花粉管的生长

---

① 吴国芳,冯志坚等.植物学[M].2 版.北京:高等教育出版社,2011.

的卵细胞结合形成合子,将来发育为胚;另一个精子与含有两个单倍体核的中央细胞融合形成初生胚乳,将来发育为胚乳。

2.植物的无性生殖

植物的无性生殖主要指高等植物的营养生殖。营养生殖是利用植物根、茎、叶等营养器官繁殖后代的无性繁殖方式。营养繁殖具有繁殖速度较快并有利于保持植物优良性状等优点。常见的营养繁殖有压条、扦插和嫁接等。

除了以上几种营养繁殖方式以外,有的植物叶片落到土壤中便会长出不定根,进而形成新的植株,如落地生根的叶;有的植物向外伸出的葡匐枝上会长出不定根和不定芽,形成新的植株,如草莓。[1]

拓展阅读

神奇的植物——落地生根

落地生根为多年生草本,高 40~150 cm。原产非洲。中国各地栽培,常作观赏用。全草入药,可解毒消肿,活血止痛,拔毒生肌。落地生根的神奇之处在于可以叶插繁殖。温暖季节将成熟叶片采下,平铺在湿沙上,数日即可在叶缘缺处生根长出小植物,长出后即可割取移入小盆内。

(二)动物的生殖

1.动物的有性生殖

高等脊椎动物的有性生殖通常是指两性个体分别产生的雄雌生殖细胞(精子和卵子)通过受精过程融合成为受精卵,进而发育为新个体的生殖方式。

动物受精卵在母体外孵化发育成为新个体的生殖方式称为卵生。卵生动物的胚胎在发育过程中全靠卵自身所含的卵黄提供营养。动物界中卵生现象较为普遍,比如鸟类、大部分鱼类以及一些低等哺乳动物(如鸭嘴兽)都是卵生。

动物的受精卵在母体内发育成新的个体后才产出母体的生殖方式称为卵胎生。胚胎与母体在结构及生理功能方面的关系并不密切,与母体没有或只有很少的营养联系,胚胎发育所需营养主要靠吸收自身卵黄获得,在胚胎发育过程中母体主要起保护和孵化作用。一些鲨鱼、某些毒蛇和蜥蜴采用卵胎生方式繁衍后代。

动物的受精卵在雌性动物体内的子宫里发育成熟并产出的过程叫胎生。胎生动物的胚胎发育所需的营养通过胎盘和脐带自母体获得,直至出生时为止。绝大多数哺乳动物(如牛、羊、黑猩猩以及人类)都是胎生[2]。

2.动物的无性生殖

动物的无性生殖是不经过两性生殖细胞的结合,由母体直接产生新个体的生殖方式。

---

① 林长春,吴育飞.小学科学基础[M].重庆:西南师范大学出版社,2019.
② 林长春,吴育飞.小学科学基础[M].重庆:西南师范大学出版社,2019.

无性生殖方式多见于低等的无脊椎动物。动物的无性生殖主要有分裂生殖、出芽生殖和断裂生殖。

二、生物的进化

我们今天生活的地球有着多姿多彩的生命,鹰击长空、鱼翔浅底、鸟语花香、万木争荣,处处充满了生机。面对如此丰富多彩,种类繁多的生命世界,人们不禁要问:生命在地球上是什么时候出现的? 是如何出现的?

(一) 关于生命进化的学说

自从地球上出现生物以来,至今已有 30 多亿年的历史。就动物而言,其间经历了原核生物—单细胞真核生物—原生动物—腔肠动物—脊索动物—鱼类—两栖类—爬行类—哺乳类等主要的进化环节,最后才发展成为人,这说明生物是不断进化的。在中世纪前,先贤们对生物演化理论的探索只是停留在哲学思辨上。到中世纪,"创世论"在西方盛行,认为万物皆为上帝创造。真正的进化论的建立是在 18 世纪之后,其代表人物是达尔文(Charles Robert Darwin)。进化论是替代创世论的一场思想革命。现代进化学说的出现,既包含着现代科学知识,又包含着人类文明的思想精华。

1. 拉马克进化论思想

拉马克(Jean-Baptiste Lamarck)是一位法国科学家,生物进化论的奠基人之一。他的生物进化理论,在 1809 年《动物哲学》一书中得到明晰论述。拉马克认为物种是可变的;生物变异的基本原因是外界条件的影响。比如,动物的一部分器官由于经常使用而发达,另一些器官由于不使用而退化。后人将该理论简洁地表述为:用进废退、获得性遗传。

拉马克第一次从生物与环境的相互关系方面探讨了生物进化的动力,为达尔文进化理论的产生提供了一定的理论基础。但是,由于当时生产水平和科学水平的限制,拉马克在说明进化原因时,把环境对于生物体的直接作用以及获得性状遗传给后代的过程过于简单化了,并且认为自然界存在着"最高造物主",又回到了神创论。

2. 达尔文的进化论思想

拉马克去世 30 年后,达尔文(Charles Robert Darwin)于 1859 年出版了《物种起源》,提出了以自然选择为机制的进化学说,成为生物学史上的一个转折点。

达尔文在对大量生物现象考察的基础上提出物种是可变的,不同的物种有共同的祖先。整个生物系统发展是从一到多、从简单到复杂、从低级到高级的演化过程。

达尔文发现,地球上的各种生物普遍具有很强的繁殖能力,繁殖过剩必然导致生存斗争。生存斗争包括生物与无机环境之间的斗争,生物种内的斗争,某一个体或个体的某一特征适应了残酷的斗争环境,便会被保留下来,否则就会被淘汰。也就是说,凡是生存下来的生物都是适应环境的,而被淘汰的生物都是对环境不适应的,这就是适者生存。达尔文把在生存斗争中,适者生存、不适者被淘汰的过程叫作自然选择。他认为,自然选择是一个长期的、缓慢的、连续的过程。由于生存斗争不断地进行,因而自然选择也不断地进行,通过一代又一代地对生存环境的选择,物种变异被定向地朝着一个方向积累,于是性状逐渐变化,新的物种就形成了。由于生物所在的环境是多种多样的,因此,生物适应环境的方式也是多种多样的,所以,经过自然选择也就形成了生物界的多样性。

达尔文学说是有史以来最完整的进化理论,他的自然选择学说论据丰富、充分,对人们的思想、对自然科学都产生了深远的影响,具有划时代的意义,被誉为19世纪自然科学三大发现之一。

3. 现代综合进化论

20世纪20年代以来,随着遗传学的发展,一些科学家用统计生物学和种群遗传学的成就,把突变论和自然选择综合起来,对达尔文的进化论进行了新的更加精确的解释。综合进化论认为生物进化就是种群基因库变化。基因库是指一个种群所拥有的全部基因。综合进化论仍然认为自然选择是生物进化动力。

第一,种群是生物进化的基本单位。种群是指在同一生态环境中生活,能自由交配繁殖的一群同种个体。由于绝大多数生物都生存于种群之中,所以,只有交互繁殖的种群才能保持一个相对恒定的基因库。因此,进化体现在种群的遗传组成的改变上,不是个体在进化,而是种群在进化。

第二,生物进化有3个基本环节,即突变、选择和隔离。突变是基因的突变和染色体的畸变;突变是生物遗传变异的主要来源,是生物进化的关键。如果说突变是进化的第一阶段,那么选择是进化的第二阶段。自然选择是对有害基因突变的消除,对有利基因突变的保持。隔离是固定并保持新种群的重要机制。如果没有隔离,那么自然选择的作用则不能最终体现。隔离有地理隔离和生殖隔离。地理隔离又称空间性隔离,它在物种形成中促进性状的分离。生殖隔离又称遗传性的隔离,它是物种形成的重要步骤。

综合进化论把种群遗传学原理引入了进化机制的研究之中,进一步丰富和发展了达尔文进化理论,为进化论的发展做出了贡献。

(二) 生命的进化史

1. 从单细胞到多细胞生物

现在我们知道,无论是动物、植物还是微生物,都是由细胞组成的。细胞是现存生物(除病毒外)的基本结构和功能单位。按细胞的形态结构不同可以分为两类:原核细胞和真核细胞。

由原核细胞构成的原核生物是现存生物类型中最简单的生物,主要包括细菌和蓝藻。人们迄今找到的最古老的生物化石中保存着35亿年前的蓝藻细胞和其他原核生物的踪迹。由真核细胞组成的生物称为真核生物。目前发现的最古老的真核生物的化石距今约20亿年,比原核生物晚15亿年。真核生物包括除细菌和蓝藻以外的所有单细胞和多细胞生物。

大约在7亿年前,由单细胞进化出现了多细胞生物。现存的团藻可反映出较早出现的多细胞生物的某些特征。团藻实际上是单个细胞经过多次分裂,后代仍聚在一起的个体,但在这团细胞中,已有一定的分工,有的细胞特化其运动功能,有的细胞特化其光合作用功能,有的细胞特化其有性生殖功能。

2．寒武纪生命大爆发

在距离现在 5 亿～6 亿年间,地球上出现过一次生命大爆发,有成千上万种多细胞的生物出现。由于这次生命爆发的时间被地球学家叫作"寒武纪时代",所以人们又称之为"寒武纪生命大爆发"。在这次大爆发中出现的生命是大量的无脊椎动物,目前存在的无脊椎动物中绝大部分种类出现于那个时期。其中,最繁盛的是节肢动物三叶虫,故寒武纪时代又称为"三叶虫时代"。

古生物学家认为,多种多样的寒武纪动物的出现,或许是因为当时大气中积累了足够的有利于呼吸的氧,而且由于"超级大陆"的解体,大陆被海洋分割成大大小小的碎块,陆地的分散造就了很多靠近大陆的浅海区域,从而有利于后生动物生存。海洋化学物质的变化积累了大量的磷酸盐,使得软体动物有可能演化出保护性的骨骼。这种全球环境的变化,使寒武纪生命大爆炸成为可能。

在寒武纪生命大爆发后 2 亿多年的时间里,三叶虫依然是生活得最成功的动物。三叶虫在整个古生代 3 亿多年的漫长地质历程中繁衍出了众多的类群和巨大的数量,总计有 1500 多个属,1 万多个种。距今约 2.5 亿年前,随着有颌鱼类的兴起,以三叶虫为代表的物种退出了生命的历史舞台,生命的历程开始了一个新的飞跃。

3．鱼类世界的诞生

最初出现的鱼叫甲胄鱼,在身体的前端包着坚硬的骨质甲胄,形似鱼类,但没有成对的鳍,活动能力很差。同时也没有上下颌,限制了它们主动捕食的能力,食物范围很窄,因而没有发展前途。

又过了 7500 多万年,有一种甲胄鱼进一步演化为真正的鱼类。它们有真正的脊椎骨、能开合的嘴巴、腹,还有强有力的尾巴。这些装备使这种鱼具备两种重要的功能:运动和自卫。这些鱼的子孙有一部分成群结队地迁移到海洋里去了。脊椎动物进入飞跃发展时期,各种鱼类空前繁盛,占据了地球上所有的水域,形成了鱼的世纪。

4．植物的演化

在动物演化的同时,植物也在演化。大约在 30 亿年前,在海水里已存在着无数能进行光合作用的单细胞植物,蓝藻就是海洋中最早的单细胞生物之一。随着蓝藻不断产生,它们在进行光合作用时放出的氧气,慢慢地改变了大气的组成。又由于太阳能与氧气的作用,在大气层的外围产生了一层厚厚的臭氧层,因此,太阳紫外线辐射被大大减低,从而保护了水面下的植物。尽管海水中存在着各种形式的生命,但此时的陆地还是一片荒凉。

在距今 4 亿年左右,地球发生了大面积海退,当时气候温暖、湿润,沼泽遍布,大量的藻类植物留在陆地,完成了植物界由水生到陆生的巨大变革,形成了最早的陆生植物。可以说,如果没有植物的成功登陆,便没有今日的世界。登陆的植物一部分长成类似今天生存在潮湿环境中的苔藓和地衣,但它们还缺乏真正的根茎组织。另一些则逐渐分化出根、茎、叶,形成蕨类植物,这些植物身体矮小。大约在 2.5 亿年前,出现了如松柏、苏铁等裸子植物,在侏罗纪的植物群落中,裸子植物中的苏铁类、松柏类和银杏类极其繁盛。蕨类植物中的木贼类、真蕨类,密集的松柏,银杏和乔木羊齿类共同组成茂盛的森林。在距今约 2 亿年的时候,被子植物乔木、灌木、草本相继大量出现,取代了裸子植物并居主要地位,直至现在仍为最具优势、最稳定的植物群落。

5．动物登陆

在距今4亿年左右,原始的昆虫、贝类、蜘蛛等登上了陆地,并繁荣昌盛起来。又过了5000万年,一些脊椎动物也登上了陆地,成为原始的两栖类动物,能够进行水陆两栖的生活。

距今约2亿年前,由于一次强烈的地壳运动,许多生物被逐渐淘汰而灭绝。此时恐龙登上了生命舞台,它取代了两栖类的地位,成为地球上最高级的生物,而且在距今1亿多年前至7000万年前达到鼎盛时期。在恐龙统治地球的漫长历史中,产生了数量庞大、千姿百态的成员,它们有的在陆地上活动,有的在海洋中称霸,有的掌握制空权。但在距今6500万年前,恐龙却奇迹般地消失了。

距今2.3亿年前,由于地球气候温暖,食物充足,爬行类动物逐渐繁盛起来,种类越来越多。它们不断地分化成各种不同种类的爬行动物,变成了今天的龟类、鳄类、蛇类、蜥蜴类、哺乳动物等。第一批哺乳动物形似老鼠,它们的大脑和体重的比例远远超过恐龙,耳朵的机能也更发达,以昆虫和恐龙蛋为食。哺乳类动物与爬行类动物比较,有两个不同的特点:一是长毛,二是恒温。在侏罗纪、白垩纪时代,哺乳动物不断繁衍后代,一直到6500万年前,哺乳动物才逐渐兴旺起来。

6．人类的诞生

人是哺乳动物,人类的诞生也经过了一段漫长的历史。5000多万年前,在众多哺乳动物的种群中,有一种很小的灵长目动物。这种动物体重约900克,身体较小,被毛,很活跃,栖居树上,以水果和昆虫为食。从它们身体的各种特征来看,它应该是现代狐猴的祖先,科学家们在美国怀俄明州发现了生活在5800万年前的古狐猴化石。它们的一些后代演变成现代猿,如大猩猩、长臂猿和黑猩猩;另外一些后代伴随着气候的变化,森林的减少,从树上跳到地面搜寻食物.并慢慢地站立起来,逐步向人类演变。

拓展阅读

恐龙灭绝之谜的猜想

古生物学研究发现,从寒武纪至今,地球上的生命至少发生过5次大规模和许多次小规模的绝灭。对于地球上生命大规模绝灭的原因,人们曾提出过很多假说,如超新星爆炸等。由于这些假说都缺乏有力的证据,因此难以服人。

1980年美国加利福尼亚大学伯克利分校阿尔瓦雷斯(Alvareg)父子为首的研究小组,找到了可能是引起恐龙绝灭的化学证据。他们推测,6500万年前造成恐龙绝灭的原因可能是小行星撞击了地球。撞击的能量相当于10^{14}吨TNT爆炸时的能量。它不仅引发了全球性大火,上百至上千米高海啸,地球的气温也上升了10 ℃,而且撞击的尘埃云遮挡了阳光,黑暗的日子延续了好几年。地球上相当一部分植物绝灭了,5 kg以上脊椎动物绝灭了,于是以植物为食或以动物为食的恐龙也因食物短缺绝灭了。[1]

---

[1] 高崇明. 生命科学导论[M].3版.北京:高等教育出版社,2019.

第四节　生物的遗传与变异

1. 掌握分离定律和自由组合定律。

2. 了解生物变异的类型。

3. 培养分析和解决生物学问题能力,会运用所学知识,解释相关生命现象。

一、生物的遗传

(一) 孟德尔定律

孟德尔(Gregor Johann Mendel)是遗传学的奠基人,被称为"现代遗传学之父"。他在 1858—1865 年间进行了大量的实验工作,以豌豆为主要材料,辅以菜豆、石竹等材料,发现了前人未认识的规律,这些规律后来被称为孟德尔定律。孟德尔定律通常分为分离定律和自由组合定律[①]。

1. 一对性状的遗传分析——分离定律

(1) 分离定律实验过程

孟德尔的豌豆杂交试验工作是生物学历史上的一项经典工作。他首先研究的是豌豆的一对相对性状(如长茎和矮茎、红花和白花、圆形种子和皱缩种子等)。成熟豌豆种子的形状有圆形和皱缩的差别,这是孟德尔所关注的其中一对相对性状。圆形种子的植株自花授粉,后代的豌豆种子都是圆形的;皱缩种子的植株自花授粉,后代的豌豆种子全是皱缩状的。孟德尔将这两个品种的植株作为亲本(P)进行杂交。结果发现,圆形种子的植株无论作父本还是作母本,子一代(F_1)的豌豆豆粒全部为圆形的,不出现皱缩或其他形状,皱缩性状被圆形性状掩盖了。圆形性状对皱缩性状是显性性状,因为它在 F_1 中显现出来,而皱缩性状对圆形性状而言是隐性性状,在 F_1 中不被显现。

将 F_1 圆形豌豆种子进行自花授粉,产生的子二代(F_2)植株上既有圆形的种子又有皱缩的种子,并且其数量比率非常近于 3∶1。这表明,在 F_2 中,隐性的皱缩性状又重新出现了,而且按一定的数量比率(1/4)出现,这种现象称为分离。

孟德尔还研究了豌豆的其他 6 对相对性状,同样表明,F_1 表现显性性状,在 F_2 中则出现分离,而且具显性性状的数目与具隐性性状数目之比约为 3∶1(见图 3-4-1)。

---

① 刘祖洞,乔守怡,吴燕华,等.遗传学[M].3 版.北京:高等教育出版社,2013.

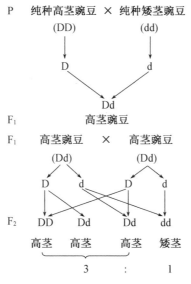

图 3-4-1　豌豆一对相对性状的分离

（2）分离定律遗传学分析

我们用现代遗传学的术语对孟德尔的假设进行叙述和分析：生物体的遗传特征（性状）是由基因（遗传因子）决定的。遗传因子在体细胞内成对存在，其中一个成员来自父本，另一个成员来自母本，二者分别由精卵细胞带入。在形成配子时，成对的遗传因子又彼此分离，并且各自进入到一个配子中。这样，在每一个配子中，就只含有成对遗传因子中的一个成员，这个成员也许来自父本，也许来自母本。

在杂种 F₁ 的体细胞中，两个遗传因子的成员不同，它们之间处在各自独立、互不干涉的状态之中，但二者对性状发育所起的作用却表现出明显的差异，即一方对另一方起了决定性的作用，因而有显性因子和隐性因子之分，随之而来的也就有了显性性状与隐性性状之分。

杂种 F₁ 所产生的不同类型的配子，其数目相等，而雌雄配子的结合又是随机的，即各种不同类型的雌配子与雄配子的结合机会均等。

所以，孟德尔分离规律可以概括为：杂合体中决定某一性状的成对遗传因子，在减数分裂过程中，彼此分离，互不干扰，使得配子中只具有成对遗传因子中的一个，从而产生数目相等的、两种类型的配子，且独立地遗传给后代。

2．两对性状的遗传分析——自由组合定律

（1）自由组合定律实验过程

孟德尔在揭示了由一对遗传因子（或一对等位基因）控制的一对相对性状杂交的遗传规律——分离规律之后，这位才思敏捷的科学工作者，又接连进行了两对、三对甚至更多对相对性状杂交的遗传试验，进而又发现了第二条重要的遗传学规律，即自由组合定律，也有人称它为独立分配定律。

孟德尔以黄色圆粒种子和绿色皱粒种子的纯种豌豆为亲本（P）进行杂交，F₁ 代都结黄色圆粒种子。这说明黄色圆粒是显性性状。F₁ 代自交，得到的 F₂ 代种子出现了四种

类型：黄色圆粒、黄色皱粒、绿色圆粒、绿色皱粒。这四种类型的数量比趋近于 9：3：3：1（见图 3-4-2）。

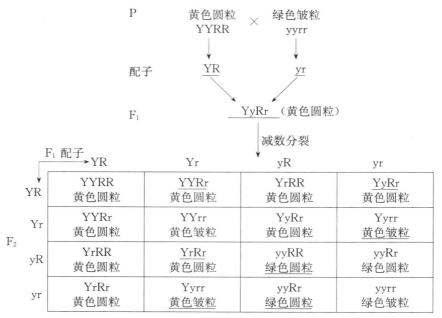

图 3-4-2　豌豆两对相对性状的自由组合

在这四种类型中，黄色圆粒和绿色皱粒是亲代原有的性状组合，称亲组合；黄色皱粒和绿色圆粒是亲代原来没有的性状组合，称重组合。这里圆和皱是一对相对性状，圆对皱为显性；黄和绿是另一对相对性状，黄对绿为显性。从 F_2 代来看，黄色和绿色之比为 3：1，圆形和皱缩之比也为 3：1。这说明上述两对相对性状的遗传分别由两对等位基因所控制，它们的传递符合分离定律。而且，两对性状从总体来看，黄色圆粒、黄色皱粒、绿色圆粒和绿色皱粒呈 9：3：3：1 的比例。这说明控制黄绿和圆皱两对相对性状的两对等位基因，在各自分离后又彼此自由组合。

为了验证上述假说，孟德尔用 F_1 代杂合子（YyRr）与绿皱型亲代（yyrr）进行回交。按自由组合假设来预测，F_1 代将形成四种数量相等的配子，即 YR、Yr、yR、yr，隐性亲本则只能形成一种配子（yr），随机受精后，F_2 代中将出现黄圆、黄皱、绿圆、绿皱四种种子，它们的比是 1：1：1：1。实验结果完全证实了预测（见图 3-4-3）。

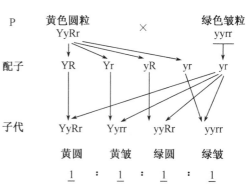

图 3-4-3　豌豆两对相对性状测交实验

（2）自由组合定律的遗传学分析

孟德尔在杂交试验的分析研究中发现，如果单就其中的一对相对性状而言，其杂交后代的显、隐性性状之比符合 3：1 的近似比值。当这两对相对性状的遗传，分别是由两对遗传因子控制着，其传递方式依然符合分离规律。

此外，它还表明了一对相对性状的分离与另一对相对性状的分离无关，二者在遗传上是彼此独立的。

如果把这两对相对性状联系在一起进行考虑,这就是孟德尔当时提出的遗传因子自由组合假说,这个假说圆满地解释了他观察到的试验结果。事实上,这也是一个普遍存在的最基本的遗传定律——自由组合规律。

自由组合规律的定义:具有两对(或更多对)相对性状的亲本进行杂交,在 F_1 产生配子时,在等位基因分离的同时,非同源染色体上的非等位基因表现为自由组合。即一对等位基因与另一对等位基因的分离与组合互不干扰,各自独立地分配到配子中。

3. 孟德尔定律的扩展

（1）孟德尔试验成功的因素

正确选用实验材料。豌豆是严格的自花授粉植物,在花开之前即完成授粉过程,避免了外来花粉的干扰。豌豆具有一些稳定的、容易区分的性状,所获实验结果可靠。

应用统计学方法分析实验结果。采用从单因子到多因子的研究方法。对生物性状进行分析时,孟德尔开始只对一对性状的遗传情况进行研究,暂时忽略其他性状,明确一对性状的遗传情况后再进行 2 对、3 对甚至更多对性状的研究。

孟德尔揭示遗传基本规律的过程表明,任何一项科学研究成果的取得,不仅需要坚韧的意志和持之以恒的探索精神,还需要严谨求实的科学态度和正确的研究方法。

（2）孟德尔遗传定律的应用

从理论上讲,自由组合规律为解释自然界生物的多样性提供了重要的理论依据,也是出现生物性状多样性的重要原因。比如说,一对具有 20 对等位基因(这 20 对等位基因分别位于 20 对同源染色体上)的生物进行杂交,F_2 可能出现的表现型就有 $2^{20} = 1048576$ 种。这可以说明世界生物种类为何如此繁多。当然,生物种类多样性的原因还包括基因突变和染色体变异。

分离规律还可帮助我们更好地理解为什么近亲不能结婚。由于有些遗传疾病是由隐性遗传因子控制的,这些遗传病在通常情况下很少会出现,但是在近亲结婚(如表兄妹结婚)的情况下,他们有可能从共同的祖先那里继承相同的致病基因,从而使后代出现病症的机会大大增加。因此,近亲结婚必须禁止,这在中国婚姻法中已有明文规定。

在杂交育种的实践中,可以有目的地将两个或多个品种的优良性状结合在一起,再经过自交,不断进行纯化和选择,从而得到一种符合理想要求的新品种。比方说,有两个品种的番茄,一个是抗病、黄果肉品种,另一个是易感病、红果肉品种,需要培育出一个既能稳定遗传,又能抗病,而且还是红果肉的新品种。你就可以让这两个品种的番茄进行杂交,在 F_2 中就会出现既抗病又是红果肉的新型品种。用它作种子繁殖下去,经过选择和培育,就可以得到所需的能稳定遗传的番茄新品种。

拓展阅读

走近孟德尔

孟德尔是遗传学的奠基人,被称为"现代遗传学之父"。孟德尔的父亲和母亲都是园艺家(外祖父是园艺工人)。童年时受到园艺学和农学知识的熏陶,对植物

的生长和开花非常感兴趣。

孟德尔通过人工培植豌豆,对不同代的豌豆的性状和数目进行仔细的观察、计数和分析。经过 8 年(1856—1864 年)的不懈努力,于 1865 年发表的《植物杂交试验》中提出了遗传单位是遗传因子(现代遗传学称为基因)的论点,并揭示出遗传学的两个基本规律——分离规律和自由组合规律。但当时孟德尔的研究成果未能引起学术界的重视! 直到 1900 年,来自三个国家的三位学者同时独立地"重新发现"孟德尔遗传定律,孟德尔才得到了科学界的公认和赞誉。

(二) 连锁交换定律——遗传的第三定律

在重新发现孟德尔定律之后,人们以更多的动物和植物为材料进行杂交试验,获得大量可贵的遗传资料。其中属于两对性状遗传的结果,有的符合自由组合定律,有的不符合,即两对非等位基因并不总是进行独立分配及自由组合,而更多的是作为另一类的遗传,即连锁遗传。美国的遗传学家摩尔根(Morgan)和他的学生们用果蝇进行了大量的杂交试验,最终他提出了连锁交换定律,被后人誉为遗传的第三定律。为此,摩尔根荣获了 1933 年诺贝尔生理学及医学奖,成为霍普金斯大学,也是美国的第一位诺贝尔生理学及医学奖得主。

1. 摩尔根的果蝇杂交试验

(1) 雄果蝇的完全连锁遗传

完全连锁遗传是指位于同一条染色体上的许多基因连在一起而遗传的现象。在果蝇中,灰身(B)对黑身(b)为显性,长翅(Vg)对残翅(vg)为显性。用灰身长翅(BBVgVg)的雄果蝇与黑身残翅(bbvgvg)的雌果蝇杂交,F_1 代全都为灰身长翅(BbVgvg)。让 F_1 代灰身长翅雄果蝇与黑身残翅(bbvgvg)雌果蝇进行杂交,按自由组合律预测的后代中,应有四种类型:灰身长翅、黑身残翅、灰身残翅和黑身长翅,而且比例相等。可是在实验中,只出现了两种和亲本完全相同的类型,即灰身长翅和黑身残翅,其比例约为 1:1。

如何解释试验结果呢? 摩尔根认为,在上述试验中:由灰身长翅雄果蝇产生的配子,其基因 B 和 Vg 是位于同一条染色体上的,用"BVg"表示;由黑身残翅雌果蝇产生的配子,其基因 b 和 vg 也是位于同一条染色体上的,用"bvg"表示。二者杂交后,F1 代的基因型就成为 BbVgvg。当 F_1 代的雄果蝇形成配子时,就形成了数量相等的两种配子(BVg 和 bvg),而黑身残翅雌果蝇只能产生一种配子(bvg)。杂交后,杂交后代只能是两种基因型,即灰身长翅(BbVgvg)和黑身残翅(bbvgvg),而且二者之比为 1:1。

这样,通过基因连锁的原理,摩尔根圆满地解释了这种遗传现象。上述遗传现象属于完全连锁。不过,完全连锁的现象在生物界并不多见。

(2) 雌果蝇的不完全连锁遗传

摩尔根发现,在上述杂交试验中,如果让 F_1 代灰身长翅(BbVgvg)雌果蝇与双隐性的黑身残翅(bbvgvg)雄果蝇进行杂交,则杂交后代中会产生四种不同类型的果蝇:灰身长翅:(41.5%)、黑身残翅(41.5%)、灰身残翅(8.5%)、黑身长翅(8.5%),即除了两种亲本

组合类型外,还出现了两种重组合类型,且比例不是 1∶1∶1∶1,而是两种亲本组合占了绝大多数,重组合类型只占少数。

摩尔根认为,这是因为雌果蝇在形成配子时,两条同源染色体上的等位基因之间发生了交换,即在减数分裂Ⅰ的双线期,有一部分细胞中同源染色体的非姐妹染色单体之间发生了片段的交换。因此,雌果蝇在形成卵子时,除产生大多数亲本类型的卵子(BVg 和 bvg)之外,还产生了少量交换了染色单体片段的卵子(bVg 和 Bvg),双隐性雄果蝇只产生一类精子(bvg)。配子结合,便得到了上述实验结果。上述的遗传现象属于不完全连锁。这种现象在生物界是普遍存在的。

2. 连锁交换定律的内容

在此基础上,摩尔根总结了连锁交换定律:由于两个或多个基因位于同一条染色体上,因此,它们在传递过程中共同传递而表现出完全连锁现象,或由于同源染色体之间发生了交换,而表现出不完全连锁现象。

基因的连锁交换定律与基因的自由组合定律并不矛盾,它们是在不同情况下发生的遗传规律:位于非同源染色体上的两对(或多对)基因,是按照自由组合定律向后代传递的,而位于同源染色体上的两对(或多对)基因,则是按照连锁交换定律向后代传递的。

 **讨论与交流**

生男生女是谁决定的?

生男生女由父亲的基因决定。大多数的哺乳类动物,每一个细胞,皆拥有一对性染色体。雄性拥有一个 Y 染色体与一个 X 染色体;而雌性则拥有两个 X 染色体。Y 染色体是决定生物个体性别的性染色体的一种。Y 染色体具有传男不传女的特性。

二、生物的变异

变异是生物界的普遍现象,主要是由于生物体内遗传物质的改变造成的。遗传物质的改变主要包括染色体变异和基因突变两种类型。

(一)染色体变异

染色体的变异是指染色体的结构或染色体的数目发生改变,这种改变一般可以在显微镜下观察到。根据染色体变异产生的原因,可将染色体变异分为染色体数目变异和染色体结构变异两大类。

1. 染色体数目异常

遗传学上把一个配子的染色体数,称为染色体组,用 n 表示。一个染色体组由若干染色体组成,它们的形态和功能各异,但又互相协调,共同控制生物的生长和发育、遗传和变异。例如,正常人的配子的染色体组含有 22 条常染色体和 1 条 X(或 1 条 Y)染色体,即 22＋X 或 22＋Y,称为单倍体。精、卵结合后形成的受精卵则含有两个染色体组,称为二倍体。每对染色体中,1 条来源于父亲,1 条来源于母亲。如果人类体细胞的染色体数目

超出或少于二倍体数,即某一号染色体有一条或多条发生增减,或染色体整倍性增加时,属数目异常。

（1）整倍体

染色体数目整组地增加,即形成整倍体。例如,三个或四个染色体组分别组成三倍体、四倍体。三倍体以上的细胞称多倍体。多倍体在植物杂交育种中比较常见,但对于二倍体的动物和人类则为致死突变。

（2）非整倍体

如果体细胞中的染色体不是整倍数,而是比二倍体少一条或多一条,甚至几条染色体,这样的细胞或个体即称非整倍体。这是临床上最常见的染色体异常,可引起遗传性状的改变。如21三体综合征（唐氏综合征）,即为21号染色体多了一条。①

2. 染色体结构变异

因为一个染色体上排列着很多基因,所以不仅染色体数目的变异可以引起遗传信息的改变,染色体结构的变化也可引起遗传信息的改变。染色体结构变异主要包括以下四种情况（见图3-4-4）。

缺失:一条染色体断裂形成的片段未与断端相接,结果造成染色体的缺失。例如,末端缺失,即一条染色体的臂发生断裂后,未能重接,从而形成一条末端缺失的染色体和一个无着丝粒的断片。中间缺失,即一条染色体同一臂内发生两次断裂后,两个断裂点之间的片段丢失,两个断端重接,形成中间缺失。

重复:两条同源染色体在不同点断裂后,断片交换位置重接,结果必将使某一染色体的某一节段重复,这会导致形成部分三体和部分单体。

倒位:一条染色体发生两处断裂,断片颠倒位置180°后重接,就形成倒位。例如,臂内倒位,某一染色体臂内发生两处断裂后,所形成的中间片段旋转180°后重接形成。臂间倒位,一条染色体的长臂和短臂各发生一处断裂后,断片交换位置后重接形成。

易位:两条非同源染色体同时发生断裂,断片交换重接,结果形成易位。例如,相互易位是指两条非同源染色体发生断裂后形成的两个断片,相互交换、连接而形成两条衍生染色体。

	缺失	重复	倒位	易位
图示	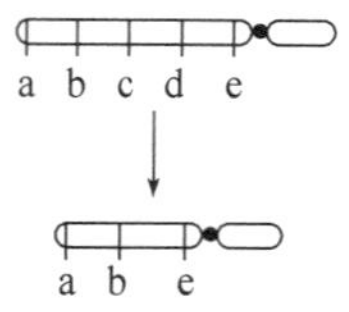 a b c d e → a b e	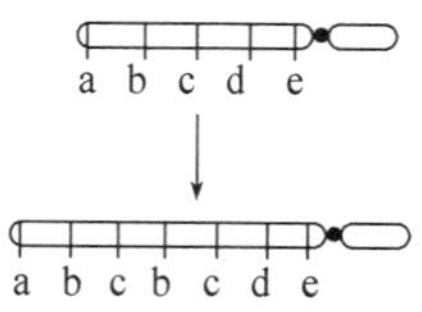 a b c d e → a b c b c d e	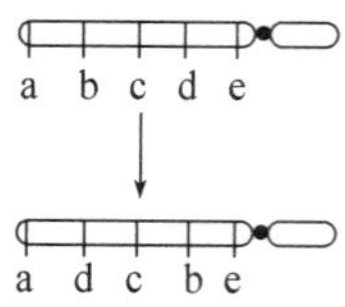 a b c d e → a d c b e	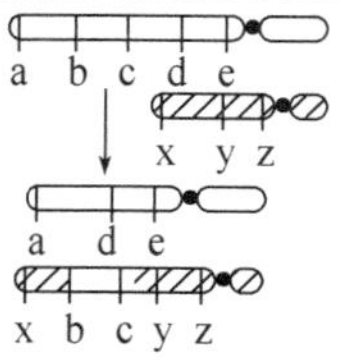 a b c d e / x y z → a d e / x b c y z
效应	人类的猫叫综合征（5号染色体部分缺失）。	果蝇的棒眼（小眼数目减少。X染色体某一区段重复）。	一般无效应,但是大段倒位导致不育。	一般无效应,但杂合子易位常伴有不同程度的不育。

图3-4-4　染色体结构变化及效应图②

① 刘祖洞,乔守怡,吴燕华,等. 遗传学［M］. 3版. 北京:高等教育出版社,2013.
② 吴相钰,陈守良,葛明德. 陈阅增普通生物学［M］. 4版. 北京:高等教育出版社,2014.

（二）基因突变

遗传物质是相对稳定的,但又是可变的。染色体上 DNA 分子结构中碱基的变化,称为基因突变,又称点突变。基因突变的结果是一个基因变为它的等位基因。基因突变可以发生在动物、植物或者是人身上,基因突变不一定都是外界因素引起的,有时候还有可能是内在因素引起的,基因突变也不全都是有害的,有时候有些基因突变反而是好的。我们把在自然情况下产生的突变称为自然突变或自发突变。人们有意识地应用一些物理、化学因素诱发的突变则称为诱发突变。

1. 基因突变的类型

（1）碱基置换突变:指 DNA 分子中一个碱基对被另一个不同的碱基对取代所引起的突变,也称为点突变。点突变分转换和颠换两种形式。如果一种嘌呤被另一种嘌呤取代或一种嘧啶被另一种嘧啶取代则称为转换。嘌呤取代嘧啶或嘧啶取代嘌呤的突变则称为颠换。由于 DNA 分子中有四种碱基,故可能出现 4 种转换和 8 种颠换。在自然发生的突变中,转换多于颠换。

（2）移码突变:指 DNA 片段中某一位点插入或丢失一个或几个(非 3 或 3 的倍数)碱基对时,造成插入或丢失位点以后的一系列编码顺序发生错位的一种突变。它可引起该位点以后的遗传信息出现异常。

（3）缺失突变:基因也可以因为较长 DNA 片段的缺失而发生突变。由缺失造成的突变不会发生回复突变。所以严格地讲,缺失应属于染色体畸变。

基因突变后出现的表型改变是多种多样的。根据突变对表型的最明显效应,可以将基因突变分为形态突变、生化突变和致死突变等。形态突变主要影响生物的形态结构,导致形状、大小、色泽等改变,如豌豆植株的高矮、果蝇眼睛的颜色等。这类突变在外观上可以看到,所以又称可见突变。生化突变主要影响生物的代谢过程,导致一个特定的生化功能改变或丧失。例如,链霉的生长本来不需要在培养基中另添氨基酸,而在突变后,一定要在培养基中添加某种氨基酸才能生长,这就是因为发生了生化突变。致死突变主要影响生活力,导致个体死亡。致死突变可分为显性致死和隐性致死。显性致死在杂合态即有致死效应,而隐性致死则要在纯合态时才有致死效应。一般以隐性致死突变较为常见,如镰刀形细胞贫血症的基因就是隐性致死突变。植物中常见的白化基因也是隐性致死的,因为不能形成叶绿素,最后导致植株死亡。

上面这样分类,只是为了叙述方便,事实上相互之间是有交叉的。因为基因的作用是执行一种特定的生化过程,所以可以说,几乎所有的基因突变都是生化突变。

2. 基因突变的特点

（1）突变的可逆性

突变是可逆的。基因 A 可以突变为基因 a,基因 a 也可以突变成基因 A。如果把A—a 叫作正突变,则 a—A 就叫作回复突变。正突变和回复突变的频率一般是不同的。基因的回复突变表明,突变不是基因物质丧失,而是基因物质在化学上发生了变化。

（2）突变的多向性

一个基因可以向不同的方向发生突变,换句话说,它可以突变为一个以上的复等位基因,如人的 ABO 血型基因就是由一个基因发生了两次突变形成的。

（3）突变的有害性

大部分基因突变是有害的。生物在长期进化过程中,形成了遗传基础的均衡系统,任何基因突变均将打乱原有平衡,从而产生有害的影响。但是也有一小部分基因突变是无害的,甚至是有利的。[①]

3. 诱发突变

1927 年,Mullier 用 X 射线处理果蝇精子,证明其可以诱发突变,并显著提高突变率。以后,随着研究工作的进展,现已知其他各种辐射如 α 射线、中子、质子及紫外线等,以及许多化学药品如秋水仙素、芥子气等都有诱变作用。

第五节　生物与环境

学习目标

1. 了解生物与环境之间的关系。
2. 能够举例说出水、阳光和温度对生物生存的影响。
3. 能够举例说明生物与生物之间的关系。
4. 了解生物多样性,保护生物多样性,树立保护环境的意识。

一、环境与生态因子

（一）环境和生态因子的概念

环境是指某一特定生物体以外的空间以及直接、间接影响该生物体生存的一切事物的总和。生物体在生活过程中,要不断地与其周围环境进行物质和能量的交换。环境一方面向生物体提供生长发育、繁衍后代所需要的物质和能量,使生物体不断受到环境作用;另一方面,生物又通过不同的途径不断地影响和改造环境。

生态因子是指环境中对生物的生长、发育、生殖、行为和分布有着直接影响的环境要素,如温度、湿度、食物、氧气和其他相关生物等。生态因子是生物生存所不可缺少的环境条件,也称生物的生存条件。生态因子也可认为是环境因子中对生物起作用的因子,而环境因子则是指生物体外部的全部环境要素。根据生态因子的性质,可将生态因子归纳为以下五类。

1. 气候因子

包括各种气候参数,如光、温度、水分、空气等。根据各因子的特点和性质,还可再细

---

① 杨玉红,王锋尖. 普通生物学[M]. 武汉:华中师范大学出版社,2012.

分为若干因子,如光因子可分为光强、光质和光周期等。

2. 土壤因子

主要指土壤的各种特性,如土壤结构、土壤的理化性质、土壤肥力和土壤生物等。

3. 地形因子

包括各种地面特征,如海拔、坡度、坡向、阴坡和阳坡等。

4. 生物因子

包括同种或异种生物之间的各种相互关系,如捕食、寄生、竞争和互惠共生等。

5. 人为因子

把人为因子从生物因子中分离出来是为了强调人的作用的特殊性和重要性。人类活动对自然界的影响越来越大,同时也越来越具有全球性,分布在地球各地的生物都直接或间接受到人类活动的巨大影响。

(二) 生态因子的特点

1. 综合性

每一个生态因子都是在与其他因子的相互影响、相互制约中起作用的,任何因子的变化都会在不同程度上引起其他因子的变化。例如,降雨会引起土壤温度和湿度、大气温度和湿度的变化。

2. 非等价性

对生物起作用的诸多因子是非等价的,其中有 1~2 个是起主要作用的主导因子。主导因子的改变常会引起其他生态因子发生明显变化或使生物的生长发育发生明显变化,如光周期中的日照时间、植物春化作用的低温因子都是主导因子。

3. 不可替代性和可调剂性

生态因子虽非等价,但都不可缺少,一个因子的缺失不能由另一个因子来代替。但某一因子的数量不足,有时可以由其他因子来补偿。例如,光照不足所引起的光合作用的下降可由 CO_2 浓度的增加得到补偿。

4. 阶段性和限制性

生物在生长发育的不同阶段往往需要不同的生态因子或不同强度的生态因子。例如,低温对冬小麦的春化作用是必不可少的,但在其后的生长阶段则是有害的。那些对生物的生长、发育、繁殖、数量和分布起限制作用的关键性因子被称为限制因子。

二、环境与环境中的生物

(一) 没有水就没有生物

水的重要性首先表现在水是任何生物体都不可缺少的组成成分。生物体的含水量一般为 $60\% \sim 80\%$,而且生物的一切代谢活动都必须以水为媒介,从这个意义上来说,没有

水就没有生物。

1. 水对植物的影响

植物通过气体交换的失水量要比动物通过呼吸的失水量大 700 倍。一株玉米一天约需要 2 kg 水，夏天一株树木一天的需水量约等于其全部叶鲜重的 5 倍。一般说来，植物每生产 1 g 干物质需 300～600 g 水。[①] 依据植物适应的水环境不同可将其分为水生植物和陆生植物。

（1）水生植物

根据水生植物在水环境中分布的深浅可将其分为沉水植物、浮水植物、挺水植物。

沉水植物根茎生于泥中，整个植株沉入水中，具发达的通气组织，有利于进行气体交换。叶多为狭长或丝状，能吸收水中部分养分，在水下弱光的条件下也能正常生长发育。对水质有一定的要求，因为水质浑浊会影响其光合作用。花小，花期短，以观叶为主，如苦草、金鱼藻等。

浮水植物漂浮于水面生活，或者植物的叶漂浮于水面，其余部分如根和茎则沉于水面下。这种类型的植物，整个生长期植株可随水漂移，没有固定地点，如浮萍、满江红等。

挺水植物植株高大，花色艳丽，绝大多数有茎、叶之分；直立挺拔，下部或基部沉于水中，根或地茎扎入泥中生长，上部植株挺出水面。挺水型植物种类繁多，常见的有荷花、菖蒲、香蒲、慈姑等。

（2）陆生植物

根据不同植物与水分的关系，陆生植物包括湿生、中生和旱生植物。

湿生植物是生长在过度潮湿环境中的植物，抗旱性极弱。例如，生活在热带雨林中的有些蕨类、兰科植物、万年青等，以及莎草科、蓼科和十字花科的一些种类。

中生植物适宜在中等湿度和温度条件下生长。形态结构和适应性均介于湿生植物和旱生植物之间，是种类最多、分布最广、数量最大的陆生植物。

旱生植物是适宜在干旱环境下生长，可耐受较长期或较严重干旱的植物，如骆驼刺、仙人掌、景天等。

2. 水对动物的影响

水对动物比食物更重要，动物缺少食物的生存时间要比缺水的生存时间长。例如，成年人体内水分约占体重的 60%～70%，如果因脱水导致体重降低 10%，生命活动就会严重失调；体重降低 20%，就会死亡。但由于长期缺乏食物，体重降低 40% 时，仍能存活。可见水对动物的重要作用。

（二）阳光是生物的能量源泉

1. 光照强度对生物的影响

（1）光照强度与水生植物

光的穿透性限制着植物在海洋中的分布，只有在海洋表层的透光带内，植物的光合作

---

① 杨玉红，王锋尖. 普通生物学[M]. 武汉：华中师范大学出版社，2012.

用量才能大于呼吸量。在透光带的下部,植物的光合作用量刚好与植物的呼吸消耗相平衡即所谓的光补偿点。如果海洋中的浮游藻类沉降到补偿点以下或者被洋流携带到补偿点以下而又不能很快回升到表层,这些藻类便会死亡。在一些特别清澈的海水和湖水中(特别是在热带海洋),补偿点可以深达几百米,但这是很少见的。在浮游植物密度很大的水体或含有大量泥沙颗粒的水体中,透光带可能只限于水面下 1 m 处,而在一些受到污染的河流中,水面下几厘米处就很难有光线透入了。[①]

由于植物需要阳光,所以扎根海底的巨型藻类通常只能出现在大陆沿岸附近,这里的海水深度一般不会超过 100 m,生活在开阔大洋和沿岸透光带中的植物主要是单细胞的浮游植物。

(2)光照强度与陆生植物

由于不同植物对光强的反应是不一样的,所以根据植物对光强适应的生态类型可将其分为阳性植物、阴性植物和中性植物(耐阴植物)。

阳性植物对光要求比较迫切,只有在足够光照条件下才能正常生长,呼吸作用和蒸腾作用强,常见种类有蒲公英、杨、柳、桦、槐、松、杉等。

阴性植物对光的需求远较阳性植物低,其光合速率和呼吸速率也都比较低。多生长在潮湿背阴的地方或密林内,常见种类有酢浆草、连钱草、铁杉、云冷杉等,很多药用植物如人参、三七、半夏和细辛等也属于阴性植物。

中性植物对光照具有较广的适应能力,对光的需要介于上述两者之间,但最适合在完全的光照下生长。

(3)光照强度与动物的行为

光是影响动物行为的重要生态因子,很多动物的活动都与光照强度有着密切的关系。在自然条件下动物每天开始活动的时间常常是由光照强度决定的,当光照强度上升到一定水平(昼行性动物)或下降到一定水平(夜行性动物)时,它们才开始一天的活动,因此这些动物将随着每天日出日落时间的季节性变化而改变其开始活动的时间。有些动物适应于在白天的强光下活动,如大多数鸟类,哺乳动物中的灵长类、有蹄类、松鼠等,爬行动物中的蜥蜴和昆虫中的蝶类、蝇类等,这些动物被称为昼行性动物。另一些动物则适应在夜晚或晨昏的弱光下活动,如夜猴、蝙蝠、家鼠、夜鹰、壁虎和蛾类等,这些动物被称为夜行性动物。还有一些动物既能适应于弱光也能适应于强光,它们白天黑夜都能活动,常不分昼夜地表现出活动与休息地不断交替,如很多种类的田鼠。

2. 生物的光周期现象

日照长短、昼夜交替或一年四季这些具有规律性的变化,形成光照长短的周期性变化,这种周期性变化对生物生长发育的影响叫生物的光周期现象。[②]

(1)植物的光周期现象

根据对日照长度的反应,可把植物分为长日照植物和短日照植物。长日照植物通常是在日照时间超过一定数值才开花,常见种类有紫苑、凤仙花和除虫菊等。人为延长光照

---

① 吴相钰,陈守良,葛明德.陈阅增普通生物学[M].4 版.北京:高等教育出版社,2014.

② 周永红,丁春邦.普通生物学[M].2 版.北京:高等教育出版社,2018.

时间可促使这些植物提前开花。短日照植物通常是在日照时间短于一定数值才开花,所以一般是在早春或深秋开花,常见种类有牵牛、苍耳和菊类。

(2)动物的光周期现象

在脊椎动物中,鸟类的光周期现象非常明显,很多鸟类的迁徙都是由日照长短变化引起的。日照长度的变化对哺乳动物的生殖和换毛也具有明显的影响,鱼类的生殖和迁徙活动常表现出光周期现象,昆虫的冬眠和滞育也主要与光周期有关。

(三)温度限制生物的分布

1. 温度对生物的影响

温度是一种无时不在起作用的重要的生态因子,任何生物都是生活在具有一定温度的外界环境中并受着温度变化的影响。地球表面的温度是变化的,在空间上,它随纬度、海拔高度而变化;在时间上,它有一年四季的变化和一天的昼夜变化。生物长期演化的结果是各自都选择了自己最合适的温度,但又有一定的适应幅度。生物只能生活在一定的温度范围内,这个范围是它们长期在一定温度下生活所形成的生理适应,通常分为最适点、最低点和最高点。在最适点范围内,生物生长发育良好;偏离最适点,则生长发育缓慢甚至停滞;超逾最高或最低点,则面临死亡。

温度低于一定的数值(临界温度),生物便会因低温而受伤害,低温对生物的伤害可分为冷害和冻害。冷害是指喜温生物在零度以上的温度条件下受害或死亡,冷害是喜温生物向北方引种扩展分布的主要障碍。例如,海南岛的热带植物丁子香在气温降到 6.1 ℃时叶片便受害,降到 3.4 ℃时顶梢干枯,受害严重。冻害是指冰点以下的低温使生物体内形成冰晶而造成的损害,冰晶的形成会使原生质膜发生破裂、蛋白质失活与变性。少数动物能够耐受一定程度的身体冻结,如摇蚊在零下 25 ℃的低温下可以经受多次冻结而能保存生命。

温度超过生物适宜温度的上限后会对生物产生有害影响,温度越高对生物伤害作用越大。生物对高温的忍受能力因物种而异。例如,哺乳动物一般不能忍受 42 ℃以上的温度,鸟类不能忍受 48 ℃以上的高温,多数昆虫、蜘蛛和爬行动物能忍受 45 ℃以下的高温,但温度再高就有可能死亡。

2. 生物对环境温度的适应

不同的生物适应不同的温度环境的方式不一样。长期生活在低温环境中的生物常表现出明显的形态适应,如北极和高山植物的芽和叶片常受到油脂类物质的保护,芽具鳞片,植物体表面生有蜡粉和密毛,植株矮小并常呈垫状或莲座状等。这些形态有利于保持较高的温度,减轻严寒的影响。恒温动物在低温环境增加毛和羽毛的数量和质量或增加皮下脂肪的厚度,从而提高身体的保温性能。

生物对高温的适应也表现得很明显。植物对高温的生理适应主要是靠旺盛的蒸腾作用(散失多余热量),避免使植物体因过热受害。有些植物生有密绒毛和鳞片,能过滤一部分阳光;有些植物体呈白色、银白色或叶片革质发光,能反射一大部分阳光,使植物体免受热伤害;还有些植物的树干和根茎生有很厚的木栓层,具有绝热和保护作用。动物高温下采取昼伏夜出、夏眠和洞穴生活等。

3．温度与生物分布

生物不仅需要适应一定的温度幅度，而且还需要有一定温度量，极端温度（高温和低温）常常成为限制生物分布的重要因素。例如，由于高温的限制，云杉在自然条件下不能在华北平原生长；苹果、梨、桃不能在热带地区栽培；在南方，黄山松不能分布在海拔 1000 m 以下的高度；菜粉蝶不能忍受 26 ℃以上的高温。

低温对生物分布的限制作用更为明显，对植物和变温动物来说，决定其水平分布边界和垂直分布上限的主要因素就是低温，所以这些生物的分布界限有时非常清楚。例如，橡胶分布的边界是北纬 24°4′（云南盈江），海拔高度的上限是 960 m（云南盈江）。温度对恒温动物分布的直接限制较小，但也常常通过影响其他环境因子（如食物）而间接影响其分布。

（四）生物与生物之间的相互关系

1．种内关系

同种生物的不同个体或群体之间的关系，叫作种内关系。生物在种内关系上，既有种内互助，也有种内斗争。

种内互助的现象是常见的。例如，蚂蚁、蜜蜂等营群体生活的昆虫，往往是千百只个体生活在一起，在群体内部分工合作。

同种生物个体之间，由于争夺食物、空间或配偶等而发生斗争的现象叫作种内斗争。例如，在农田中，相邻的作物植株之间会发生对阳光、水分、养料的争夺；许多鸟类的雄鸟在占领巢区后，如果发现同类的其他雄鸟进入自己的巢区，就会奋力攻击，将入侵者赶走。

2．种间关系

种间关系是指不同物种种群之间的相互作用所形成的关系。

（1）植食和捕食

植食现象是指动物吃植物，一切动物都直接或间接地依赖植物为食。植食动物的数量对植物的数量有显著影响，而后者反过来又限制动物的数量，在长期进化过程中，这种相互关系已经形成了一种微妙的平衡。植物的生产量足够养活所有动物，而被动物吃掉的往往只是植物生产量中"过剩"的那一部分。

捕食现象是指动物吃动物，也是群落物种间最基本的相互关系之一。前者称捕食者，后者称被食者或猎物。

（2）竞争

两个物种利用同一有限资源时，便会发生种间竞争。两个物种越相似，它们共同的生态要求就越多，竞争也就越激烈，如小麦和稗草。因此，生态要求完全相同的两个物种在同一群落中就无法共存，这就称为竞争排除原理。

（3）互惠

互惠是指对双方都有利的一种种间关系，但这种关系并没有发展到彼此相依为命的程度，解除这种关系双方都能正常生存。蚜虫和蚂蚁是互惠的著名事例，蚂蚁喜吃蚜虫分泌的蜜露并把蜜露带回巢内喂养幼蚁。蚂蚁常用触角抚摸蚜虫，让蚜虫把蜜露直接分泌到自己口中，同时，蚂蚁精心保护蚜虫，驱赶并杀死蚜虫的天敌，有时还把蚜虫衔入巢内加

以保护。

（4）共生

共生是物种之间不能分开的一种互利关系，如果失去一方，另一方也就不能生存。如地衣是单细胞藻类和真菌的共生体。

（5）共栖

共栖是指两种生物生活在一起，对一方有利，对另一方也无害的种间关系。例如，有些附生植物附着在大树上，借以得到充足的光照，但是并不吸收大树体内的营养。

（6）寄生与拟寄生

一种生物生活在另一种生物的体内或者体表，并从后者摄取营养以维持生活，这样的种间关系就称为寄生或者拟寄生。前者称为寄生物，后者称为寄主。生活在一起的两种生物，如果一方获利并对另一方造成损害但并不把对方杀死，就称为寄生。而拟寄生则总是导致寄主死亡，这一点又使拟寄生更接近捕食现象。[①]

拓展阅读

鸠占鹊巢

"鸠占鹊巢"中的鸠，应该可以确认是杜鹃家族的成员，因为杜鹃科属于托卵寄生的鸟类。

这种行为在科学上被称为"巢寄生"，指的是某些鸟类把卵产在其他鸟类的巢中，由其他鸟类代为孵化和育雏的一种特殊繁殖方式。通常情况下，杜鹃鸟会选择习性相近的鸟类作为宿主进行巢寄生。由于杜鹃鸟体型相比寄生鸟类要大得多，所以当杜鹃鸟选定目标后，会快速靠近目标鸟巢并大力拍打翅膀及发出声响，恫吓正在孵蛋的小鸟离巢，然后趁机产下大小形状及颜色相近的蛋，来个鱼目混珠，顺利的话，整个过程只 10 多秒。不仅如此，刚出生的杜鹃雏鸟在眼睛未张开时，就会本能地将巢中其他的蛋或雏鸟推出巢外（并不是有意识的，而是出于一种进化产生的反射），以保障自己能获得宿主鸟带回来的全部食物。更神奇的是，小杜鹃在羽翼丰满时会依循其亲生父母的脚步，对宿主鸟不辞而别，飞回种群的栖息地当中。

三、生物多样性与环境保护

地球上存在形形色色的生物。各种生物以及生物赖以生活的环境一起，共同组成了这个世界。生物多样性是指一定地区物种的多样性程度，它包括三个层次：遗传多样性、物种多样性和生态系统多样性。

生命在地球上出现和发展已经超过了 35 亿年，在这个漫长的历史进程中，随着地球的演化，曾经产生过千百万种生物，但是它们大多已经灭绝。现存的生物实际上只是在地球上生存过的生物总数中很少的一部分。自从人类近几个世纪工业化的大生产发展后，人类的活动加快了地球上物种灭绝的速度。现在的物种正在以 1000 倍于自然灭绝的速

---

①　杨玉红，王锋尖. 普通生物学［M］. 武汉：华中师范大学出版社，2012.

度在世界范围消失。

20世纪80年代以后，人们在开展自然保护的实践中逐渐认识到，自然界中各个物种之间、生物与周围环境之间都存在着十分密切的联系，要拯救珍稀濒危物种，不仅要对所涉及的物种的野生种群进行重点保护，而且还要保护好它们的栖息地，即需要对物种所在的整个生态系统进行有效的保护。在这样的背景下，生物多样性与全球变化、生态系统的可持续发展成为当今国际上生态学的三大热点问题。

（一）生物多样性的主要组成

1. 遗传多样性

遗传多样性是指一个种群或个体的基因多样性程度。在生物的长期演化过程中，遗传物质的改变（或突变）是产生遗传多样性的根本原因。任何一个物种或一个生物个体都保存着大量的遗传基因，一个物种所包含的基因越丰富，它对环境的适应能力就越强。

2. 物种多样性

物种多样性是指地球上动物、植物、微生物等生物种类的丰富程度。地球上已知物种多达一千余万种，但实际存在的物种可能是已知物种的好几倍。[①] 70年代末，人们用地球物理火箭从74 km的高空采集到处在同温层和大气层的微生物，后来又在85 km高空找到微生物。苏联科学家在南极冰川进行钻探时，在4.5～295 m不同深度的岩心中多次发现有球菌、杆菌和微小的真菌。这说明，生物界还有待人们继续发掘。

3. 生态系统多样性

生态系统是各种生物与其周围环境所构成的自然综合体。所有的物种都是生态系统的组成部分。在生态系统之中，不仅各个物种之间相互依赖，彼此制约，而且生物与其周围的各种环境因子也是相互作用的。从结构上看，生态系统主要由生产者、消费者、分解者构成。生态系统的功能是对地球上的各种化学元素进行循环并维持能量在各组分之间的正常流动。生态系统的多样性主要是指地球上生态系统组成的功能上的多样性以及各种生态过程的多样性。由于在生态系统中不同物种的种群之间存在着各种各样的相互关系，所以其中一个物种的灭绝常常会给整个生态系统中其他物种造成不良的影响。

（二）生物多样性的价值

1. 直接价值

生物多样性为人类提供基本的食物。全世界估计有8万余种陆生植物，而现在仅有150余种被大面积种植作为食物，世界上90％的食物仅来源于20个物种。各种家禽、家畜、鱼类、海产为人类提供必要的蛋白质，各种蔬菜、水果、菌类为人类日常生活所必需。随着人口的增长、人民生活的改善，开发新的食物和改良作物及家禽、家畜、水产类的品种，更是势在必行。无论是作物还是饲养动物品种的改良，都需要生物遗传资源的帮助。

药物也是人类生存有关的物品，其大部分来自植物、动物、微生物或它们的代谢产物，

---

① 林长春，吴育飞. 小学科学基础[M]. 重庆：西南师范大学出版社，2019.

而且从古代一直沿用到医药事业发达的今天。现在,科学家们还在不断地从生物中筛选药物的有效成分。

另外,生物资源的产品一经开发,往往会具有比其自身高出许多的价值,常见的生物资源产品包括木材、鱼类、动物的毛皮、麝香、鹿茸、药用动植物、蜂蜜、橡胶、树脂、水果、染料等。

2. 间接价值

丰富的生物资源在生态系统中还发挥着进行光合作用、维持生态平衡、涵养水源、防治水土流失、促进生态系统中物种间基因流动和协同进化、调节气候、净化空气、美化环境等重要的生态价值。

有些物种,尽管其本身的直接价值很有限,但它的存在能为该地区人民带来某种荣誉感或心理上的满足。例如,大熊猫、金丝猴、褐马鸡等是我国的特产珍稀动物,全国人民都引以为荣。其中,大熊猫已成为中国的象征。有些动植物物种在生物演化历史上处于十分重要的地位,对其开展研究有助于搞清生物演化的过程,如一些孑遗物种(银杏)。

现在自然界的许多野生动植物,也许短时间内无法进行利用,但其价值是潜在的。也许我们的子孙后代能发现其价值,找到利用它们的途径。因此多保存一个物种,就会为我们的后代多留下一份宝贵的财富。

(三)我国生物多样性的特点

我国是地球上生物多样性最丰富的 12 个国家之一。我国野生物种和生态系统类型多,特有属、种多,科研价值高。我国生物多样性丰富程度在北半球首屈一指。我国生物多样性的特点如下:

1. 物种高度丰富。我国有高等植物 3 万余种,仅次于世界高等植物最丰富的巴西和哥伦比亚。

2. 特有属、种繁多。我国高等植物中特有种最多,约 17300 种,占全国高等植物的 57% 以上。581 种哺乳动物中,特有种约 110 种,约占 19%。尤为人们所注意的是有"活化石"之称的大熊猫、白鳍豚、水杉、银杏、银杉和苏铁等。

3. 栽培植物、家养动物及其野生亲缘种的种质资源异常丰富。我国有数千年的农业开垦历史,很早就对自然环境中所蕴藏的丰富多彩的遗传资源进行开发利用、培植繁育,因而我国的栽培植物和家养动物的丰富度在全世界是独一无二的。例如,我国有经济树种 1000 种以上;是水稻的原产地之一,有地方品种 50000 个;是大豆的故乡,有的地方品种有 20000 种;有药用植物 11000 多种等。

4. 生态系统的类型丰富。我国具有陆生生态系统的各种类型,包括森林、灌丛、草原和稀树草原、草甸、荒漠、高山冻原等。

5. 空间格局繁复多样。我国地域辽阔,地势起伏多山,气候复杂多变,从北到南,横跨寒温带、温带、暖温带、亚热带和热带,生物群落包括寒温带针叶林、温带针阔叶混交林、暖温带落叶阔叶林、亚热带常绿阔叶林、热带雨林。从东到西,随着降水量的减少,在北方,东部为针阔叶混交林和落叶阔叶林,向西依次更替为草甸草原、典型草原、荒漠化草原、草原化荒漠、典型荒漠和极旱荒漠;在南方,东部亚热带常绿阔叶林(分布于江南丘陵)

和西部亚热带常绿阔叶林(分布于云贵高原)在性质上有明显的不同,发生不少同属不同种的物种替代。

(四) 生物多样性受威胁的原因

1. 人口的增加

自从有了人类以来,人口的数量就在增长。在生产力落后的时候,人口的数量受到自然因素如旱灾、虫灾、火灾、水灾、地震等的控制;另外,人类自身制造的灾难如战争、贫困也使得人口数量得以控制。然而,现代科学技术的进步使人的数量与寿命都提高了。

19 世纪工业革命后,人口的增加就成了全球的主流,在发展中国家最为明显。1830 年全球人口只有 10 亿,1930 年达到 20 亿,2000 年达到了 60 亿,2021 年达到 75.9 亿。我国 1790 年人口约 3 亿,1860 年约 4 亿,1970 年达 8 亿,2000 年超过 13 亿,2021 年超过了 14 亿。

人口增加后,必须扩大耕地面积以满足吃饭的需求,这就对自然生态系统及生存在其中的生物物种产生了最直接的威胁。目前,我国境内水土流失面积约为 180 万平方公里,占国土面积的 19%,其中黄土高原地区约 80%地方水土流失。北方沙漠、戈壁、沙漠化土地面积为 149 万平方公里,占国土面积的 16%,1987 年已沙漠化土地 20 万平方公里,潜在沙漠化土地 13 万平方公里。目前有 5900 万亩农田和 7400 万亩草场受到沙漠化威胁。草原退缩面积 13 亿亩,每年以 2000 万亩增加。每年使用农药防治面积 23 亿亩次,劣质化肥污染农田 2500 万亩。

2. 过度开发利用

过度开发利用指人类利用野生动物的强度超过了这些野生生物种群自然恢复的能力。大海雀曾广泛栖息在从纽芬兰至斯堪的那维亚一带的大西洋岛屿上,人们为了获取它的肉和油脂曾无情地持续狩猎达 300 年之久,最后终于在 1844 年将大海雀全部杀光。19 世纪末在北美大草原生活着 6000 多万头美洲野牛,人们为了猎取牛皮而大量猎杀,最后一头野牛于 1889 年在科拉罗多被射杀。我国特产动物麋鹿(四不像)、野马以及欧洲野牛和站鹿都遭到了和美洲野牛同样的厄运。全世界已知的 9 个老虎亚种中,已经有 3 个亚种从地球上消失,3 个亚种(东北虎、华南虎和黑海虎)濒临灭绝,其他 3 个亚种也有灭绝的危险。其他一些大型猫科动物如云豹、雪豹、猎豹、美洲豹和豹猫,都因为人们需要它们的皮张而被大量猎杀,其中,云豹在我国已十分少见。

据国际资源和自然保护联合会的资料,自 1850 年以来,人类已经使 75 种鸟类和哺乳动物绝种,并使 359 种鸟类、297 种哺乳动物、190 种两栖爬行动物和 80 种鱼类面临绝种的危险。实际上已经灭绝和濒临灭绝的无脊椎动物和植物的数量要比脊椎动物多得多,单是被子植物就有大约 25000 种正处于濒危状态,约占被子植物总数的 10%。

3. 生境破坏

生物多样性减少最重要的原因是生态系统在自然或人为干扰下偏离自然状态,生境破坏,生物失去家园。当生物的原始生境受到破坏而又无其他生境可供定居时,就会有大量物种灭绝。过去的 100 多年间,在已经灭绝或变得濒危和稀少的物种中,有 73%是因

生境的破坏和破碎而导致的。

在全球范围内，每年约有 1456 km² 的热带雨林遭到砍伐；在巴西的亚马孙流域，热带森林的面积已经从 10400 km² 下降到 520 km²；在非洲的马达加斯加，森林砍伐已造成 90% 以上原始森林消失。可以说，热带雨林的破坏几乎已成了生物多样性下降的同义词。随着人类活动对温带和热带森林压力的增加，那些曾经连成一片的森林地区也会变得越来越破碎。

生境破坏也是水生生物多样性所面临的主要威胁。珊瑚礁是地球上物种最丰富的水生群落，但已有大约 93% 受到了人类活动的破坏，如果以目前的破坏速度继续下去，那么只需 30～40 年时间，现存珊瑚的 40%～50% 就会消失，而那里栖息着三分之一的海洋鱼类。[①]

4. 环境污染

随着人类的发展，环境污染也在加剧。城乡工农业生产和生活污水排入水域，废气进入大气层，重金属以及难以降解的化合物富集于土壤，引起水体、大气和土壤污染。污染物沿着生态系统的食物链转移，对生物和人类有很大的破坏和毒害作用，使敏感物种种群数量减少或消失，直接扰乱了生态系统平衡。农用化肥、洗涤剂、废水和工业废物的排放使淡水中氮磷大量增加，导致水体富营养化，造成大量水生生物的死亡。

5. 物种入侵

物种入侵是指某物种在有意或无意的状况下，被引进非其自然分布的地区，进而立足并排挤原生物种及占领该新环境的现象。入侵种在它们原本存在的区域中不会产生任何威胁，因为捕食、寄生和种间竞争的发生保持着生态平衡。但是，当一个物种摆脱了原生境中的竞争者、捕食者和寄生者的压迫，被引入全新的环境后，它们便会大量繁殖，最终变成该地区的入侵种。入侵的动物可以通过捕食、竞争和使生境发生改变而导致本地物种的灭绝。物种入侵是一个全球范围内的问题。从 1750 年起，大约有 40% 的物种灭绝是由物种入侵导致的，为了有效控制物种入侵带来的危害，人们每年需要投入大量的人力、物力和财力。这个问题可以发生在任何一种生态系统，在生物多样性和社会经济等各个层面，造成不可逆的巨大影响。如在菲律宾群岛，由于引进了猪、山羊和兔子，在 1790—1840 年间，有 13 种土著植物灭绝，包括两个特有种。

（五）保护生物多样性的意义

生物多样性是人类社会赖以生存和发展的基础。我们的衣、食、住、行及物质文化生活的许多方面都与生物多样性的维持密切相关。

首先，生物多样性为我们提供了食物、纤维、木材、药材和多种工业原料。我们的食物全部来源于自然界，维持生物多样性，我们的食物品种才会不断丰富。

其次，生物多样性在保持土壤肥力、保证水质以及调节气候等方面发挥了重要作用。黄河流域曾是我们中华民族的摇篮，在几千年以前，那里还是一片十分富饶的土地。树木

① 吴相钰，陈守良，葛明德. 陈阅增普通生物学[M]. 4 版. 北京：高等教育出版社，2014.

林立,百花芬芳,各种野生动物四处出没。但由于长期的战争及人类过度地开发利用,这里已变成生物多样性十分贫乏的地区,到处是黄土荒坡,遇到刮风的天气便是飞沙走石,沙漠化现象十分严重。近年来由于人工植树,大搞"三北防护林"工程,生物多样性得到了一定程度的恢复,沙漠化进程得到了抑制,森林覆盖率逐年上升,环境不断得到改善。

第三,生物多样性在大气层成分、地球表面温度以及 pH 值等方面的调控中发挥着重要作用。例如,现在地球大气层中的氧气含量为 21%,供给我们自由呼吸,这主要归功于植物的光合作用。在地球早期的历史中,大气中氧气的含量要低很多。据科学家估计,假如断绝了植物的光合作用,那么大气层中的氧气将会由于氧化反应在数千年内消耗殆尽。

最后,生物多样性的维持,将有益于一些珍稀濒危物种的保存。任何一个物种一旦灭绝,便永远不可能再生。今天仍生存在我们地球上的物种,尤其是那些处于灭绝边缘的濒危物种,一旦消失了,那么人类将永远丧失这些宝贵的生物资源。而保护生物多样性,特别是保护濒危物种,对于人类后代,对于科学事业都具有重大的战略意义。

因而,生物多样性的丧失不仅是某个国家、某一民族的损失,也是全世界、全人类的损失。这就是保护生物多样性一直受到国际社会普遍关注的原因。

生物多样性保护的科学概念在 1980 年由国际自然保护联盟(IUCN)、联合国环境规划署(UNEP)、世界自然基金会(WWF)联合向世界发布的《世界自然保护大纲》(WCS)中阐明。大纲指出:对人类利用生物圈的管理,旨在使生物圈为当代人产生最大的持续利益,同时保持满足人类后代需要和实现抱负的潜力,保护的内容明确包括对自然环境的保存、保护、持续利用、恢复和加强。1992 年 6 月 5 日在联合国所召开的里约热内卢世界环境与发展大会上,《生物多样性公约》正式通过,并于 1993 年 12 月 29 日起生效(因此每年的 12 月 29 日被定为国际生物多样性日,从 2001 年起,根据第 55 届联合国大会第 201 号决议,国际生物多样性日由原来的 12 月 29 日改为每年的 5 月 22 日)。该公约是国际社会所达成的有关自然保护方面的最重要公约之一。到目前为止,全世界已经有 180 多个国家是该条约的缔约国[①]。

作为首先批准《生物多样性公约》国家之一,我国高度重视生物多样性保护。在 2020 年召开的联合国生物多样性峰会上,习近平主席强调生物多样性是人类赖以生存和发展的重要基础。生态兴则文明兴。要站在对人类文明负责的高度,尊重自然、顺应自然、保护自然,探索人与自然和谐共生之路,促进经济发展与生态保护协调统一,共建繁荣、清洁、美丽的世界。对生物多样性的保护,实际上也是对人类生存环境的保护,也就是保护人类自己。

本章小结

生命科学是研究生物的生命活动现象及其本质,研究生物与环境之间的相互关系的一门学科。细胞是生命活动的基本结构和功能的单位,细胞多种多样的形态总与其功能相适应。细胞通过分裂、代谢实现其生长,通过分化形成各种功能各异的组织器官个体,

---

① 杨玉红,王锋尖.普通生物学[M].武汉:华中师范大学出版社,2012.

构成了丰富多彩的生命世界。植物、动物和微生物依靠着遗传和变异使其自身的生命特征得以延续和发展。各种生命形式间及其与环境之间的多种相互关系,反映了生物与环境是互相影响、相互依存、不可分割的统一体。生物多样性保护与环境保护已成为世界性的重大课题。

思考与练习

1. 简述生命的基本特征。
2. 简述生物的基本分类。
3. 简述真核细胞各细胞器的结构与功能。
4. 比较有丝分裂和减数分裂的异同。
5. 简述不同类群生物的主要特征,并根据它们的特征,说明生物的进化关系。
6. 植物的营养器官与生殖器官都有哪些? 其功能是什么?
7. 请举例说明人体各个系统之间的相互联系。
8. 请举例说明微生物与人类的关系。
9. 简述被子植物的双受精的过程。
10. 卵生和胎生两种生殖方式有何不同?
11. 简述生物的遗传学两大定律。
12. 简述生物变异的两种类型。
13. 什么是生态因子? 生态因子的特点有哪些?
14. 什么是生物多样性? 生物多样性具体体现在哪几个方面?
15. 人们可以采取哪些措施来进行环境保护?

第四章　神奇的物质世界 I

扫码查看
本章资源

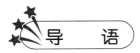

　　我们生活的世界中有多种多样、丰富多彩的物质,但它们都具有一个共同的本质,即客观实在性。可以说世界的本质是物质的,神奇的物质世界千变万化,这些变化是否存在内在的规律呢? 我们能否准确描述物质,并且科学预测它未来的状态呢? 在现代科学体系中,物理学就是研究物质的一般运动规律和物质基本结构的学科,是研究其他自然科学分支的基础。我们这一章就从物质的运动和能量两个角度来初步了解物质世界的一般规律。

第一节　运动和力

　　1. 了解运动和力的概念,熟悉常见运动和力的种类,掌握运动和力的描述方法。
　　2. 了解矢量和标量的概念,能够进行简单的矢量分解与合成运算。
　　3. 理解牛顿运动定律的含义,明白运动和力之间的关系,能运用牛顿运动定律分析简单的问题。

　　运动和力是日常生活中最常见的物理现象,也是人类最早开始研究的物证现象之一。蓝天白云间翱翔的小鸟,绿水碧波中畅游的小鱼,平坦公路上奔驰的汽车,广阔太空中漫步的天和太空站……它们之间有什么共同的规律? 为什么关闭发动机的汽车会逐渐停下来? 我们学习了本节后就会有一个初步的答案。

一、运动

(一) 运动的概念

　　茫茫宇宙,存在一种最普遍的现象——运动。宇宙中一切物体都在不停的运动,世界上没有任何物体是绝对静止不动的,大到天体的运转,小到日常生活中的车水马龙,再到微观世界中原子、分子、离子的运动,细胞、生命的运动……万物都以各种不同的形式在运动,宇宙中运动是永恒的、绝对的。

天体的运转、河流和车流、微观粒子的运动等,这些运动都有一个共同的特点,就是他们的位置随着时间在不断地发生变化。在物理学中,把一个物体相对于另一个物体其位置随时间的变化叫作机械运动,简称为运动。

 思考与讨论

绝对运动的宇宙中,有没有静止的物体呢? 我们平常看到的静止不动的物体是怎么回事?

(二) 运动的描述

我们要描述物体的运动,需要了解一些基本的概念,这样才能通过概念来准确地描述一个物体的运动。

1. 参考系与坐标系

从运动的定义我们知道,对于运动的描述涉及至少两个物体,描述一个物体的运动总是相对于其他物体而言的。因此人们为了更加方便地描述物体的运动,总是要事先选定另一个物体作为参考,通过比较它们之间位置的变化来描述运动,并且通常假定选定作为参考的物体是静止不动的。

例如,要描述 A 物体的运动,我们选择 B 物体并假定 B 是静止的,如果 A 的位置相对于 B 发生了变化,就说 A 是运动的,否则就认为 A 是静止的。

在描述一个物体运动时,假定为不动的参考物体叫作参考系。为了定量地描述位置的变化,需要在参考系上建立坐标系,常用的包括直线坐标系、平面直角坐标系和空间直角坐标系等。

表 4-1-1   不同参考系下物体的运动状态

研究对象	运动状态	参照物
楼房、电线杆	静止	地面
行驶的汽车、火车	运动	地面
坐在行驶的火车里的乘客	静止	车厢
火车里的乘客看到窗外的树	运动	车厢
在行驶中的火车车厢里走动的乘务员	运动	车厢
在平静的湖水里的小船	运动	湖水
坐在湖里运动的船上看到岸边的山	运动	船

描述同一个物体的运动状态时,选择不同的参考系可能会得到完全不同的结果。因此,参考系的选择要以能简洁方便地描述物体的运动为原则,一般描述一个物体的运动时,参考系的选择自由度较大,比较两个以上物体的运动时,则必须选择统一参考系才有意义。

选定参考系,建立坐标系后,物体在坐标系中就可以用其位置坐标来描述,进而可以定量地、精确地研究物体的运动。物体位置在不同的坐标系中可以用不同的坐标值来表示。

思考与讨论

如何确定图 4-1-1 所示石块在坐标系中的位置呢？

图 4-1-1　如何确定石块的坐标？

2. 物体与质点

自然界中的物体一般都具有一定的形状和大小,运动过程中,物体各部分的运动情况一般是不同的,如汽车在前进,但同时汽车轮子在转动,发动机气缸在做往复运动。因此,为了更加简洁地描述物体的运动,一定情况下可以将物体视为一个具有质量的"点",从而抓住主要矛盾,把问题简单化。物理学中将物体被假想成的这种有质量无体积或形状的点叫作质点。

质点是一个理想化的模型,现实中是不存在的。那么什么情况下物体可以被视为质点呢? 一般有两种情况:一是物体各部分的运动情况相同,即物体做平动,研究的问题只跟物体的质量有关而与其形状和大小无关;二是物体虽然有转动,但因转动引起的各部分差异,对我们研究的问题无影响或者影响可以忽略不计。

例如,研究一列从郑州开往北京高铁的运动时间,由于火车的长度比北京到郑州的距离小得多,火车就可以当作质点处理,而不用考虑火车的长度、体积等因素;研究地球绕太阳的公转问题时,由于地球的直径比地球到太阳间的距离小得多,可以不考虑地球的大小,把地球看成一个点。而研究火车通过某一标志所用的时间时,要考虑火车的长度,不能看成质点;研究地球的自转时,不能把地球看成质点。

在后面的学习中,我们所遇到的运动和力学问题中大多数物体都可以当作质点看待,因此除特别说明之外,对于"物体"和"质点"两个词我们不再加以区别。

3. 时间间隔与时刻

时间间隔与时刻两个概念既有联系又有区别。时刻指的是某一个瞬间,时间间隔则是两个时间点之间的间隔,如果用时间轴来表示,时刻对应于轴上的一个点,时间间隔对应两个点之间的线段长度。我们平常所说的时间,有时候指的是时间间隔,有时候指的是时刻。例如,上课"时间"到了,这里的"时间"指的是时刻;一节课"时间"是 45 分钟,这里的"时间"则是指上课时刻和下课时刻之间的时间间隔。(如图 4-1-2 所示)

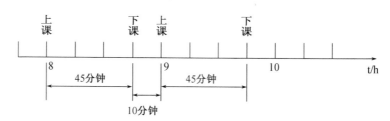

图 4-1-2 两节课开始和结束的时刻及两节课和课间的时间间隔

一般时间用字母 t 表示，Δt 表示时间间隔。在国际单位制中，时间的符号是 t，单位是秒(s)，日常使用的时间单位还有分钟(min)、小时(h)等。

 思考与讨论

生活中的这些说法，究竟指的是时刻还是时间间隔？

1. 从郑州东到北京西的 G350 次列车，发车时间是 12:08。

2. G350 次列车从郑州东站到北京西站需要两个半小时的时间。

3. 上课快迟到了，小明对小张说："抓紧时间，我们马上要迟到了！"

4. 位移与路程（矢量与标量）

（1）矢量与标量

物理学中把既有大小又有方向的量叫作矢量，矢量的运算一般按照几何法则（平行四边形法则、三角形法则、多边形法则）进行；把只有大小，没有方向的物理量叫作标量，标量的计算可以按照算数法则相加减。

（2）位移与路程

将质点放在坐标系中，可以定义从坐标系原点指向位置点的一个矢量——位置来表示。在运动过程中，实际运动轨迹的长度称为质点运动的路程，其初始位置指向末位置的有向线段称为质点的位移。路程只有大小，是标量；位移既有大小，又有方向，是矢量。

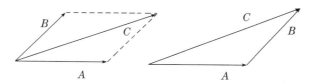

图 4-1-3 矢量的计算

例如，一辆车从北京运动到郑州，可以从北京出发经石家庄到郑州，可以从北京出发经济南到郑州，还可以从北京出发绕道兰州再到郑州……虽经过不同的路程到达了郑州，但是，车子从初始位置到末位置的位置改变情况却都是相同的，即同一位移可以经过不同的路程实现。

位移一般用符号 S 表示，路程用符号 s 表示，它们在国际单位制中的单位都是米(m)，常用的还有千米

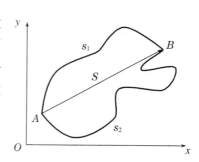

图 4-1-4 位移与路程的区别

（km）、厘米（cm）等。

思考与讨论

1. 跳远比赛、铅球和铁饼投掷比赛的成绩记录的是位移还是路程？
2. 运动员绕周长为 400 米的跑道跑了 2 圈，他的位移和路程各是多少？
3. 一人由起点向东走了 3 米，接着向南走了 4 米，他的路程是多少？位移是多少？

5. 速度与加速度

（1）速度的定义

质点位置的变化有快有慢，完成相同的位移所用的时间可能有长有短。物理学中把质点发生的位移和完成位移所用时间的比值，叫作质点的速度，用 v 表示，在国际单位制中速度的单位为 m/s（读作"米每秒"），常用的还有 km/h（读作"千米每小时"）。

（2）平均速度、瞬时速度与速率

质点的速度表示的是单位时间内质点的位移量，或者说是一段时间内的位移量。我们根据速度的定义，用公式 $\bar{v} = \Delta s / \Delta t$ 可以计算出在 Δt 时间内，质点发生 Δs 位移的平均速度。平均速度只是对质点位移的大致描述，是一段时间内的速度。为了更精确地描述质点的运动状态，就要知道质点在某一位置（或者某一时刻）的运动快慢程度和方向，即质点在某一位置某一时刻的速度。我们把质点某一位置（某一时刻）的速度叫作瞬时速度。可以理解为平均速度计算公式 $\bar{v} = \Delta s / \Delta t$ 中，当 Δt 趋近于无限小时取得的极限。平均速度和瞬时速度都是矢量，平均速度的方向是 Δs 的方向，瞬时速度的方向即质点的运动方向。瞬时速度的大小称为速率，速率是个标量。

这里要注意，物理学中如没有特殊说明，所称的速度一般是指瞬时速度。同时要注意生活中所说的"平均速度"和这里所说的平均速度也有所不同。生产生活中所说的"平均速度"一般是指质点运动路程与所用时间的比值，是不能等同于这里质点位移与时间比值计算出的平均速度的。

（3）加速度

质点运动并不一定是一成不变的，运动过程中不同的时间点可能具有不同的瞬时速度，瞬时速度是在不断变化的。为了描述质点瞬时速度变化的快慢，物理学中引入了加速度的概念：质点速度的改变量与发生这个改变所用时间的比值，叫作质点的加速度。据此定义，如果质点在 $t + \Delta t$ 时间内，速度的改变量为 Δv，则 $\Delta v / \Delta t$ 称为质点在这段时间内的平均加速度，当 Δt 趋近于零时，这个比值的极限称为质点在 t 时刻的瞬时加速度，简称加速度。加速度用 a 来表示，它也是个矢量，其方向就是质点速度改变的方向，它的单位是 m/s^2（读作"米每二次方秒"）。以后我们所说的加速度一般指瞬时加速度。

要注意，加速度与速度的大小没有直接关系，它表示的是质点速度变化的快慢，质点速度很慢的时候，加速度可以很大，速度很快，它的加速度反而可能很小。

思考与讨论

1. 兔子在通常情况下比乌龟跑得快，但在"龟兔赛跑"的故事中兔子却输了，到底它们谁运动的快？怎样解释？

2. 炮弹以 800 m/s 的速度从炮口射出,在空中以 785 m/s 的速度飞行,最后以 780 m/s 的速度击中目标。这里的速度是指平均速度还是瞬时速度?

3. 下面这几种说法对吗? 物体的加速度不为零时,其速度可能为零;物体的速度变化越快,它的加速度越大;物体的速度越大,它的加速度越大?

二、力

自然界中的物体不是孤立存在的,物体之间会互相作用,互相影响。正是由于物体之间存在各种各样的相互作用,自然界中的物体才不是一成不变的,而是在不断地改变形态和运动状态。物理学中把这种相互作用叫作力。

(一) 力的概念与描述

1. 力的概念

力是物体之间的相互作用。力一般用符号 F 表示,它的单位是牛顿,简称牛,用符号 N 表示。

2. 力的四个特性

力的产生离不开至少两个物体的存在:一个物体施加了力,一个物体受到了相应的力的作用,即施力物体和受力物体。没有施力物体和受力物体的力是不存在的,施力物体和受力物体是力的物质基础,这是力的物质性;物体之间的影响是相互的,力的作用也是相互的,施力物体同时也是受力物体,受力物体同时也是施力物体,这是力的相互性;力既有大小,又有方向,是个矢量,这是力的矢量性;一个力作用于物体产生的效果,与这个物体是否受到其他力的作用无关,这是力的独立性。

3. 力的描述

力是个矢量,它具有大小、方向和作用点三个要素。我们一般用一根带箭头的线段来表示力。线段的长度按照比例表示力的大小,箭头的指向表示力的方向,线段的尾端或箭头的位置表示力作用的位置即作用点。这种力的表示方法叫作力的图示。

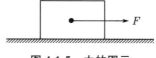

图 4-1-5　力的图示

4. 力的作用效果

物体相互作用效果一般有两种,一种是使物体变形,如用手发力揉捏橡皮泥、拉伸或压缩弹簧;另一种是使物体运动状态发生变化,如用力推使车子从静止变为运动,或者改变车子的运动快慢和方向。也就是说力的作用效果有两种:改变物体的状态使其发生形变,或者改变物体的运动状态。

（二）力的种类

物理学中，力分为接触力和场力两大类，接触力发生在相互接触的物体之间，如弹力、摩擦力；场力的特点是互相作用的物体不一定接触，如万有引力、电荷之间的作用力、磁体之间的作用力。按照力的性质划分，常见的有重力、弹力和摩擦力。生产生活中常说的拉力、压力、支持力、动力、阻力、升力、浮力等等，则是根据力的作用效果命名的。性质不同的力，可以产生相同的效果，性质相同的力，也可以产生不用的效果。

1. 重力

地球表面附近的一切物体都要受到地球的吸引，由于地球的吸引而使物体受到的力叫作重力。重力用 G 表示，它与物体的质量 m 的关系是

$$G = mg$$

式中 $g = 9.8\,\text{N/kg}$，是个常数。物体受到重力的大小可以用测力计测出，重力的方向总是竖直向下的。重力是场力，是万有引力的表现形式。

物体受到的重力，实际上是其各部分均匀受到的重力的总和，从效果上看，我们可以认为物体各部分受到的重力都集中于一个点上，这个点叫作物体的重心。质量分布均匀的物体，重心的位置只跟物体的形状有关。形状规则的重心就在其几何中心上，如图 4-1-6。形状不规则的物体和质量分布不均匀的物体，重心随物体形状和质量分布的不同而异，重心有可能在物体上，也有可能在物体外，如圆环的重心。不规则薄板的重心可以通过二次悬挂法求得，如图 4-1-7。

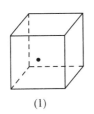 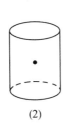  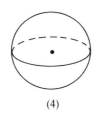

(1)　　　　　(2)　　　　　(3)　　　　　(4)

图 4-1-6　质量均匀的规则物体重心位置在其几何重心

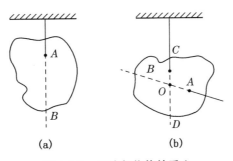

(a)　　　　　　　　(b)

图 4-1-7　不均匀物体的重心

2. 弹力

力的作用可以使物体发生形状或体积的改变,如弹簧被拉长、汽车轮胎被压扁等,这种变化叫作形变。物体发生的形变,在一定的限度内,如果撤去外力作用后可以恢复原状,这种形变叫作弹性形变,这个限度叫作弹性限度。物体的形变量如果超出了弹性限度,那么即使外力撤去物体的形变也不能完全恢复原状,这种形变叫作塑性形变。

物体形变的大小跟物体本身的弹性限度和受到的力的大小相关。有些形变特别明显很容易被观察到,如树枝被风吹弯、气球充气膨胀、弹簧被压缩等,而有些形变特别微小,甚至肉眼观察不到变形,如桌子上放着一个玻璃杯,我们用肉眼虽然看不到任何形状的改变,但实际上,桌子和玻璃杯都发生了极其微小的形变。

发生弹性形变的物体,由于要恢复原状,对与它接触的物体会产生力的作用,这种力叫作弹力。

弹力的方向与形变的方向相反,弹力的大小与物体的材料和发生形变的大小有关系。形变越大,弹力就越大,形变消失,弹力就消失了。弹力与形变的定量关系比较复杂,一般不好确定,但是对于弹簧之类形变量较为明显(在弹性限度内)的物体,弹力的大小与形变量的定性关系可以通过实验确定。即弹簧发生弹性形变时,弹力 F 的大小跟弹簧伸长(或缩短)的长度 x 成正比。上述规律可以用公式表示为

$$F = kx$$

式中,k 为弹簧的劲度系数,单位是牛/米(N/m)。不同弹簧的劲度系数一般不相同。这个规律是英国物理学家胡克在 1660 年发现的,称为胡克定律。

微小形变产生的弹力也非常常见,如我们平常所说的压力、支持力、绳子的弹力等。上面例子中玻璃杯对桌面的压力和桌面对玻璃杯的支持力,就是这种微小形变产生的弹力的效果,压力和支持力方向垂直于接触面指向受力物体;拉力的方向指向绳子收缩的方向。

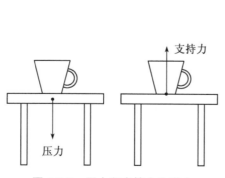

图 4-1-8 压力和支持力为弹力

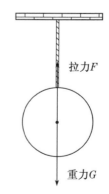

图 4-1-9 绳子的拉力为弹力

3. 摩擦力

摩擦力是一种常见的力。当两个相互接触的物体发生相对运动,或者具有相对运动的趋势时,就会在它们的接触面上产生阻碍它们相对运动或者相对运动趋势的力,这种力叫作摩擦力。摩擦力分为静摩擦力、滑动摩擦力和滚动摩擦力,摩擦力的方向与引起接触

面相对运动或相对运动趋势的力的方向相反。

（1）静摩擦力

两个物体互相接触，当接触面存在相对运动趋势但又没有发生相对运动时，接触面上会产生一种阻碍相对运动的力，叫作静摩擦力。如图 4-1-10 所示，由于箱子太重，工人用力推箱子，箱子有了相对地面运动的趋势，但却没有动，说明箱子受到另外一个阻碍它运动的力，这个阻力就是静摩擦力。

在图 4-1-10 的例子中，如果工人放弃推箱子，则箱子受到的静摩擦力消失变为 0；如果工人增大推力，则在箱子滑动之前静摩擦力仍然存在，并随着推力的变化而变化，当推力增大到一定值时箱子开始滑动。这表明静摩擦力存在一个最大值，即最大静摩擦力 F_{max}。推力大于 F_{max}，静摩擦力消失，物体开始滑动。

图 4-1-10　静摩擦力

静摩擦力的方向总是与接触面相切指向跟物体运动趋势相反的方向，静摩擦力的大小会随着相对运动趋势的变化而变化，在 0 和 F_{max} 之间变化。

（2）滑动摩擦力

当一个物体在另一个物体的表面上滑动时，其受到另一个物体阻碍它滑动的力，这种力叫作滑动摩擦力。

滑动摩擦力的大小跟两物体间的压力有关。大量实验表明：两个物体间滑动摩擦力的大小跟这两个物体表面间压力的大小成正比。用 F_f 表示滑动摩擦力，用 F_N 表示正压力，两者之间的关系是

$$F_f = \mu F_N$$

式中，μ 是比例常数，叫动摩擦因数，它的大小跟相互接触的两个物体的材料及接触面的光滑程度有关。

表 4-1-2　常见不同材料间的动摩擦因数

材料	动摩擦因数
钢—钢	0.25
木—木	0.30
木—金属	0.20
皮革—铸铁	0.28
钢—冰	0.02
木—冰	0.03
橡皮轮胎—路面（干）	0.71

（3）滚动摩擦力

滚动摩擦力是一个物体在另一个物体表面滚动时产生的摩擦力。当压力相同时，滚动摩擦比滑动摩擦要小得多。生活中常用滚动摩擦力这个特性来减小接触面之间的摩擦

力,如滚动轴承的运用、轮子的运用等。

摩擦力在日常生活中随处可见。有时候我们会想方设法减小摩擦力,如使接触面更光滑以降低动摩擦系数,用滚动摩擦代替滑动摩擦;有时候我们却又离不开摩擦力,想方设法增大摩擦力,如轮胎上和鞋底的花纹。我们的生活是离不开摩擦力的,离开摩擦力我们就无法生活。

(三) 力的合成与分解

现实生活中,我们经常需要分析物体受到的力和力的作用效果,一个物体通常会受到多个力的作用,我们常常可以找出一个这样的力,这个力的作用效果与原来几个力的作用效果相同,我们把这个力叫作合力,原来的几个力叫作分力。

1. 力的分析

力的分析指把指定物体(研究对象)在特定物理情景中所受的所有外力找出来,并画出受力图,这就是受力分析。

受力分析一般按照力的性质顺序进行:先分析场力(重力、电场力、磁场力),再分析接触力(弹力、摩擦力)。

受力分析的基本方法是隔离法,一般的步骤是:选取研究对象—隔离研究对象—顺序分析受力—分析判断结果合理性。

选取研究对象时要按照简单方便的原则,可以将单独一个物体作为研究对象,也可将一个组合系统作为研究对象;隔离研究对象是指要将研究对象从周围物体中分离出来,单独分析它受到的力而不考虑它对其他物体施加的力;按照重力、弹力、摩擦力的顺序分析所有性质的力,并画出受力图;根据力的平衡和研究对象的运动状态,检查受力分析是否合理。

2. 力的合成

已知分力求合力,叫作力的合成。力的合成分以下两种情况。

(1) 一条直线上的力的合成

分力的方向在一条直线上,如果分力 F_1 与分力 F_2 方向相同,则合力 F 等于两个分力大小之和,即 $F=F_1+F_2$,合力的方向与分力方向相同;如果 F_1 与分力 F_2 方向相反,则合力 F 等于连个分力大小之差,即 $F=F_1-F_2$,合力的方向与较大的分力方向相同。如图4-1-11 所示。

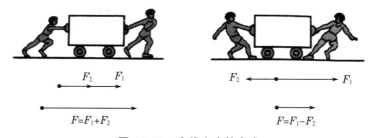

图 4-1-11　直线上力的合成

（2）互成角度的力的合成

当两个力不在一条直线上，而是互成一定角度的时候，可以使用平行四边形法则求合力，即互成角度的两个力的合力，可以用表示这两个力的有向线段为邻边的平行四边形的对角线来表示，对角线的长度表示合力的大小，对角线的方向表示合力的方向。

注意平行四边形法则适用于共点力的合成，即分力的作用点相同或者分力的延长线交于一个点。如果有两个以上的分力，也可以使用平行四边形法则求出任意两个力的合力，再求这个合力跟第三个分力的合力，以此类推，直到将所有分力全部合成进去得到最后的合力。

实际运用中，还可以将平行四边形法则简化为三角形法则，如图 4-1-12 所示，他们也是一切矢量合成的法则。

图 4-1-12　力的合成——平行四边形法则和三角形法则

3. 力的分解

已知合力求分力，叫作力的分解。力的分解是力的合成的逆运算，仍然遵循平行四边形法则。把一个已知力 F 作为平行四边形的对角线，那么与力 F 共点的平行四边形的两个邻边，就表示力 F 的分力。

根据平面几何学有关知识我们知道，如果没有其他条件限制，只给出一条对角线可以做出无数个平行四边形，如图 4-1-13 所示。当合力 F 大小和方向确定不变时，分力之间夹角越大，分力越大，夹角越小分力越小，即分力随着他们之间夹角的变化而变化。也就是说理论上同一个力可以分解为无数对大小、方向不同的力。

那么，一个已知的力要如何去分解呢？一般我们要根据合力产生的实际作用效果来确定分力的方向，方向确定后再运用平行四边形法则求出分力的大小。在图 4-1-14 的 2 种情况下，物体受到的重力 G 根据其放置方式的不同，对与其接触的物体产生了不同的作用效果，我们根据这种作用效果确定 G 的分力 G_1，G_2 的方向后再用平行四边形法则求解。例 A 中重力产生了垂直于斜面向下的压力和沿斜面向下滑动的力，例 B 中重力对两根绳子产生了沿绳子方向的拉力。

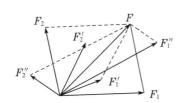

图 4-1-13　力的分解——平行四边形法则
　　　　　　和三角形法则

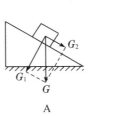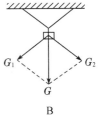

图 4-1-14　重力和的分解

如果物体同时受到多个力的作用,为了研究方便,我们还可以采用正交分解法来处理。正交分解法即把力沿着两个互相垂直的方向分解的方法,正交分解的目的是为了方便地计算多个力的合力。一般我们要先建立一个正交坐标系,然后将每个力分解到正交坐标系的 X 轴和 Y 轴,分别计算出 X 轴和 Y 轴上的分力之和后,即可算出多个力的合力。如图 4-1-15 所示。

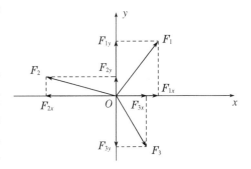

图 4-1-15　力的正交分解

三、牛顿运动定律

前面学习了物体的运动和怎样描述物体的运动,那么物体为什么会运动呢? 我们知道力的作用效果之一就是改变物体的运动状态,运动和力之间是有关系的。物理学中,研究运动和力的关系的理论,称作动力学。动力学的理论基础是英国物理学家和数学家牛顿揭示的牛顿运动三定律。

(一) 牛顿第一定律

17 世纪以前,人们根据经验普遍认为:力是维持运动的原因,要使一个物体运动,必须推或者拉它,当不推或不拉它的时候,运动就会停止。公元前 4 世纪,古希腊哲学家亚里士多德曾根据这一经验做出论断:必须有力作用在物体上,物体才能运动,没有力的作用,物体就保持静止。亚里士多德的观点符合人的直觉和常识,以致在此后的两千年里一直被奉为经典。

直到 17 世纪初,意大利物理学家伽利略注意到,当一个球沿斜面向下滚动时它的速度增大,而向上滚动时速度减小。他由此猜想,如果球在平面上滚动,它的速度应该不增不减。通过研究他发现,实际上球在平面上滚动时,它的速度也会越来越慢,最后停下来。根据实验结果伽利略指出:在水平面上运动的物体之所以会停下来,是因为受到摩擦阻力的缘故。如果没有摩擦,物体将保持原有的速度永远运动下去。

和伽利略同时代的法国科学家笛卡尔进一步补充和完善了伽利略的论点。他认为:如果没有其他原因,运动的物体将继续以同一速度沿着一条直线运动,既不会停下来,也不会偏离原来的方向。

英国物理学家牛顿在伽利略等人研究的基础上,根据自己的进一步研究得出如下结论:一切物体总保持匀速直线运动或者静止状态,直到有外力迫使它改变这种状态为止。这就是牛顿第一定律。牛顿第一定律指出,力不是维持物体运动的原因,而是改变物体运动状态的原因。

牛顿第一定律表明,一切物体都具有保持匀速直线运动状态或静止状态的性质,这种性质叫作惯性。因此,牛顿第一定律又叫惯性定律。物体受到外力作用时,其惯性的大小就表现为物体运动状态改变的难易程度。观察和实验表明,物体的质量是惯性大小的唯一度量,质量大的物体惯性大,质量小的物体惯性小。

惯性现象在生活中非常普遍,随处可见。如停止踩踏后继续前进的自行车,脱手后仍然飞行的飞镖,紧急刹车时人们会向前倾,走路时脚被绊倒会摔倒等。人们也会利用物体的惯性,如把锤柄在固定的物体上撞几下就可使松动的锤头牢牢地套在锤柄上,用铁锹往锅炉里投煤,用"拍打法"除去衣服上的灰尘,行驶中的汽车要保持一定安全距离,等等。

图 4-1-16　生活中的惯性

(二) 牛顿第二定律

牛顿第一定律告诉我们,如果物体不受外力,它将保持原来的运动状态。由此可知,如果物体受到外力作用,物体的运动状态必将改变。例如,列车出站时在机车牵引力作用下由静止开始运动,速度不断增大,进站时在刹车阻力的作用下速度不断减小,最终停下来;推出去的铅球、发射出去的炮弹由于受到重力的作用,速度的大小和方向不断发生改变,做曲线运动。可见,物体运动状态的改变,是由于受到了力的作用,力是改变物体运动状态的原因。物体运动状态的改变即物体具有了一定的加速度,所以,也可以说力是产生加速度的原因。

由牛顿第一定律可知,要改变物体的运动状态,就要克服物体的惯性。根据经验我们知道,施加同样的力,惯性大的物体运动状态改变慢,具有较小的加速度;惯性小的物体运动状态改变快,具有较大的加速度。而物体的质量是惯性大小的唯一度量。因此,施加同样的力,质量大的物体加速度小,质量小的物体加速度大。在质量固定的情况下,物体的加速度与它所受的力和本身的质量有关系。

通过大量实验研究表明:物体的加速度与其所受的外力成正比,与物体的质量成反比,加速度的方向与外力的方向相同。这就是牛顿第二定律。

$$F_合 = ma$$

式中,$F_合$ 为物体受到所有力的合力,a 为合力作用下产生的加速度,其方向跟合力的方向一致。

牛顿第二定律说明力的瞬时作用效果能产生加速度,物体的加速度跟所受的合外力是同时产生、同时消失、同时变化的,此式可以用来解决物体在某一时刻或某一位置的合力和加速度的关系。牛顿第二定律应用非常广泛。当我们要迅速改变物体的运动状态时,就应该尽可能地减小物体的质量或增大对物体的作用力。如战斗机因为要进行空中格斗必须动作灵活,质量就比运输机、轰炸机小得多,而且战斗之前还要抛掉副油箱进一步降低质量;当我们要求物体的运动状态不易改变时,就应该增大物体的质量,如工厂里的机床一般都固定在质量很大的基座上以增加整体质量,减小因受到外力而发生移动或震动。

(三)牛顿第三定律

我们知道力是物体与物体之间的相互作用,离不开施力物体与受力物体。相互作用即施力物体在影响受力物体的同时,也会受到受力物体对施力物体的影响,施力与受力是相对的。

例如,当用手提水时,手作为施力物体给桶一个向上的拉力,同时手也作为受力物体受到桶给手的一个向下的拉力;溜冰场上甲用力推乙,乙虽然没有用力,但甲仍然会被推离乙。两个物体之间相互作用的这一对力,分别叫作作用力和反作用力。我们可以把其中的任何一个力叫作作用力,而另一个就叫作反作用力。

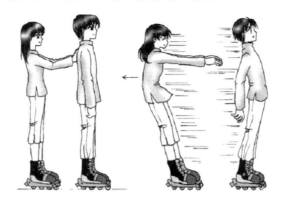

图 4-1-17　作用力与反作用力的效果

在大量实验的基础上,我们可以得出物体之间的相互作用力有如下关系:两个物体之间的作用力 F 和反作用力 F' 总是作用在同一直线上,大小相等,方向相反。这就是牛顿第三定律。用式子表达为

$$F = -F'$$

式中的负号表示它们的方向相反。

牛顿第三定律在生活中的应用也非常广泛。如人能向前走路,是因为人走路时脚向后蹬给了地面一个向后的力,地面同时给人一个向前的力;划船能前进是因为划桨向后给水一个推力,水就向前推桨而使船前进。

牛顿第三定律对我们分析物体的受力非常重要,在理解的时候要注意以下几点:

1. 作用力和反作用力互为存在的条件,它们总是成对出现,同时产生、同时变化、同时消失。

2. 作用力和反作用力不能互相抵消,因为它们的作用对象不同。

3. 作用力和反作用力的性质始终相同。如果作用力是万有引力、弹力或摩擦力,那么反作用力一定也是万有引力、弹力或摩擦力。

拓展阅读

从牛顿定律到爱因斯坦相对论

有一些物理概念是很平凡的,但平凡的概念却往往不是简单的。比如,"今天早上八点钟我在家里开始看书",这是一句很普通的话。然而,其中已经涉及两个最基本的概念。"今天早上八点钟",表示时间;"在家里",是地点,也就是空间位置。时间和空间可以说是最常用、最平凡的概念了。可是,若问究竟什么是时间,什么是空间?却又不容易找到恰当的答案。是的,这是两个很难回答的问题。尽管有不少人都曾给时空下过这样或那样的定义。不过,很少是能令人十分满意的。

在讨论物理学问题的时候,有时正确的方法并不是从概念的"严格"定义出发,而是从分析各种概念之间的具体关系入手。因此,对于时间和空间这两个基本概念,重要的问题并不在于它们"纯粹"的定义,而是它们之间的关系,以及它们与物质运动的种种联系。还是用上面那句话为例,"早上八点"这个时间是以你手上的表或家里的钟作为标准的。更准确地说,是采用北京时间。显然,这个表述是相对的,即如果采用东京时间,它就是九点,而不是八点。这就是时间表述上的一种相对性,也是时间的一种属性。

如果有另外一个人,他说:"哈! 我今天也是从早上八点钟开始看书的",我们立即得到一个结论——这两个人是同时,即同在北京时间八点钟开始读书的。按照"常识",我们一定会认为,"同时"这个性质是绝对的,而不是相对的。也就是说,如果有两件事,按照一种钟(例如,北京时间)来计时,它们是同时发生的,那么,按照其他任何钟来计时,它们也必定是同时发生的。其实,这个习惯性的论断并不是完全正确的。上述两个人,同时开始看书这一点尽管按照北京时间或者东京时间来说都是正确的,然而,对一个正在高速飞行的观察者来说,当他用他的钟来计时,却会发现,这两个人并不是"同时"开始看书的。同时性并不是绝对的,它也是相对的:对一个观察者来说是同时的两件事,对另一个观察者来说却可以是不同时的。这个"违背"习惯的结论就是爱因斯坦的相对论时空观与伽利略、牛顿的经典力学时空观的一个重要区别。

第二节 运动与能量

学习目标

1. 了解生活中常见的直线运动和曲线运动现象。
2. 掌握匀速直线运动、平抛运动、匀速圆周运动等常见运动的规律。
3. 能够使用常见的运动规律分析解释日常生活中的运动现象。

4. 理解功的概念,掌握动能及动能定理的使用。

5. 理解重力势能和弹性势能的含义,能够使用机械能守恒定律分析问题。

自然界中物体的运动千变万化,常见的运动形式也很多,能否根据运动的特征对它们进行简单的分类?生活中我们上坡困难时为什么要助跑?过山车到达环形轨道最高点人们头朝下为什么不会掉下来?隔着墙的两个人为什么能听到彼此的说话声?这些都是由不同运动形式的规律决定的,本节内容就带大家来探讨这些问题的物理规律。

一、常见的运动

第一节中我们学习了描述运动的一些物理量,如位移、路程、速度、速率、加速度等。现实中物体做机械运动的情况是非常复杂的,按照运动路线的曲直可分为直线运动和曲线运动;按照运动速度的变化,可分为匀速运动和变速运动。

(一)直线运动

在直线运动中,按照速度是否变化,又分为匀速直线运动和变速直线运动。

1. 匀速直线运动

物体做直线运动时,有的运动情况比较复杂,有的比较简单,其中最简单的运动就是匀速直线运动。物体在一条直线上运动,如果在相等的时间内通过的位移都相等,这种运动就叫作匀速直线运动,简称匀速运动。

匀速直线运动是最简单的机械运动,其速度是恒定的,且一段位移中的平均速度和瞬时速度是相等的。运动过程中的加速度为 0。根据牛顿第二定律可以知道,此时物体受到的合外力为零。

匀速直线运动中,物体的位移、速度和时间的关系为

$$S = vt$$

2. 变速直线运动

实际上,我们所看到的物体的直线运动状态,大部分不是匀速直线运动,运动的过程中有时快、有时慢,做的是变速直线运动。物体在一条直线上运动,如果在相等的时间里位移不等,这种运动就叫作变速直线运动。

变速直线运动中,物体的瞬时速度在不断变化,瞬时速度和平均速度一般是不同的。运动过程中具有加速度 a,根据牛顿第二定律,物体一定受到了不为零的合外力的作用。在变速直线运动中,如果 a 为一个恒定的值,即物体在相等的时间里速度的改变是相等的,这种特殊的变速直线运动就叫作匀变速直线运动。

我们用 v_0 表示物体起始时刻的速度(初速度),用 v_t 表示经过时间 t 后的速度(末速度),在实际中,如果 v_t 大于 v_0,说明物体在加速,做匀加速直线运动,此时 a 大于零;如果 v_t 小于 v_0,说明物体在减速,做匀减速直线运动,此时 a 小于零。根据加速度的定义:

$$a = \frac{\Delta v}{\Delta t} = \frac{(v_t - v_0)}{t}$$

我们可以得到匀变速直线运动的速度公式:

$$v_t = v_0 + at$$

由于匀变速直线运动的速度是均匀改变的,因此物体的平均速度就等于它的初速度和末速度的平均值,同时根据平均速度的定义,我们得到:

$$\bar{v} = \frac{v_t + v_0}{2} = \frac{S}{t}$$

据此,可以得到匀速直线运动中,物体的位移、速速、加速度和时间的关系:

$$S = v_0 t + \frac{1}{2}at^2$$

上面几个式子,运用代数方法消去时间 t,就可以得到匀变速直线运动的速度位移公式:

$$v_t^2 - v_0^2 = 2aS$$

3. 直线运动的图像

用图像表达物理规律,具有直观形象的特点。在运动过程中,由于位移、速度都是时间的函数,因此可以用 $S\text{-}t$ 图像和 $v\text{-}t$ 图像来描述物体的运动规律。

图 4-2-1 所示为物体运动的 $S\text{-}t$ 图像。一条倾斜的直线②表示了物体匀速运动的状态,直线的斜率表示物体运动速度的大小,$v = \tan\alpha$,斜率越大,速度越大;如果是曲线,如线③,表示物体不是匀速运动状态而是存在一定的加速度;如果是平行于 t 轴的直线,如线①,表示物体处于静止状态。

图 4-2-2 所示为物体运动的 $v\text{-}t$ 图像。根据匀变速直线运动的速度公式 $v_t = v_0 + at$ 作图,得到匀变速运动的 $v\text{-}t$ 图像,如线②。图中纵轴速度轴上的截距表示物体的初速度 v_0,直线斜率的大小表示物体加速度的大小,$a = \tan\theta$,斜率越大,物体运动的加速度就越大。图中线①表示匀速运动,线②表示匀加速运动,线③表示变速运动。物体运动 $v\text{-}t$ 图中,速度曲线与 t 轴所围部分的面积,就表示物体在时间 t 内所经过的位移,t 轴上面的面积表示正位移,下面的面积表示负位移。

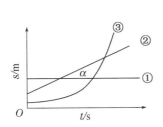

图 4-2-1　物体运动的 $S\text{-}t$ 图

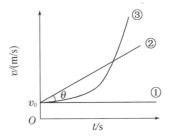

图 4-2-2　物体运动的 $v\text{-}t$ 图

4. 自由落体运动

自由落体运动是指物体只在重力作用下由静止开始下落的运动。实际生活中,物体下落的过程中还会受到空气阻力,因此,自由落体运动是一种理想化的运动模型。当空气阻力相对于重力很小的情况下,可以忽略空气阻力而将落体看成是自由落体。

根据牛顿第二定律,自由落体运动的物体受到的合外力就是重力,即

$$F_{合} = mg = ma$$

因此,自由落体运动的本质就是初速度为零、加速度为 g 的匀加速直线运动,g 叫作重力加速度。在地球上不同地点一般 g 值是不同的,不过相差不大。一般我们取 g 为 $9.8\ \mathrm{m/s^2}$。根据匀变速直线运动的规律,我们可以得到自由落体运动的几个规律。

速度方程: $$v_t = gt$$

位移(通常为高度)方程: $$h = \frac{1}{2}gt^2$$

速度位移方程: $$v_t^2 = 2gh$$

思考与讨论

飘落的羽毛是不是自由落体运动?是不是物体越重,它做自由落体运动的速度就越快?初速度不为零的落体其运动规律是怎样的?

拓展阅读

比萨斜塔实验和牛顿管实验

古希腊的学者们认为,物体下落的快慢是由它们的重量决定的,物体越重,下落得越快。生活在公元前 4 世纪的古希腊哲学家亚里士多德最早阐述了这种观点,他认为物体下落的快慢与它们重量成正比。亚里士多德的论断影响深远,在其后近 2000 年的时间里,人们一直信奉他的学说,从来没有怀疑过。直到 1590 年,伽利略在比萨斜塔上做了"两个铁球同时落地"的实验,得出了重量不同的两个铁球同时下落的结论,从此推翻了亚里士多德"物体下落速度和重量成比例"的学说,纠正了这个持续了 1900 多年之久的错误结论[①],提出了自由落体定律:如果不计空气阻力,轻重物体的自由下落速度是相同的,即重力加速度的大小都是相同的。

实际上这种情况是不太可能存在的,不同重量的物体只有在真空条件下才可能同时落地。当美国宇航员大卫·斯科特登月后尝试于同一高度同时扔下一根羽毛和一把铁榔头,并发现它们同时落地,这才证明了自由落体定律的正确性。即使伽利略真的做过这个实验,那也是局限于当时的科技程度才"看上去"同时落地的。我们在实验室中经常用牛顿管实验来模拟这种不存在阻力的情况,即先观察抽成真空的"钱毛管"中

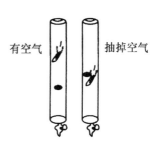

有空气　　抽掉空气

图 4-2-3　牛顿管实验

的金属片、小羽毛、小软木塞在没有空气阻力时,下落加速度都相同。接着打开"钱毛管"上的开关,让空气进入"钱毛管"里,再把"钱毛管"倒立起来,这时可以看到这些物体下落的快慢是不同的,前后两次实验的对比分析,突出了阻力对下落快慢的影响,形成了"重力加速度与质量无关"的正确概念。

---

① 潘秀英.自然奥秘:深入解读大自然[M].合肥:安徽美术出版社,2014.

如果物体的初速度不为零,具有竖直向上的初速度 v_0,在忽略空气阻力的情况下,物体只在重力作用下所做的运动叫作竖直上抛运动。竖直上抛运动的实质是加速度恒为 g 的匀变速运动,一般规定初速度 v_0 的方向为正方向,则加速度的方向就为负方向,我们套用匀变速直线运动公式可以得到竖直上抛运动的运动学公式:

速度公式 $$v_t = v_0 - gt$$

位移公式 $$S = v_0 t - \frac{1}{2} gt^2$$

速度位移关系公式 $$v_t^2 - v_0^2 = -2aS$$

在这些公式中,必须注意,方向向上的 v_0 决定了坐标系的正方向。因此,当 $v_t > 0$ 时,物体处于上升阶段,$v_t < 0$ 时,物体处于下降阶段;$S > 0$ 时,物体在抛出点上方,$S < 0$ 时,物体在抛出点下方。

我们在分析竖直上抛运动时,还可以将全程分为两个阶段,即上升过程的匀减速阶段和下落过程的自由落体阶段。

(二)曲线运动

直线运动是简化的、理想的运动形态,自然界中较为常见的是曲线运动。例如,投出去的篮球在空中的运动、汽车转弯时的运动、人造地球卫星的运动等。通过观察可以发现,物体做曲线运动时,无论速度的大小怎样,速度的方向是在时刻变化着的。根据牛顿第二运动定律,要改变速度也就是改变物体的运动状态,物体必然受到了不为零的合外力的作用,并且这个力的方向和速度的方向是不在同一直线上的,这时候物体必然做曲线运动。

曲线运动一般比较复杂,我们知道位移、速度和加速度都是矢量,因此研究曲线运动的速度时,我们根据矢量的运算法则,一般将较为复杂的曲线运动看作是由两个或两个以上较为简单的运动组成,将那两个或两个以上较为简单的运动称为复杂运动的分运动。已知分运动求合运动就叫作运动的合成,已知合运动求分运动叫作运动的分解。运动的合成与分解遵循矢量合成与矢量分解的平行四边形法则。

图 4-2-4 曲线运动

1. 平抛运动

平抛运动是指将物体以一定的初速度沿水平方向抛出,在忽略空气阻力的情况下,物体只在重力作用下所做的运动。例如,水平管中喷出的水流、水平投掷抛出的小石子、水平射出的子弹、水平桌面上被击打落地的小球等,都可以看作平抛运动。

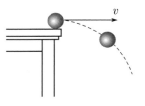

图 4-2-5　平抛运动

平抛运动可以看作是两个简单的直线运动组成的,可以对其进行运动的分解。做平抛运动的物体只受到重力的作用,并且重力的方向与初速度的方向不在一条直线上,我们可以将平抛运动分解为水平方向和竖直方向上的两个运动:水平方向上(也就是初速度方向)物体没有受到力的作用,只是由于惯性而以被抛出时的速度做匀速直线运动,竖直方向上物体只受到重力的作用,并且初速度为零,做的是自由落体运动。

我们以物体被抛出的位置为原点,以水平方向为 X 轴,竖直方向为 Y 轴建立平面直角坐标系来研究平抛运动的规律。要研究物体的运动状态,就要掌握任意时刻物体的位置和速度,因此我们就从位移和速度两个角度来研究平抛运动。

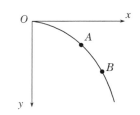

图 4-2-6　建立平面直角坐标系研究平抛运动

在水平方向上,物体做的是速度为 v_0 的匀速直线运动,在竖直方向上,物体做自由落体运动。我们用 v_x 和 v_y 表示物体在 X 轴和 Y 轴的分速度,根据匀速直线运动和自由落体运动规律,则经过时间 t 后,分速度计算公式为

$$\begin{cases} v_x = v_0 \\ v_y = gt \end{cases}$$

经过时间 t 后,物体在 X 和 Y 轴上的位移为

$$\begin{cases} x = v_0 t \\ y = \dfrac{1}{2} g t^2 \end{cases}$$

 思考与讨论

初速度和加速度方向垂直的运动是平抛运动,如果初速度和加速度方向不垂直,这样的运动叫作什么运动?

2. 斜抛运动

物体以一定的初速度斜向射出去,在空气阻力可以忽略的情况下,物体所做的这类运动叫作斜抛运动。因为物体只受到重力作用,加速度恒定,因此物体斜抛运动也是匀变速曲线运动,它的运动轨迹是抛物线。斜抛运动分为斜上抛运动和斜下抛运动,如果不指明,我们默认的斜抛运动都指的是斜上抛运动。

斜抛运动一般涉及射程、射高、射时三大常量。射程指物体从被抛出的地点到落地地点之间的水平距离,射高指物体被抛出后达到的最大高度,射时是指物体从被抛出到落地所用的时间。我们仍然建立类似研究平抛运动时的平面直角坐标系,则斜抛运动可以分解为水平方向上做匀速直线运动,竖直方向上做竖直上抛运动。在图 4-2-8 中,物体以初速度 v_0、水平方向与 x 轴正向的夹角是 θ,根据运动的分解规律,水平方向的速度和位移为

$$v_{0x}=v_0\cos\theta, x=v_0 t\cos\theta$$

竖直方向的速度为

图 4-2-7 上抛运动实例

$$v_{0y}=v_0\sin\theta-\frac{1}{2}gt^2$$

在斜抛运动中,物体从抛出到落地所用的时间(飞行时间)T 叫作射时,从被抛出的地点到落地点的水平距离 X 叫作射程,物体达到的最大高度 Y 叫作射高。射时、射高、射程是研究斜抛运动的三大常量。

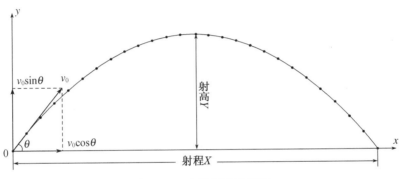

图 4-2-8 上抛运动示意图

射时是物体达到射高所用时间的 2 倍,物体达到射高时竖直方向速度为零。据此可以得到三大常量的计算式为

$$T=\frac{2v_0\sin\theta}{g}$$

$$X=v_x T=\frac{2v_0^2\sin\theta\cos\theta}{g}=\frac{v_0^2\sin 2\theta}{g}$$

$$Y=v_y t-\frac{1}{2}gt^2=\frac{v_0^2\sin^2\theta}{2g}$$

从公式中可以看出,同样的初速度下,不同的抛射角度会产生不同的射时、射程和射高,通过计算可知,斜抛运动在抛射角度为 45 度时射程最远,射高最大,如图 4-2-9 所示。实际应用平抛运动的过程中,由于空气阻力的存在,斜抛运动的轨迹并不是完美对称的抛物线,而是被称为弹道曲线,如图 4-2-10 所示大炮的弹道曲线。

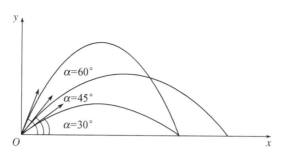

图 4-2-9　不同抛射角抛体运动的射高与射程

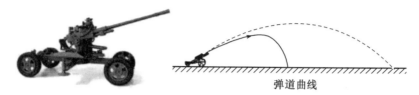

弹道曲线

图 4-2-10　抛物线与弹道曲线

3. 圆周运动

圆周运动是生活中常见的一种曲线运动,如车轮上各点的运动、钟表表针上各点的运动、公路弯道上汽车的运动、公园里过山车在环形轨道上的运动、月球和人造卫星绕地球的运动等。

（1）匀速圆周运动

做圆周运动的物体,一般用其走过的弧线长度 s 与所用时间 t 的比值 $\frac{s}{t}$ 表示物体做圆周运动速度的快慢,这个比值叫作物体做圆周运动的线速度,即 $v=\frac{s}{t}$,线速度 v 越大,物体做圆周运动越快。如果物体在做圆周运动时,其在每个点的线速度 v 都相等,这样的运动叫作匀速圆周运动。圆周运动是曲线运动,物体做圆周运动时速度是不断变化的,因此它是一种变速运动,这里的"匀速"是指线速度的大小不变,即速率不变。

描述匀速圆周运动除了线速度 v 外,还有周期和频率两个物理量。周期是指做匀速圆周运动的物体运动一周所用的时间,用 T 表示,其单位与时间单位相同。周期越长,说明运动得越慢;周期越短,说明运动得越快。频率是指做匀速圆周运动的物体在 1 秒内所转的圈数,用 f 表示,单位是赫兹（Hz）。频率越高,运动越快;频率越低,运动越慢。频率和周期是互为倒数的关系,即 $T=\frac{1}{f}$。

描述匀速圆周运动物体的轨迹,常用其运动轨迹的半径 r 来表示。物体运动一周,即周期 T 内通过的弧线长度为 $2\pi r$,因此有

$$v=\frac{2\pi r}{T}=2\pi rf$$

（2）向心加速度和向心力

圆周运动是曲线运动的一种,其速度是不断变化的,具有一定的加速度。根据牛顿第

二定律可以知道,做匀速圆周运动的物体必然受到了不为零的合外力的作用。如我们在绳子一端拴上小球,抡动后可以使小球绕手做匀速圆周运动,小球之所以没有飞走,是因为受到了绳子对它的作用力,这个力总是沿着绳子的方向指向其运动轨迹的圆心,我们把物体做圆周运动时受到的指向圆心的作用力叫作向心力。

向心力使物体产生了运动状态的改变,即不断地改变物体运动的方向,并产生一定的加速度,加速度的方向与向心力的方向相同,指向圆心,这种加速度叫作向心加速度。向心加速度描述了线速度变化的快慢,它只改变物体运动的方向,不改变物体运动的速率。向心加速度与物体线速度的大小和圆周的半径有关。若半径一定,则线速度越大,线速度方向的变化越快;若线速度一定,则半径越小,线速度变化越快。大量分析表明,他们之间的关系为

$$a = \frac{v^2}{r}$$

根据牛顿第二定律,可知此时物体需要的向心力为

$$F_{向} = ma = m\frac{v^2}{r}$$

要注意,向心力不是力的性质,而是根据力的作用效果来区分的,向心力可以由摩擦力、重力等各种力来充当。

（3）离心现象与离心力

做匀速圆周运动的物体,必然受到向心力的作用。如果向心力减小或者突然消失,即$F_{向} < m\frac{v^2}{r}$时,物体必然有逐渐远离圆心的运动趋势,如突然松开手中的绳子,做圆周运动的石子必然飞出去,这种现象叫作离心现象。从现象上观察,物体好像受到了一个力的作用飞了出去,即离心力。离心力是一个虚拟的力,虽然在生活中经常提到,但实际上是不存在的,它是一种根据物体惯性产生的效果而假定出的力。

离心现象在生活中运用非常广泛,如离心式水泵的工作原理是靠水的离心运动,洗衣机脱水桶的原理是利用水的离心运动,牛奶分离器是利用不同成分所受的离心力不同,棉花糖的制作是利用糖液的离心运动等。但离心现象也会造成伤害,如公路上转弯的汽车,当转弯速度太快,轮胎与地面摩擦力不足以提供其转向所需的向心力,汽车就会做离心运动发生侧滑造成交通事故;旋转的飞轮如果速度过快,超过材料内部相互作用提供的向心力时,飞轮各部分会产生离心运动引起飞轮的破裂造成事故。因此,为确保安全,做圆周运动的物体要格外注意运动的速率,汽车转弯时要注意减速慢行,飞轮要在规定的转速内运行。

拓展阅读

行星运动与万有引力

人类对天体运行的认识,经历了从地心说到日心说的历程,最初人们认为地球是宇宙的中心,是静止不动的,太阳、月亮以及其他行星都以地球为中心,沿着最完美的轨道（圆周）在不停地运动,这种观点就是地心说。地心说的代表人物是亚里

士多德。随着天文观测技术的不断进步,地心说暴露出许多问题。到了16世纪,被波兰天文学家哥白尼提出的日心说取代。日心说认为太阳是静止不动的,处于宇宙的中心,地球和其他行星都围绕太阳公转,并且自转着。地心说、日心说都认为,天体的运动是匀速圆周运动。

德国天文学家开普勒用四年多时间研究丹麦天文学家第谷(开普勒的老师)连续20年对行星位置观测记录的数据时发现,按照行星做匀速圆周运动计算所得的数据与观测数据不符(角度相差8′)。只有认为行星做椭圆运动,才能解释这一差别。经过进一步观测和研究,他还发现了行星运动的其他规律,分别于1609年和1619年发表。后人称之为"开普勒行星运动定律",即所有行星绕太阳运动的轨道都是椭圆,太阳处在椭圆的一个焦点上;对任意一个行星来说,它与太阳的连线在相等的时间内扫过相等的面积;所有行星的轨道半长轴的三次方与公转周期的二次方的比值都相等。开普勒三定律也适用于卫星和人造地球卫星的运动。现代天文学认为:太阳不是宇宙中心,只是太阳系的中心天体;太阳周围八大行星在各自椭圆轨道上运行,太阳在椭圆的一个焦点上;行星的运动不是匀速的;各行星运行轨道和周期均不同。

开普勒行星运行三定律回答了天体怎样运动的问题。那为什么这样运动呢?

开普勒认为行星绕太阳运动,来自太阳的类似磁力的作用;笛卡尔认为行星的运动是因为其周围的物质(以太)的作用;胡克、哈雷、雷恩认为行星绕太阳运动是因为受到太阳的引力,但却无法证明引力的一般规律。最终牛顿利用开普勒在天文学方面的成果和自己在力学方面的成果,经过严密地数学推算和细致测量得出结论:自然界中任何两个物体都是相互吸引的,引力的大小跟两个物体的质量的乘积成正比,跟它们距离的二次方成反比。这就是万有引力定律:

$$F = G = \frac{m_1 m_2}{r^2}$$

万有引力定律的发现,是17世纪自然科学最伟大的成果之一。它把地面上物体运动的规律和天体运动的规律统一起来,对以后物理学和天文学的发展具有深远的影响。它第一次揭示了自然界中一种基本的相互作用的规律,是人类认识自然的历史上的一座里程碑。为人类发现未知天体、计算天体质量、发射人造卫星提供了理论基础。

(三)机械振动与机械波

我们已经知道,物体在恒力作用下将做匀变速直线运动,在大小不变、方向改变的向心力作用下将做匀速圆周运动,那么在大小和方向都变化的外力作用下,物体将做什么样的运动呢?

1.机械振动

研究我们身边常见的现象,如风中的树枝在颤动,水中的漂浮物在上下浮动,钟表上的钟摆在左右摆动,轻轻拨动一端固定的直尺会颤动,不倒翁会前后晃动等,会发现此类运动的一个共同点,即他们都是在某一固定位置附近做往复运动,这样的运动叫作机械振动,简称振动。振动是自然界中普遍存在的一种运动形式。例如,地震是我们脚下大地的剧烈振动,一切发出声音的物体都在振动。生活中遇到的振动一般比较复杂,但这些复杂的振动都是由简单的振动所组成的。

我们先来研究一种简单的情况:简谐振动。简谐振动是一种最简单、最基本的机械振动。我们以弹簧振子的运动为例。

如图 4-2-11,将一个有孔的小球穿在光滑的水平杆子上并安装在弹簧的一端,弹簧的另一端固定,小球可在水平杆上滑动,忽略小球与杆子之间的摩擦和弹簧的质量,这样一个轻质弹簧连接一个小球就构成了一个弹簧振子。

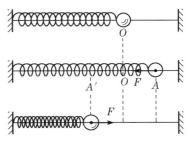

图 4-2-11 弹簧振子的简谐振动

小球静止时位于 O 点,此时小球受到的合外力为零,O 点叫作小球的平衡位置。将小球向右拉到 A 点然后放开,就可以看到小球以平衡位置 O 点为中心在杆上 A 点和 A' 点之间做往复运动。弹簧振子这时候做的就是最简单的振动——简谐振动。我们研究简谐振动来了解振动的一般特性和描述方法。

小球在做振动时,竖直方向受到了重力和杆子的支持力,它们在竖直方向上的合力为零,对运动没有影响。水平方向上只受到弹簧弹力的作用,并且弹力的方向与小球偏离平衡位置的位移的方向始终相反,总是指向平衡位置。这个力的作用总能使小球回到平衡位置,我们把这个力叫作回复力。回复力是一个根据作用效果命名的力,它可以是弹力,也可以是几个力的合力,或者是某个力的分力。在平衡位置,回复力始终为零。回复力是小球发生振动的根本原因。

为了表征振动现象,我们引入振幅、周期(T)和频率(f)几个概念。小球在振动的过程中,从平衡位置 O 点出发,到达 A 点后返回经过 O 点到达 A' 点,最后返回 O 点就完成了一次全振动。平衡位置 O 点到小球最大位移 A 或 A' 点的位移值叫作振动的振幅;做机械振动的物体完成一次全振动所使用的时间叫作振动的周期,单位是秒(s);单位时间内物体完成的全振动次数叫作振动的频率(f),单位是赫兹(Hz)。周期和频率是表征机械振动快慢的物理量,他们之间互为倒数关系,即

$$f=\frac{1}{T}, T=\frac{1}{f}$$

这里我们要了解,机械振动的频率是由振动系统本身决定的,与振动的振幅无关。也就是说每个振动系统形成后,就具有了它固有的振动频率,叫作振动系统的固有频率。

弹簧振子发生的简谐振动中,回复力是弹簧的弹力。根据胡克定律,弹簧弹力 $F=kx$,即弹力大小与物体离开振动平衡位置的距离成正比,结合牛顿第二定律 $F=ma$,可以得到简谐振动时,振子的瞬时加速度为 $a=\frac{k}{m}x$,可见,做简谐运动的物体的加速度,跟物体偏离平衡位置的位移大小成正比,方向与位移方向相反,总是指向平衡位置。

简谐振动可以用弹簧振子的 $s-t$ 图来表示。为振子装上彩笔,当振子做简谐振动时,沿垂直于振动方向匀速拉动纸袋,彩笔就会在纸上记录下简谐振动的振动曲线。如图4-2-10所示。由此实验可以看出,小球运动时的位移与时间的关系很像正弦函数的关系。大量实验和理论证明,简谐运动的振动图像就是正弦或余弦函数曲线。

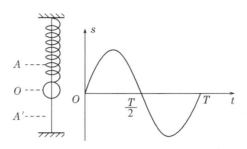

图 4-2-12　简谐振动振子运动的振动曲线

以上所讲简谐振动是在忽略摩擦力和弹簧质量等理想条件下的实验,实际上生活中遇到的各类机械振动非常复杂,通常是由许多简单的振动所组成,振动也会在外部阻力的作用下逐渐减弱直至停止。要维持系统的持续振动,就必须为振动系统补充能量,施加一个周期性的外力。振动系统在阻力作用下振动幅度逐渐减弱的振动叫作阻尼振动;在周期性外力作用下所做的振动叫作受迫振动;当驱动力的频率与系统的固有振动频率相同时,受迫振动的振幅最大,这种现象叫作共振。

2. 机械波

当我们将一粒石子投于水中,水面就会激起一圈圈起伏不平的水波向周围传播;物体振动发出的声音通过声波传到耳中,使我们能听见;远处发生的地震造成的地震波使我们感受到振动⋯⋯这些现象使我们在不断地感受到一种广泛存在的运动形式——波动。

波是怎样形成和传播的呢?

当手握绳的一端上下振动时(如图 4-2-13 所示),因为绳的各部分存在相互作用力,绳端带动相邻部分,使它也上下振动,相邻部分又带动更远的部分发生振动⋯⋯绳上各个部分很快都依次振动起来,只是距离手较远的部分总比距离手较近的部分迟一些开始振动。于是振动逐渐由近及远地传播出去,从总体上看,在绳上就形成了凸凹相间的波。这样,绳端这种上下振动的状态就沿着绳子传出去了,波传播的是振动这种运动形式。

绳波是在绳上传播的,水波是沿水面传播的,声波通常是在空气中传播的。这里的绳、水、空气是波借以传播的物质,叫作介质。组成介质的各质点之间有相互作用力,一个质点的振动一定会引起相邻质点的振动。机械振动在介质中传播,形成了机械波。

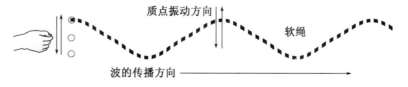

图 4-2-13　振动在软绳中的传播

当介质中有机械波传播时,介质中的各质点依次在自身平衡位置附近振动起来而不随波迁移。介质中原来静止的质点,随着波的传来而发生振动,说明它获得了能量。这种能量是从波源通过前面的质点依次传过来的,因此波在传播振动这一运动形式的同时,也将波源的能量传递出去,如狂风巨浪使船颠簸,地震造成房屋损毁等。波是传递能量的一种方式,同时波还可以传递信息,如我们利用声波传递语言信息;广播、电视利用无线电波传递声音、文字、图像和动画信息。

波有许多重要的特性,生活中常能见到这样的现象:人在山谷中大声叫喊时,你能听到相应的回声;在教室里讲话要比在野外声音响。这其实是波遇到障碍物后返回来继续传播的现象,叫作波的反射。人在围墙下说话,在墙另一侧的人也能听到说话声;水波遇到水面的小树枝、水草等障碍物时会绕过它们继续向前传播。像这样,波绕过障碍物继续传播的现象,叫作波的衍射。在空旷的操场上放置两个相同的扬声器,我们运动时可以听到扬声器的声音忽强忽弱,这是由于频率相同的两列波在周围空间里相互叠加,使得某些区域的振动加强,某些区域的振动减弱,这种现象叫作波的干涉。声波、水波、电磁波等一切波都能发生反射、衍射、干涉现象,它们是波特有的现象。

拓展阅读

微波炉是怎样给食物加热的?

微波(Microwaves)就是频率介于 300～300000 MHz(波长介于 0.1～100 cm)的电磁波。微波炉就是利用微波的能量给食物加热,将微波的能量转变为食物的内能。在水分子(H_2O)中,H 的一端带正电,而 O 的一端带负电。微波通过食物时,微波的电场就对水分子产生作用力,令水分子的正负两端急剧地扭转振动,这振动就导致摩擦生热,迅速将食物煮熟。微波炉的微波频率为 2450 MHz,这是使水分子振动的最有效频率。瓷质盛器中没有水分子,也没有一端正一端负的其他分子,微波炉的电场不能使其分子运动,故不会被加热。反之,金属盛器中具有大量的自由电子,自由电子受到微波的电场而轻易运动,善于吸收微波的能量而受热。故不要用金属器皿装食物放入微波炉中。

二、机械能守恒定律

(一) 功

力的作用效果之一是改变物体的运动状态,力持续作用在物体上会产生积累效应,表现在运动参数上就是其具有加速度,并且速度不断变化。我们还可以从空间的角度讨论力的积累效应。

火箭把卫星送上太空,打桩机将管桩打入地下,汽车将货物运送到很远,这些都是物体受到了力的作用,并且在力的方向上产生了位移。这些情况我们都说力对物体做了功,功是个标量,用 W 表示。如果作用在物体上的力 F 为恒力,而且物体移动的方向和力的方向一致,那么我们定义,力对物体所做的功等于作用在物体上的力与物体在力的方向上移动的路程的乘积,即 $W＝Fs$。式中 F 表示恒力的大小,s 表示物体移动的路程,W 表示力对物体所做的功。

一般说来,实际中作用在物体上的力 F 的方向和物体的移动方向并不一定相同。例如,它们之间具有夹角 θ,这时,我们可以利用矢量分解的方法,将力分解为一个与移动方向平行的力 $F\cos\theta$ 和一个与移动方向垂直的力 $F\sin\theta$。垂直方向的力因为没有使物体在其方向产生位移,故没有做功;而平行方向的力做功为

$$W＝F\cos\theta \cdot s＝Fs\cos\theta$$

其中 θ 为力的方向与物体位移方向的夹角。

功是一个只有大小没有方向的标量。根据定义,功的单位取决于力的单位和位移的单位,在国际单位之中,功的单位是焦耳(J),$1\,J＝1\,N×1\,m＝1\,N\cdot m$。

(二) 动能与动能定理

1. 动能

飞行的炮弹能击穿钢板,流动的水和风能够推动发电机发电,飞驰的汽车发生车祸能造成巨大的破坏。物体之所以具有这些本领,能够做功,是因为他们具有能量。能量有很多种形式,物体由于运动而反映出其具有的做功本领,称这种物体就具有动能,一般用 E_k 表示。

动能的大小与哪些因素有关系呢? 我们用一辆质量为 m,以速度 v_0 行驶的汽车为例来研究动能的决定因素。行驶过程牵引力 F 和阻力 F_f 相等,如果汽车关闭发动机,此时速度为 v_0,汽车将在阻力 F_f 作用下做匀减速运动,经过位移 S 后停下来。在此过程中,汽车在速度 v_0 时所具有的能量,全部用来克服阻力做功,两者总量相等,我们就可以通过阻力所做的功来表示汽车的动能。此过程中阻力做的功为

$$W＝F_f \cdot S$$

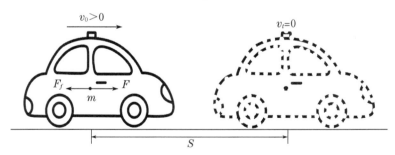

图 4-2-14 初速度不为零的汽车克服阻力做功

汽车做匀减速运动,根据牛顿第二定律和匀减速位移公式:

$$F_f＝ma,\ S＝\frac{v_0^2}{2a}$$

代入阻力所做的功,即

$$W＝F_f \cdot S＝ma \cdot \frac{v_0^2}{2a}＝\frac{1}{2}mv_0^2$$

因此,汽车在关闭发动机速度为 v_0 时的动能 $E_k = \frac{1}{2}mv_0^2$。

实践和理论证明:任何物体所具有的动能都能用这个公式表示,即运动物体所具有的动能等于它的质量与它的速度平方的乘积的一半。

2. 动能定理

上述汽车例子的分析表明,物体具有动能就能克服外力做功,并在做功的过程中消耗本身所具有的动能。反之,如果外力对物体做功,物体的动能就会增大。

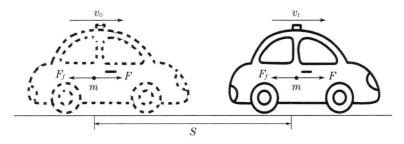

图 4-2-15 汽车在合外力作用下做功

在上面的例子中,质量为 m 的汽车在恒定牵引力 F 和阻力 F_f 作用下做匀加速运动,速度由 v_0 变为 v_t,汽车动能的增加可以用合外力做功的大小来衡量。

因为 $F - F_f = ma$,$S = \dfrac{v_t^2 - v_0^2}{2a}$,所以合力做功为

$$W = (F - F_f) \cdot S = ma \cdot \frac{v_t^2 - v_0^2}{2a} = \frac{1}{2}mv_t^2 - \frac{1}{2}mv_0^2$$

即

$$W = E_{kt} - E_{k0}$$

式中 E_{kt} 为汽车的末动能,E_{k0} 为汽车的初动能,$E_{kt} - E_{k0}$ 就是汽车在合外力作用下的动能改变量。上面的式子表明,合外力对物体所做的功,等于物体动能的改变量,这就是动能定理。

(三) 重力势能与弹性势能

由相互作用的物体或物体内部相对位置所决定而具有的能量,称为势能,用 E_p 表示。被压缩的弹簧、被举高的重物都具有势能。势能是储存于一个系统内的能量,可以释放或者转化为其他形式的能量,势能是状态量,又称作位能。它不是单独物体所具有的,而是相互作用的物体体系所共有的能量,通常说的物体的势能只是一个简略的说法。势能是个相对量,选择不同的势能零点,势能的数值是不同的。

力学中的势能有引力势能和弹性势能两种。

1. 重力势能和引力势能

物体因为相对于地球的位置而具有的能量称为重力势能。具有重力势能的物体可以通过其位置变化释放能量或存储能量。重力对物体做功的结果使物体所处位置发生变化,也反映了物体重力势能的变化。

从生活经验知道,打桩机打桩时,击锤越重,提得越高,击打的效果就越好,即做功能

力越好。可见,物体重力势能的大小与其重量和高度有关系。具体关系我们可以通过一个实验来得到。

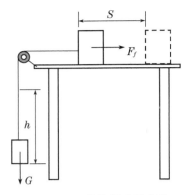

图 4-2-16　势能做功的实验

在图 4-2-16 所示实验装置中,选择质量为 m 的砝码,通过定滑轮连接木块,使木块可以克服与桌面的摩擦力 F_f 匀速前进发生位移 S,在此过程中,砝码下落的高度为 h,h 与 S 是相等的。由此可见,具有高度 h 的砝码有使得木块克服摩擦力 F_f 发生位移 S 的能量,这种能量就是砝码具有的重力势能 E_p,即 $E_p = W_f = F_f \cdot S$。因为 $F_f = G = mg$,$h = S$,故有

$$E_p = mgh$$

这就是说,重力势能等于物体的重量、重力加速度跟它的高度的乘积。这里要注意,h 指的是物体所在位置到地面的高度,这意味着我们选择了地面作为重力势能的零点。

重力势能是物体位于地球表面时受到重力的作用而具有的势能。如果我们用宇宙中广泛存在的万有引力取代重力,我们引入的势能称为引力势能,重力势能可以视为引力势能的特殊情况。

根据万有引力定律:两个相距为 r,质量分别为 m_1 和 m_2 的质点间的万有引力,其方向沿着它们的连线,其大小与它们质量乘积成正比,与它们之间的距离的平方成反比,其数学表达式为

$$F = G \frac{m_1 m_2}{r^2}$$

研究引力势能时,一般将无穷远处选做引力势能的零势能点,对于一切有限距离来说引力势能都为负值,因此引力势能表达式为

$$E_p = -Fr = -\frac{G m_1 m_2}{r}$$

2. 弹性势能

发生弹性形变的物体的各部分之间,由于有弹力的相互作用,也具有势能,这种势能叫作弹性势能。例如,被压缩的气体、拉弯了的弓、卷紧了的发条、拉长或压缩了的弹簧都具有弹性势能。弹性势能与物体发生形变的大小和弹力的大小有关。通常,物体弹性越大,发生的弹性形变越大,其所具有的弹性势能也越大。

物体发生弹性形变回复原始状态时,弹力做功释放的就是弹性势能,一般以物体原始状态为弹性势能的零点,在发生 x 大小的形变时,弹性系数为 k 的物体,其具有的弹性势能为

$$E_p = W_{弹} = \frac{1}{2} k x^2$$

（四）机械能守恒定律

动能和势能统称为机械能。在一个物理过程中,如果一个系统只有重力或弹力做功,

则物体系统内动能和势能（包括重力势能和弹性势能）发生相互转化，但机械能的总量保持不变，这就是机械能守恒。

机械能守恒定律是个理想状态，在使用时要注意条件，即系统内只有重力或弹力做功，而忽略摩擦力等其他力造成的能量损耗。

第三节　分子的运动

1. 理解分子动理论的相关内容，能够运用分子动理论解释生活中的一些现象。

2. 理解物质的形态及其特性，能够运用这些特性解决生产生活中的实际问题。

3. 掌握热力学第一定律的数学表述及含义，能解释自然界中能量的转化、转移问题。

4. 了解能量转化与守恒定律的建立，学习科学家探索自然规律的精神，通过学习能量守恒定律，认识自然规律的多样性和统一性。

热学是研究物质的热现象及热运动规律的一门学科。早期人类对热现象的研究是从用火开始的，人们从怕火到发现火对自己有用，并把它引进洞穴，保存火种，进而又发明了取火的办法，如"钻木取火""击石取火"等。而人类真正对热学进行科学的定量研究是从17世纪末，即温度计的制造技术成熟之后才开启的。热学与人类的日常生活和生产实践密切相关，如制陶、冶金、内燃机的利用、火箭升空、核能的和平利用、太阳能的开发与应用等都需要热学理论的支撑。本节我们将从微观角度和宏观角度来认识和研究热学的基本知识。

一、分子动理论

物质是由什么组成的？从古至今，人们一直在对这个问题进行探索。古希腊人曾提出了"四元素说"，认为宇宙万物是由水、火、土、气组成；我国古代先人奉行"五行说"，认为宇宙万物由金、木、水、火、土组成。后来，人们认识到物质可以无限地分割下去，如"一尺之捶，日取其半，万世不竭"，语出《庄子·天下》[①]。该语句的意思是：一尺长的棍棒，每日截取它的一半，永远也截不完，形象地说明了物质无限可分的道理，蕴含了朴素的辩证思想和极为丰富的科学内涵。

1811 年，意大利物理学家阿伏伽德罗（A. Avogadro）最先把能保持物质性质不变的最小颗粒命名为"分子"。现代科学研究表明，组成物质的基本单元是多种多样的，在物理学中，因为分子、原子、离子遵循相同的热学规律，所以研究热运动时我们把这些微粒统称为分子。

---

① 王延梯，肖培副. 中国名言大辞典[M]. 济南：山东大学出版社，2002.

（一）物质是由大量分子组成的

物质是由分子或原子组成的。而组成物质的分子都极其微小，不光用肉眼无法直接看到它们，就是用普通的光学高倍显微镜也无法观察到。现代科技可以使人们观察到构成物质的分子或原子。图 4-3-1 所示是用能放大几亿倍的扫描隧道显微镜（缩写为 STM）观测到的硅表面的硅原子排列的图像。

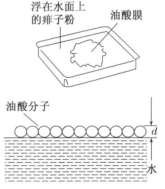

图 4-3-1　硅表面的原子图

1. 分子的大小

如果把分子看作球形，各种分子的直径都只有几分之一个纳米左右（1 nm＝1×10^{-9} m）。例如，水分子的直径大约是 4×10^{-10} m，相当于头发粗细的十万分之一。[1]

分子的大小除了用扫描隧道显微镜观察，还可以用油膜法测定分子大小（一种间接测量微观量的方法）。如图 4-3-2 所示，该实验首先要进行理想化处理：把滴在水面上的油酸层当作单分子油膜层，并把分子看作球形。实验过程为：先在水面撒上痱子粉，当把一滴用酒精稀释过的油酸滴在水面上时，油酸就在水面上散开，其中的酒精溶于水且很快挥发，水面上就形成一层轮廓清晰的纯油酸薄膜。用 V 表示一滴油酸酒精溶液中所含油酸的体积，测出水面上该油酸薄膜的面积 S，计算得油酸分子的厚度 $d=\dfrac{V}{S}$，即油酸分子的直径（大小）。测量分子大小的方法有很多，油膜法只是其中的一种，并且不同的方法测得的分子直径数量级都为 10^{-10} m（个别有机大分子除外）。

2. 分子的质量

初中化学知识告诉我们，1 mol 的任何物质都含有相同的粒子数，这个相同的粒子数称为阿伏伽德罗常数，用符号 N_A 表示，$N_A=6.02\times10^{23}$ mol^{-1}。在已知某物质的摩尔质量 M 时（物质的摩尔质量在数值上等于相对原子质量或相对分子质量，单位为 g/mol），借助阿伏伽德罗常数 N_A，就可以利用公式 $m_0=\dfrac{M}{N_A}$ 计算得到该物质一个分子的质量。例如，水的摩尔质量是 18 g/mol，1 mol 水中有 6.02×10^{23} 个分子，计算得到水分子的质量为

$$m_{水}=\frac{M}{N_A}=\frac{18\text{ g/mol}}{6.02\times10^{23}\text{ mol}^{-1}}=3.0\times10^{-26}\text{ kg}$$

采用同样的方法，我们可以得到氧气分子的质量是 5.32×10^{-26} kg，氢气分子的质量是 3.32×10^{-27} kg，一般分子质量的数量级都是 10^{-26} kg。

---

[1]　义务教育物理课程标准实验教科书编写组. 物理教学参考书八年级[M].上海：上海科学技术出版社，2012.

（二）分子的热运动

1. 扩散现象

如图 4-3-3 所示，当把一个装有无色空气的广口瓶倒扣在装有红棕色二氧化氮气体的广口瓶上，抽去两瓶中间的玻璃板，经过几分钟的时间，我们会看到上面瓶中的气体变成了淡红棕色，而下面瓶中的气体颜色也变淡，说明上下瓶中的气体分子各自运动到另一瓶中，使两种气体混合在一起；当打开香水瓶盖，我们就能闻到香水味，说明有香水分子从香水瓶中飞出；而长时间堆放煤的墙角变黑了，说明煤分子也处于运动之中。我们把这些不同物质在互相接触时彼此渗入的现象叫作扩散现象。气体、液体、固体中都会发生扩散现象，只是气体扩散最快，固体扩散最慢。

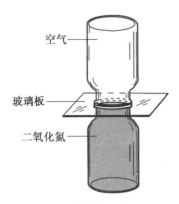

图 4-3-3　气体分子的运动

如果取两只杯子，一只倒入冷水，另一只倒入热水，分别用滴管向两杯中滴入一滴红墨水，我们将看到装有热水的那只杯子先变红，说明扩散的快慢与温度有关。温度越高，扩散进行的越快。以上事例都说明了宏观的扩散现象的微观本质就是分子的运动。

2. 布朗运动

1827 年，英国植物学家布朗（Robert Brown）在用显微镜观察水中悬浮的植物（藤黄）花粉时，发现花粉粒子在无规则地不停运动。开始他认为这是花粉粒子生命活动能力引起的运动，但当他发现无机微粒在液体或气体中都有相似的运动时，才认识到这是由液体或气体粒子内部不平衡地运动撞击引起的。[1] 如图 4-3-4 所示，在布朗运动示意图中，各个颗粒的运动情况是不相同的，同一颗粒在相等的时

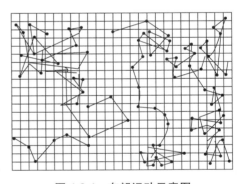

图 4-3-4　布朗运动示意图

间内经过的位移也是不同的，说明布朗运动无规则，后来人们把这种悬浮小颗粒的无规则运动称作布朗运动。

如果把墨汁用水稀释后取出一滴放在显微镜下观察，会发现悬浮在液体中的小碳粒在不停地做无规则运动，温度越高，布朗运动也越激烈，且碳粒越小，无规则运动越明显。那么，布朗运动是如何产生的？上述现象又如何解释呢？

实际上，悬浮在液体中的固体颗粒被液体分子包围，液体分子在不停地做无规则运动，使颗粒受到来自各个方向的液体分子的碰撞，由于颗粒很小，任一瞬时，来自各个方向的碰撞不均匀且不规则，导致颗粒在做无规则的运动，并且悬浮颗粒越小，包围它的分子

---

① 王鸿生.科学技术史[M].北京：中国人民大学出版社，2011.

数越少,来自各个方向的分子对它的碰撞就越不平衡,合力就越大。又因为悬浮颗粒越小,它的质量就越小(惯性越小),在相同的力作用下,速度越容易改变,因而悬浮颗粒越小,布朗运动越激烈。

总之,布朗运动并不是分子本身的运动,它是悬浮在液体或气体里的固体微粒的运动,是由于液体或气体分子无规则运动碰撞固体微粒产生的,它可以间接反映液体或气体分子的无规则运动。布朗运动的激烈程度与固体微粒的大小和温度有关。

因为扩散现象和布朗运动都可以证明分子的运动,并且都与温度有关,所以人们把分子的运动称为分子热运动。

 思考与讨论

生活中哪些现象说明了分子在不停地做无规则运动? 你知道都有哪些方法可以帮助我们观察到微小物体? 通过查阅图书馆的资料和网络资料,将这些方法的原理、优缺点等撰写为科技小论文,并在小组之间分享交流。

(三)分子间的相互作用力

扩散现象和布朗运动说明分子在永不停息地做无规则运动,同时也说明组成物质的分子间存在间隙。虽然分子之间有间隙,但大量的分子却能够聚集在一起形成固体或液体,说明分子间存在引力;而一般固体、液体很难被压缩,则说明分子间还存在相互排斥力。科学研究表明,两个相邻的分子之间同时存在着引力和斥力,引力和斥力的大小都跟分子间的距离有关,而实际表现出来的分子力是引力和斥力的合力。

当分子间距 $r = r_0 \approx 10^{-10}$ m(与分子的直径数量级相同)时,分子间的引力和斥力大小相等,合力为零,这是一个很特殊的位置,物理学中称为平衡位置;当分子间距 $r > r_0$ 时,分子间的引力和斥力同时减小,但斥力减小得更快,因而引力大于斥力,分子间表现为引力;当分子间距 $r < r_0$ 时,分子间的斥力和引力同时增大,但斥力增加得更快,因而斥力大于引力,分子间表现为斥力;当分子间距 $r > 10r_0$ 时,分子间的斥力和引力都接近于零,一般认为此时分子力为零。通常情况下,气体分子间的距离大于 10 倍的分子直径,可以认为分子间没有作用力。

二、物质的形态

自然界中常见物质的形态有三种,分别为固态、液态和气态。

(一)固体

固体中分子间力的作用比较强,分子只能在平衡位置振动,不能移动,所以固体具有一定的体积和形状。

1. 晶体与非晶体

固体物质可以分为晶体和非晶体两类。日常生活中常见的食盐、明矾、石英、海波(硫代硫酸钠)、云母、硫酸铜、白糖、味精、雪花等都是晶体;而玻璃、蜂蜡、橡胶、松香、沥青、塑料、石蜡等都是非晶体。

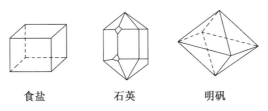

食盐　　　　　石英　　　　　明矾

图 4-3-5　三种常见晶体的形状

（1）外形上的区别

晶体具有天然的规则的几何形状，它们的外形是若干个平面围成的多面体，但不同的晶体呈现出的形状也不相同。如图 4-3-5 所示，食盐的晶体是立方体；石英的晶体中间是六面棱柱，两端是六面棱锥；明矾晶体是八面体。冬天飘落的雪花是空气中的水蒸气遇冷凝华形成的冰的晶体，雪花的形状多种多样，但都是规则的六角形图案。而非晶体没有规则的几何形状。

（2）物理性质上的区别

晶体和非晶体除了在外形上有区别外，在物理性质上也有很大的差别。晶体与非晶体在物理性质上的区别主要表现为晶体加热熔化时有固定不变的温度（熔点），由于凝固是熔化的逆过程，因此晶体凝固时也有固定不变的温度（凝固点）；而非晶体没有熔点和凝固点。

此外，晶体沿不同方向上具有力学性质、热学性质、电学性质、光学性质等物理性质不同的现象，称为晶体的各向异性。当然，不是任何晶体都具有力学、热学、电学、光学等物理性质的各向异性，可能有的晶体在热学性质上各向异性，另一类晶体在光学性质上各向异性等。而非晶体沿各个方向的物理性质都是一样的，称为各向同性。例如，把熔化了的蜂蜡薄薄地涂在薄玻璃片上，将一支缝衣针烧热，然后用针尖接触蜡层的背面，不要移动，观察蜂蜡熔化区域的形状；再把玻璃片换成单层云母片，重复以上实验。[1] 实验现象表明，熔化了的蜂蜡在玻璃片上呈圆形（如图 4-3-6 中甲图所示），而在云母片上呈椭圆形（如图 4-3-6 中乙图所示）。说明云母晶体在各个方向上的导热性能不同，而玻璃非晶体在各个方向上的导热性能相同。

甲　　　　　　　　　　　　乙

图 4-3-6　蜂蜡熔化区域的形状

---

① 人民教育出版社，课程教材研究所，物理课程教材研究开发中心. 普通高中课程标准实验教科书物理选修 3-3［M］. 北京：人民教育出版社，2010.

（3）单晶体和多晶体

晶体可以分为单晶体和多晶体两类。如果整个物体就是一个晶体，这种物体被称为单晶体，如食盐、水晶、方解石等。单晶体有规则的几何形状，具有各向异性，有固定的熔点和凝固点。晶体管、集成电路都是用单晶体材料来制作的。

如果整个物体是由许多杂乱无章排列着的小晶体（单晶体）组成的，这样的物体被称作多晶体，平常见到的各种金属材料，如铁、铜、铝等都是多晶体。当把纯铁做成样品放在显微镜下观察时，就可以看到它是由许许多多的晶粒组成的。多晶体没有规则的几何形状，也不显示各向异性，它具有各向同性的特点，但是它有固定的熔点和凝固点。

2. 晶体的微观结构

人们对晶体的微观结构的探索可以追溯到1912年，德国物理学家劳厄（Max Von Laue）等人成功地观察到 X 射线透过硫酸铜晶体后的衍射斑点。晶体 X 射线衍射的发现对自然科学的影响是深远的，它证实了晶体的点阵结构具有周期性，给人们提供了原子、分子在晶体中的微观排列图像。[①] X 射线晶体衍射实验为研究固体微观性质提供了一个非常重要的方法，劳厄也因此获得了1914年诺贝尔物理学奖，爱因斯坦（A. Einstein）称劳厄的发现是物理学中最漂亮的发现之一。到了1981年，国际商业机器公司苏黎世实验室的葛·宾尼（G. Binning）和海·罗雷尔（H. Rohrer）及实验室其他工作人员共同研制了世界第一台新型表面分析仪器——扫描隧道显微镜。这种扫描隧道显微镜使人们"看到"表面一个个原子，甚至还能分辨出约百分之一个原子的面积。[②]

晶体内部的物质微粒（分子、原子或离子）按照一定的规律在空间排成整齐的行列，构成所谓空间点阵结构。晶体的物质微粒的空间点阵结构排列具有周期性和对称性的特点。如图4-3-7所示，是食盐晶体中氯离子和钠离子的分布示意图，它们等距离、规律性地排列在三组互相垂直的平行线上，因而食盐晶体具有正立方体的外形结构。晶体外形的规则性可以用物质微粒的规则排列来解释。同样，晶体的各向异性也是由晶体的内部结构决定的。

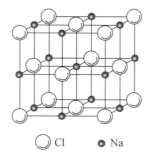

○ Cl · Na

图4-3-7　食盐晶体微观结构示意图

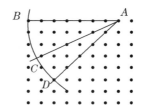

图4-3-8　各向异性的微观解释

图4-3-8表示在一个平面上，晶体物质微粒的排列情况。从图上可以看出，沿不同方

---

① 麦振洪. X 射线晶体学的创立与发展[J]. 物理，2014(12)：787 - 790.
② 谢彩霞，李金霏. 技术工具对科学发展促进作用的计量研究——以扫描隧道显微镜技术为例[J]. 河南师范大学学报（哲学社会科学版），2017(3)：96.

向所画的等长线 AB,AC,AD 上物质微粒的数目不同。直线 AB 上物质微粒较多，直线 AC 上最少。正是因为在不同方向上物质微粒的排列情况不同，才引起晶体在不同方向上的物理性质不同。

当然，有的物质在不同的条件下能生成不同的晶体，是因为它们的微粒能够按照不同规则在空间分布，导致它们的外观和特性是不同的。例如，石墨和金刚石都是碳的单晶体，碳原子如果按图 4-3-9 甲那样排列，就成为金刚石，金刚石中碳原子间的作用力很强，所以金刚石密度大、硬度大，可以用来切割玻璃；而碳原子如果按图 4-3-9 乙那样排列，就成为石墨，石墨是层状结构，层与层之间距离较大，原子间的作用力比较弱，所以石墨密度小、质地松软，可以用来制作粉状润滑剂。

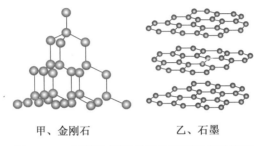

甲、金刚石　　　乙、石墨

图 4-3-9　金刚石、石墨的晶体微观结构示意图

因为非晶体内部物质微粒排列是无规则的，其结构与液体非常类似。所以严格说来，只有晶体才是真正的固体。另外，晶体与非晶体在适当条件下是可以转化的。例如，石英晶体熔化之后再冷却凝固就会成为非晶体——石英玻璃。

（二）液体

液体像气体一样具有流动性，但没有固定的形状；液体又与固体一样具有一定的体积，不易被压缩。而这些性质是由它的微观结构决定的。液体分子间距较小，在分子力的作用下，液体分子在非固定的平衡位置附近做振动，并在局部小区域形成暂时的分子规则排布，而这种区域的边界、大小是随时改变的。由于液体分子排布的特点，使得液体具有一些特有的物理性质。

1. 液体的表面张力

日常生活中，我们注意到：荷叶上的小水滴和草上的露珠呈球形；水黾（一种昆虫）能够自由地在水面上行走或栖息而不会掉入水中；把回形针放在水面上，它也不会下沉等等。这些现象的产生原因是什么呢？

这些现象其实都是液体表面张力的作用。实验表明，液体表面存在着与液面相切而与边界线相垂直的促使液体表面收缩的力。这个力的性质是张力，故称为表面张力。[①] 在液体内部，分子间既存在引力，又存在斥力，引力和斥力的数量级相同，在通常的情况下可以认为它们之间的大小是相等的；而液体表面的分子要比液体内部稀疏一些，由于分子

---

① 张兰知. 热学［M］. 哈尔滨：哈尔滨工业大学出版社，2000.

间距比较大,分子之间的作用力表现为引力。液面各部分之间的相互吸引的力就形成了表面张力,表面张力的作用使得液体表面有收缩到最小的趋势,而体积相等的各种形状的物体中,球形物体的表面积是最小的,所以露珠、水银等都呈现球形。

2. 浸润和不浸润

在洁净的玻璃板上放一滴水倾斜观察,水会向外扩展并会附着在玻璃板上形成薄层;而在石蜡板上放一滴水倾斜观察,它会收缩成球形并能够在石蜡板上来回滚动,而不附着在上面。

我们把液体与固体接触时,液体会润湿某种固体并附着在固体表面上的现象,叫作浸润;液体与固体接触时,液体不会润湿某种固体也不会附着在固体表面上的现象,叫作不浸润。通过上述实验现象,我们知道了,水对玻璃是浸润的,水对石蜡是不浸润的。再比如,观察量筒中的水面,发现水面是扩展的,呈现凹液面;观察血压计中的水银柱面,发现水银面是收缩的,呈现凸液面。说明水能浸润玻璃,而水银不能浸润玻璃。

浸润和不浸润现象也是分子间力的作用的表现。当液体和固体接触时存在一个附着层,附着层内的分子既受固体分子的作用,又受液体分子的作用。如图 4-3-10 所示,若固体分子对附着层内的分子吸引力比液体 A 大,则附着层内的分子比较密集,$r<r_0$,表现为斥力,附着层有扩展趋势,表现为浸润。若固体对附着层内的分子吸引力比液体 B 小,则附着层内的分子比较稀疏,$r>r_0$,表现为引力,有收缩趋势,这样的液体和固体之间表现为不浸润。[①]

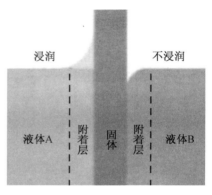

图 4-3-10 固液接触示意图

生活中的浸润和不浸润现象还有很多。例如,纯棉毛巾易吸水,医用脱脂棉蘸取碘伏消毒,雨水淋湿衣服等,都是浸润现象;钢笔在蜡纸上写字困难,雨水不能打湿涂有防水胶的雨衣,有些动物羽毛能分泌油脂而具有防水功效等,都是不浸润现象。

3. 毛细现象

如果我们用钢笔尖接触滤纸,会看到墨水在纸上化开的现象。这是怎么回事呢? 如图 4-3-11 甲所示,将几根内径不同的细玻璃管插在盛红颜色墨水的水槽中,可以观察到,管内的水面比管外的水面高,玻璃管内径越细,管内外水面高度差越大;如图 4-3-11 乙所示,把半透明的蜡纸做成内径不同的细管插在盛红颜色墨水的水槽中,管内的水面就比管外的水面低,管内径越细,管内外水面的高度差也越

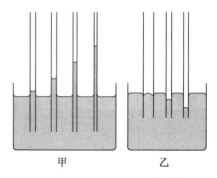

图 4-3-11 浸润和不浸润液体在细管中的现象

甲　　　　乙

① 王永强,王娟娟.基于渗透科学探究素养的高中物理教学设计—以人教版选修 3-3"液体"为例[J].物理通报,2020(5):53.

大。实验表明:浸润液体在细管中会上升,不浸润液体在细管中会下降,细管内径越小,管内外的高度差越大。

浸润液体在细管内上升的现象和不浸润液体在细管内下降的现象,统称为毛细现象。能够产生毛细现象的细管叫毛细管。具有大量毛细管的物体,只要液体与物体浸润就能把液体吸入物体中。

实际上,毛细现象的产生与液体表面张力以及浸润与不浸润现象都有关系。我们知道浸润液体在管内为凹液面,不浸润液体在管内为凸液面。如图 4-3-12 所示,液体表面张力与液面相切,当为凹液面时,液体表面张力斜向上,拉着液体使液体上升;当为凸液面时,液体表面张力斜向下,压着液体使液体下降。[①]

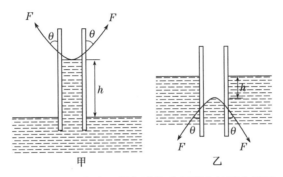

图 4-3-12　浸润和不浸润液体在细管中的受力情况

毛细现象在自然界和日常生活中是广泛存在的,如滤纸和毛巾很容易吸水,就是因为纸张和毛巾的纤维间有许多细小的缝隙,水沿着这些缝隙扩展开,发生了毛细现象;由于土壤缝隙中的毛细现象,地下水可以上升到地表,被植物的根系吸收;还有利用毛细现象制成的收集废油装置、医用的超声血液分流装置等等。

（三）气体

气体容易被压缩,说明气体分子间的距离较大;气体可以充满它所达到的空间,说明气体分子间的作用力十分微弱,气体分子可以自由的运动。因此气体没有固定的体积和形状,可以流动。空气是最常见的气体,我们的生产生活与空气的温度、空气的湿度、大气压强有着密切的联系。

1. 气体的压强

大气对浸入其中的物体产生的压强叫作大气压强。大气压强的产生原因是空气具有流动性并受重力的作用,因此向各个方向都有压强。初中已学过,根据托里拆利实验可测出,1 标准大气压强相当于 760 mm 高的水银柱产生的压强,即 1.01325×10^5 帕斯卡。

那么密闭容器中的气体对器壁有压强作用吗?产生原因同大气压强是否一样呢?一般密闭容器中的气体密度很小,质量很小,所以气体自身重力产生的压强可忽略不计。而气体分子运动速率很大,堪比子弹的运动速率。曾有人根据物理学理论公式,计算得出氢气分子

---

① 陈铭,侯恕. 基于物理学科核心素养的教学设计—以"毛细现象"为例[J]. 物理教师,2019(8):31－32.

在常温(25 ℃)时的平均速率为 1927 m/s,而氧气分子和氮气分子在常温时的速率分别为 482 m/s 和 515 m/s。[①] 由于大量做无规则热运动的分子对器壁频繁、持续地碰撞产生了气体的压强,而气体的压强就是大量气体分子作用在器壁单位面积上的平均作用力。

从微观的角度来看,气体压强的大小与气体分子的平均动能和分子的密集程度有关。温度是分子平均动能的标志,因为温度越高,分子的无规则运动越剧烈;而在气体质量一定的前提下,容器的体积越小分子越密集。所以气体压强的宏观决定因素为温度和体积。

2. 饱和汽与饱和汽压

日常生活中,我们发现:开口容器中的水会因为蒸发而逐渐减少,但是密闭的矿泉水瓶中,水却可以保持长期不变,这是为什么呢?

因为水在蒸发时,在容器的水面上同时进行着两种相反的过程:一方面水分子从水面飞出来;另一方面蒸发到水面上方的水蒸气,会由于分子的无规则运动而重新返回到水中。开口容器中的水蒸发时,受水面上方空气流动的影响,绝大多数从水面飞出来的水蒸气分子会扩散到周围空间中,经过一段时间后,水就蒸发完了;而封闭容器中,随着水的不断蒸发,水面上方的分子数不断增多,回到水中的分子数也逐渐增多。最终会达到平衡的状态,即在单位时间内回到水中的水分子数等于从水面飞出的水分子数。总体表现为水蒸气的密度不再增大,水也不再减少,水与水蒸气之间达到了动态平衡。我们把跟液体处于动态平衡的蒸汽叫作饱和汽,把没有达到饱和状态的蒸汽叫作未饱和汽。

在一定温度下,饱和汽的密度是一定的,此时饱和汽的压强一定,叫作饱和汽压。未饱和汽的压强小于饱和汽压。饱和汽压与温度和物质种类有关。实验表明,饱和汽压随温度的升高而增大,这是因为温度升高时,液体分子的动能增大,单位时间内从液面飞出的分子数也增多,饱和汽的密度增大,压强增大;并且温度升高时,汽分子热运动的平均速率增大,也会导致饱和汽的压强增大。由于温度升高,单位时间内从液体飞出的分子数增多,原来的动态平衡被打破,液体就要继续蒸发,直到达到新的动态平衡。不同种类的物体饱和汽压值也是不同的,越容易挥发的液体,饱和汽压值越大。例如,酒精的饱和汽压值要远大于水的饱和汽压值。

饱和汽和不饱和汽在一定条件下是可以相互转化的。通常情况下,温度升高,饱和汽将成为不饱和汽;而不饱和汽变为饱和汽可以通过降低温度、减小液面上方的体积等方法。

3. 空气的湿度

在一定的温度下,空气中水蒸气的含量越多,空气就越潮湿;而空气中水蒸气的含量越少,空气就越干燥。通常我们用空气的湿度来表示空气的潮湿程度。空气的湿度可以用空气中所含水蒸气的压强来度量,这样表示的湿度叫作空气的绝对湿度。比如,某日白天的气温是 20 ℃,空气中水蒸气的压强是 1.1×10^4 Pa,空气的绝对湿度就是 1.1×10^4 Pa。

实际上,影响水蒸发快慢以及人体感觉到的干燥或湿润,不是完全由空气绝对湿度的大小决定的,还跟空气中的水蒸气离饱和状态的远近有关系。在空气的绝对湿度一定的情况下,气温高时水蒸气离饱和状态远,水蒸发的快,人体就感到空气比较干燥;气温低时

---

① 余明才. 气体分子的运动速率有多大[J]. 甘肃教育,1981(1):48.

水蒸气离饱和状态近，水蒸发的慢，人体就会感到空气很潮湿。

因此我们通常用另一种方法来度量空气的湿度，即一定温度时，空气的绝对湿度跟同一温度下水的饱和汽压的百分比，也叫作此温度下空气的相对湿度。一般人体感觉最舒适的空气相对湿度是 40%～60%。如果空气的绝对湿度用 P 表示，同一温度下水的饱和汽压用 P_s 表示，相对湿度用 B 表示，则空气的相对湿度公式为 $B = \dfrac{P}{P_s} \times 100\%$。例如，某日某地气温 15 ℃时，空气的绝对湿度是 1.2×10^3 Pa，查阅按温度排序的"饱和水和饱和蒸汽的热力性质"图表，可得水在 15 ℃的饱和汽压为 1.7053×10^3 Pa[①]，即可利用空气的相对湿度公式计算得出该地 15 ℃时空气的相对湿度：

$$B = \frac{P}{P_s} \times 100\% = \frac{1.2 \times 10^3 \text{ Pa}}{1.7053 \times 10^3 \text{ Pa}} \times 100\% = 70.4\%$$

总之，空气的湿度可以用绝对湿度和相对湿度来表示，与绝对湿度相比，相对湿度更能有效地描述空气的潮湿程度。因为饱和汽压随温度的升高而增大，所以温度不同时，空气的相对湿度也会随之变化。比如，夏季某一天，在绝对湿度 P 基本不变时，由于夜晚气温较低，水的饱和汽压减小而使空气的相对湿度增大，因而我们会感到白天比较干燥，夜晚比较湿润。

三、能量的转化与守恒

在自然界和生活中，能量以各种形式展现着。我们中学阶段接触过的能量形式有机械能（包括动能和势能）、内能、化学能、电能、磁能、核能、太阳能、风能、水能、地热能、潮汐能等。

（一）物体的内能

根据分子动理论，组成物质的分子在永不停息地做无规则运动，所以每个分子都有动能；物质的分子之间存在引力和斥力，并有间隙，因此物质的分子间还具有势能。在物理学中，我们把物体内所有分子由于热运动而具有的动能以及分子之间势能的总和叫作物体的内能。一切物体在任何情况下都具有内能。

从微观角度看，内能与分子热运动的激烈程度、分子间的距离和分子的数目相关。分子的热运动越激烈，分子的平均动能就越大；而分子势能与分子间的距离有关；物体内分子数目越多，物体的内能就越大。从宏观角度看，由于分子的平均动能与温度有关，分子势能与物体的体积有关，因而物体的内能与物体的温度和体积有关。

在日常生活中，当物体的温度或体积发生改变时，物体的内能也会随之变化。做功和热传递是改变内能的两种途径。例如，加热一壶水，水的温度升高，内能就会增大，这是通过热传递的方式改变内能的；当这壶水烧开时，水蒸气将壶盖顶起，水蒸气对外做功，即水蒸气的内能转化为壶盖的机械能，壶中水的内能减小，这是通过做功改变了内能。"钻木取火"，因为对木头做了功，将机械能转化为内能，木头的内能增大，温度升高。做功和热

---

① 严家騄，余晓福，王永青. 水和水蒸气热力性质图表[M]. 2 版. 北京：高等教育出版社，2004.

传递两种方式对内能的改变是等效的。当一个物体内能变化时,如不知其原因,将无法确定是哪种方式导致内能变化的。

功和热量,都是系统内能变化的量度,它们都是过程的物理量。"热量"这个概念是与热传递联系在一起的,我们把物体通过热传递方式所改变的内能叫作热量。从使物体内能变化的方式来说,做功伴随着能量的转化,是内能与其他形式能的相互转化;而热传递是能量发生了转移,是内能从高温物体传向低温物体或从物体的高温部分传向低温部分。

(二)热力学第一定律

通过做功和传热递,系统与外界交换能量,使内能发生变化。如果物体跟外界同时发生做功和热传递的过程,那么内能的变化与热量及做的功之间又有什么关系呢?

实际上,热力学第一定律是能量转化和守恒定律在热力学上的应用。它指出:通过做功和传热递两种方式所传递的能量,与系统的内能之间可以相互转化,而数量上必须守恒。[1]

热力学第一定律可表述为:一个热力学系统的内能增加量(ΔU)等于外界向它传递的热量(Q)与外界对它所做的功(W)之和。热力学第一定律的数学表达式:

$$\Delta U = Q + W$$

该定律既适用于外界对物体做功,物体吸热,内能增加的情况;也适用于物体对外做功,向外界散热和内能减少的情况。式中 ΔU、Q、W 既可以为正值,也可以为负值,如果 $Q>0$ 表示系统从外界吸收热量,$Q<0$ 表示系统向外界放出热量;$W>0$ 表示外界对系统做功,$W<0$ 表示系统对外做功;$\Delta U>0$ 表示系统内能增加,$\Delta U<0$ 表示系统内能减少。热力学第一定律反映了在改变内能的两种方式都存在的情况下,三者的定量关系。

(三)能量守恒定律

1. 能量转化和守恒定律的建立

能量转化和守恒定律的发现是科学史上的重大事件,恩格斯把它与细胞学说、生物进化论一起称为 19 世纪的三大发现。能量转化和守恒定律是在 19 世纪 40 年代间,由英、法、德、丹麦等国家的十几位科学家们分别从不同的侧面各自提出的。其中,德国医生迈尔(Julius Robert von Mayer)最早提出了这一定律,并且他还设计了一个简单的实验,粗略求出了热功相互转化的当量关系;英国的物理学家焦耳(James Prescott Joule)通过大量的实验确立了焦耳定律($Q=I^2Rt$),给出了电能向内能转化的定量关系,并且经过四百多次的实验给出了比较精确的热功当量的数值:460 千克米/千卡,即 1 千卡能量相当于将 460 千克物体提升 1 米所做的功;德国的物理学家赫尔姆霍兹(Helmholtz)系统、严密地阐述了能量的各种形式间相互转化和守恒的思想。

能量转化和守恒定律揭示了自然科学各个分支之间的普遍联系,由于它主要借助热功当量的测定而得以确立,所以常常被称为热力学第一定律。[2] 由于热力学第一定律所表示的关系可以推广到其他形式的能量转化过程中,热力学第一定律又被理解为广义的

① 常树人.热学[M].2 版.天津:南开大学出版社,2009.
② 张子文.科学技术史概论[M].杭州:浙江大学出版社,2010.

能量转化和守恒定律。也就是说,我们现在所说的能量守恒定律是由热力学第一定律引申而来的。

2. 能量守恒与转化定律

能量守恒与转化定律,又被称为能量守恒定律。它的现代表述为:能量既不会凭空产生,也不会凭空消失,它只能从一种形式转化为另一种形式,或者从一个物体转移到别的物体,在转化或转移的过程中,能量的总量保持不变。[1] 自然界的物体之间普遍发生着能量的转化和转移。例如,燃料燃烧,将化学能转化为内能;重物下落,重物的重力势能转化为重物的动能;发电机将机械能转化为电能;发光的电灯将电能转化为光能和内能;用炉子加热一壶水,内能从炉火转移到壶和水中等等。在能量转化和转移的过程中,其转化和转移都是具有方向性的,并且遵循能量守恒定律。

为了满足生产对于动力日益增加的需求,人们曾致力于制造一种机器:它不需要任何动力或燃料却能不断对外做功。人们称其为"第一类永动机"。

如图 4-3-13 所示,早期最著名的一个永动机设计方案是 13 世纪一个叫亨内考的法国人提出来的。他在一个轮子的边缘上等距地安装 12 根活杆,杆端皆装以重球。他设想,当轮子转动起来后,由于右边重锤距轮心更远些,就会使轮子永不停息地动下去。这个设计被不少人以不同的形式复制出来,但从未实现不停息地转动。[2] 在 17 至 18 世纪,人们又不断提出永动机的构想,但最终都失败了。1775 年,法国科学院曾宣布不再审查永动机的设计方案,表明当时的科学界已经从长期积累的经验中对能量守恒有了一定的直觉。

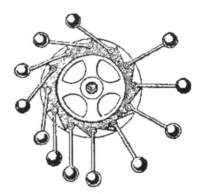

图 4-3-13 亨内考的永动机模型

根据能量守恒定律,任何一部机器运动时,只能将能量从一种形式转化为另一种形式,而不可能无中生有地创造能量。第一类永动机违背了这一定律,是不可能制成的。

(四) 热力学第二定律

热力学第二定律有多种不同的表述方式,其中最重要的有以下两种。

1. 热力学第二定律的开尔文表述

英国物理学家威廉·汤姆森(William Thomson),又称开尔文勋爵(Lord Kelvin),他系统阐述了热力学理论,其中热力学第二定律表述为:从单一热源吸取热量使之完全变为有用的功而不产生其他影响是不可能的。

热力学第二定律的开尔文表述等价于宣告不可能制造出效率 100% 的热机,即只从单一热源吸收热量,使之完全变为有用的功而不引起其他变化的热机(也就是人们说的第二类永动机)。第二类永动机不可能制成,表示尽管机械能可以全部转化为内能,但内能

————————

　① 人民教育出版社,课程教材研究所,物理课程教材研究开发中心编.普通高中课程标准实验教科书物理选修 3-3[M].北京:人民教育出版社,2010.

　② 张兰知.热学[M].哈尔滨:哈尔滨工业大学出版社,2000.

却不能全部转化成机械能而不引起其他变化;机械能和内能的转化过程具有方向性。

2. 热力学第二定律的克劳修斯表述

德国物理学家克劳修斯(Rudolf Julius Emanuel Clausius)也独立地提出了热力学第二定律。他的热力学第二定律表述为:热量不可能自动地从较冷的物体转移到较热的物体,为了实现这一过程就必须消耗功。[①] 也就是说,热量不能从低温物体自发地传给高温物体,除非有外界的帮助,例如,电冰箱只有在消耗电能的条件下才会使低温物体的热量传到高温物体。

后来克劳修斯用一个新的概念——熵来反映热力学第二定律所描述的热过程。熵在这里被视为系统中能量可以转化的程度。对于具有相同能量的系统来说,温度高的熵小,温度低的熵大。在孤立系统中,热量总是由高温物体(熵小)传向低温物体(熵大),所以这个系统总是要沿熵增加的方向运动。[②] 因而热力学第二定律又被称为熵增加原理。热力学第二定律的克劳修斯表述指出了热传导的方向性。

热力学第二定律的开尔文表述与热机的工作有关;克劳修斯表述与热传导现象有关。两种表述通过热功转换和热传导各自表述了能量转化过程的方向性(或不可逆性),所以本质上是相同的。

拓展阅读

"喝水鸟"

"如果世界上真的有永动机,一定非他莫属。"有人打趣地说,"这种鸟显然不需要能量就能运作。但是事实上,它是一种设计精巧的热机。它的能量来自灯或太阳。"

由新泽西贝尔实验室的科学家迈尔斯·沙利文(Miles V. Sulivan,公元 1917 年生)在 1945 年发明,1946 年取得专利的喝水鸟(drinking bird)吸引了许多科学家和老师的注意。这只看来似乎会不断重复地低头把尖嘴伸进前面的水杯再起身的鸟,背后的秘密其实是许多的物理定律。

它的原理是这样的:这只鸟的头上覆盖着类似绒布的料,它的身体里装有上色的二氯甲烷溶液,这

"喝水鸟"图示

是一种在相对较低的温度下就会汽化的挥发性液体。由于鸟身体里的空气会被移除,因此里面填充了一部分二氯甲烷蒸气。喝水鸟借由鸟头和尾巴的温度差来运作,温度差会在鸟的内部产生压力差。当鸟头湿润时,水会从绒布蒸发带走热量,使得鸟头的温度变低。温度变低时,位于鸟头的部分蒸气会凝结成液体,而降温与

---

① 张子文.科学技术史概论[M].杭州:浙江大学出版社,2010.
② 王鸿生.科学技术史[M].北京:中国人民大学出版社,2011.

凝结会让鸟头的压力变低,使得身体里的液体被吸到鸟头。当液体进到鸟头时,鸟变得头重脚轻而往前倾倒到水杯里。当鸟头前倾时,身体里的气泡从内部的管子上升到鸟头,取代一部分位于头部的液体,而液体则流回身体,使得鸟又后倾回去。只要杯子里的水还足够湿润鸟头,这个过程就会不断地持续下去。事实上,这些喝水鸟可以用来产生少量的能量。

摘自:(美)克利福德·皮科夫.物理之书[M].严诚廷译.桂林:漓江出版社,2015.

第四节　电和磁

1. 理解电荷及其相互作用,掌握库仑定律、欧姆定律的内容。

2. 掌握基本电路的连接,会根据需求设计简单的电路。

3. 了解电功和电功率,能运用电功和电功率的相关知识分析、处理生活中的简单问题。

4. 理解磁现象和磁场的相关内容,知道电和磁有着密切的联系。

5. 理解电磁感应现象的内涵以及探索电磁感应现象的科学思想和方法。

电和磁是自然界中普遍存在的基本现象。人类很早就对静电现象和静磁现象有了一定的认识,如中国古代有"琥珀拾芥"的记载;古希腊哲学家泰勒斯(Thales)在公元前600年左右,就发现摩擦过的琥珀具有吸引轻小物体的能力,他还注意到了磁石吸铁的现象;还有我国古代利用天然永磁体制造的指南针等,都是人类对电和磁的早期探索。1820年丹麦物理学家奥斯特(Hans Christian Orsted)发现电流磁效应,揭示了电和磁之间的联系。此后,电磁理论迅速发展,到19世纪下半叶,电磁学理论的大厦基本建成。本节我们将按照人们对电磁现象的认识过程,系统地了解电和磁的一些性质以及它们之间的联系,进一步认识、把握电磁现象的基本规律。

一、电

16世纪,英国皇家医学院医学教授吉尔伯特(W. Gilbet)根据希腊文琥珀(ηλεκτορυ)创用了"电"(electric)一词。[①] 随着现代科学技术的迅猛发展,电子技术、信息技术、空间技术、海洋技术、生物工程、新能源和新材料等,正在把人类带进一个崭新的高科技时代,而这些高新技术的发展都离不开电。

---

① 姜振寰.科学技术史[M].济南:山东教育出版社,2019.

（一）电荷及其相互作用

1. 摩擦起电

人们对电的认识是从摩擦起电开始的。生活中有很多摩擦起电的现象，如用棉织品摩擦过的气球能"吸"在墙上；干燥天气里越梳头，头发越蓬松；用摩擦过的塑料棒靠近细水流，水流弯曲等。一些物体被摩擦后，能够吸引轻小物体。人们就说这些摩擦后的物体带了"电"，或者说带了电荷。而带有电荷的物体被称作带电体。

大量的实验研究表明，自然界中只存在两种电荷。人们把用丝绸摩擦过的玻璃棒上所带的电荷规定为正电荷，把用毛皮摩擦过的橡胶棒上所带的电荷规定为负电荷。人们还发现，两种电荷间存在同种电荷相互排斥、异种电荷相互吸引的性质。电荷的多少叫作电荷量（简称电量），国际单位为库仑（简称库），用符号 C 表示。

物质是由分子或原子组成的。原子由原子核与核外电子组成，而原子核由质子和中子组成（质子带正电，中子不带电），核外电子带负电。通常情况下，原子核内的正电荷与核外电子所带负电荷的总量相等，所以整个原子不显电性。不同物质的原子核束缚电子的本领不同。当两个材料不同的物体相互摩擦时，其中原子核束缚电子本领弱的物质将会失去电子，失去的电子将转移到与它摩擦的另一个物体上，失去电子的物体因缺少电子而带正电，得到电子的物体因有多余的电子而带等量的负电。在转移过程中，能够移动的只是带负电荷的电子。因此，摩擦起电并不是创造了电荷，只是电子在物体间发生了转移。

2. 电荷间的相互作用

（1）点电荷和元电荷

实验发现，真空中两个静止带电体之间的相互作用力，不仅和两个带电体的电荷量、距离有关，而且与它们的大小、形状以及电荷在带电体上的分布有关，当带电体的几何线度远小于带电体之间的距离时，带电体的大小、形状以及电荷在带电体上的分布对它们之间的相互作用力的影响非常小，可以忽略不计。这种带电体就被称为点电荷。[①] 只有电量，没有大小的点电荷其实是一种理想化的模型，类似于运动学中的"质点"模型。

1897 年，英国物理学家汤姆逊（Joseph John Thomson）通过实验证明了电子的存在；1906—1914 年间，美国实验物理学家密立根（Robert Andrews Millikan）通过著名的"油滴实验"测出了精确的电子电量的数值，并证明电子的电量 e 是电荷的最基本单位，所有带电物质的电量都是 e 的整数倍。[②] 在各种带电微粒中，电子和质子（带正电）的电荷量是最小的，它们带的电量相同，但符号相反。人们把最小电荷量称作元电荷，用 e 来表示，通常情况下取 $e=1.6 \times 10^{-19}\mathrm{C}$。

（2）库仑定律

库仑定律是电磁学发展史上的第一个定量规律，它使人们对静电学的研究从定性进

---

① 贾瑞皋，薛庆忠. 电磁学[M]. 2 版. 北京：高等教育出版社，2011.
② 王鸿生. 科学技术史[M]. 北京：中国人民大学出版社，2011.

入定量阶段。1785年,法国物理学家库仑(Ch. A. Coulomb)设计了精巧的电斥力扭秤实验,证实了带同种电荷的两个小球之间的作用力跟物体间的万有引力是符合同一定律的,即作用力的大小与距离平方成反比关系。库仑在1787年借鉴了万有引力下单摆的周期运动,设计了电摆实验,证实了"正电荷与负电荷之间的吸引力也遵循距离的平方反比关系"。[①] 进而得出结论:真空中两个点电荷之间的相互作用力,跟它们电荷量的乘积成正比,跟它们的距离的二次方成反比,作用力的方向在它们的连线上。

这个规律被称作库仑定律,公式为 $F=k\dfrac{Q_1Q_2}{r^2}$,该式可求出两个点电荷相互作用力的大小,力的方向可根据"同种电荷相互排斥,异种电荷相互吸引"的性质来判断。式子中的 k 是比例系数,叫作静电力常量,$k=9.0\times10^9\ \mathrm{N\cdot m^2/C^2}$,它表示真空中两个电荷量均为 1 C 的点电荷,相距 1 m 时,它们之间的作用力的大小为 9.0×10^9 N。实际上,我们几乎不可能做到使两个相距 1 m 的电荷都带上 1 C 的电量,这是因为库仑是一个比较大的电荷量单位。例如,一把梳子和衣袖摩擦后所带的电荷量还不到百万分之一库仑,不过天空中发生闪电之前,巨大的云层中积累的电荷量可达几百库仑。[②]

(3)电场和电场线

电荷间的相互作用是通过电场发生的。电荷周围存在电场,电场是客观存在的一种特殊物质,不能通过仪器观察到。但电场的基本性质是对放入其中的电荷有力的作用,这种力就是电场力。我们可以通过在电场中放入试探电荷(电荷量和体积都很小的电荷)来研究电场。通过实验发现,不同的点电荷在电场中的同一点所受的电场力与所放点电荷 q 的比值是相同的,人们把这个比值叫作该点的电场强度(简称场强),用符号 E 来表示。表达式为 $E=\dfrac{F}{q}$,单位为 N/C。物理学中规定,电场中某点正电荷受力的方向为该点的场强方向,则负电荷受力方向与场强方向相反。在点电荷 Q 形成的电场中,某一点的场强是由产生电场的电荷决定,与放不放试探电荷,放什么试探电荷无关。$E=k\dfrac{Q}{r^2}$ 是 $E=\dfrac{F}{q}$ 的特例,它只适用于点电荷产生的电场的场强运算。如果有几个点电荷同时存在,它们的电场就互相叠加,形成合电场。合电场中某点的场强等于各个电荷单独存在时在该点产生的场强的矢量和,需要用平行四边形定则进行运算。

除了利用电场强度这一物理量来描述电场,还可以用另外一种直观形象的方法来描述电场——电场线。电场是客观存在的,而电场线是为了描述电场而假想的线,并不真实存在。

电场线始于正电荷(或无穷远),终于负电荷(或无穷远),不形成闭合曲线。电场线的疏密程度表示场强的大小,越密的地方场强越强,越疏的地方场强越弱,电场线上每一点的切线方向跟这一点的场强方向一致。如图4-4-1所示,为几种常见电场的电场线分布。

① 柯晓露,宋静.学习进阶与科学论证整合的物理概念教学——以"库仑定律"为例[J].物理教学探讨,2020(2):8.

② 人民教育出版社,课程教材研究所,物理课程教材研究开发中心编.普通高中课程标准实验教科书物理选修3-1[M].北京:人民教育出版社,2010.

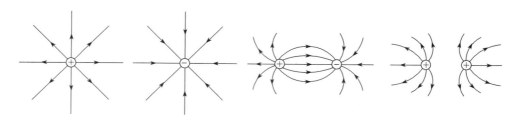

图 4-4-1　常见电场的电场线分布图

此外,平行带电金属板的电场是匀强电场,由于匀强电场的电场强弱和电场方向都相同,所以匀强电场的电场线是一些间距相等的平行直线。

4. 静电感应

（1）静电感应现象

如图 4-4-2 甲所示,导体 A 原来不显电性,因为其内部的正负电荷数量相等,正好中和。当一个带正电的物体 B 与不带电的导体 A 相互靠近时,由于电荷间的相互作用,导体 A 中可以移动的自由电荷(电子)将会发生运动,使导体 A 中的电荷重新分布,导体 A 靠近带电体 B 的一端会带上负电荷,而导体 A 远离带电体 B 的一端将带上正电荷;如图 4-4-2 乙所示,如果是一个带负电的物体 C 与原来不带电的导体 A 相互靠近,则导体 A 靠近带电体 C 的一端会带上正电荷,而导体 A 远离带电体 C 的一端将带上负电荷。

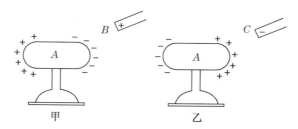

图 4-4-2　静电感应一

这种把带电体移近不带电的导体而使导体带电的现象叫作静电感应现象。发生静电感应时,导体上电荷分布的规律为"近异远同"。

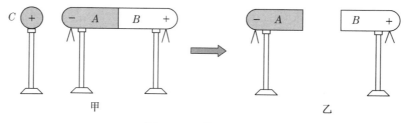

图 4-4-3　静电感应二

如图 4-4-3 甲所示,将带正电的 C 靠近两个不带电且相互接触的金属导体 A 和 B,由于静电感应,金属导体 A,B 两端带上了等量的异种电荷。如果直接移走带电体 C,导体 A,B 的正负电荷中和,又呈现出不带电的状态;如果在移走带电体 C 之前,先将导体 A,B 分开,那么如图 4-4-3 乙所示,金属导体 A,B 将分别带电。

人们把利用静电感应使导体带电的过程称作感应起电。感应起电使自由电子从物体的一部分转移到另一部分,使一个物体的两部分带上等量的异种电荷。

实际上,无论是摩擦起电,还是感应起电,都说明了电荷既不能创造,也不能消灭,只能从一个物体转移到另一个物体,或者从物体的一部分转移到另一部分,在转移过程中,电荷的总量是不变的。这就是自然界中电荷守恒定律的内容。

（2）静电平衡状态

静电感应现象的实质是什么呢？当带电体靠近一个不带电导体时,导体处于带电体所形成的电场中,如图 4-4-4 甲所示,导体内的自由电子在外电场力的作用下,逆着电场线定向移动,使导体的一侧聚集负电荷,而导体另一侧却聚集等量的正电荷。然后导体两侧正、负电荷在导体内部产生与原电场反向的电场,如图 4-4-4 乙所示,因 E' 与原来的场强 E_0 反向,叠加的结果是使原场强逐渐减弱,直至合场强 $E=E_0+E'=0$,此时自由电荷受到的合力 $F=Eq=0$,自由电荷将不会再定向移动,这时导体处于静电平衡状态。静电平衡状态下导体的特点为内部场强处处为零,导体中（包括表面）没有电荷的定向移动。

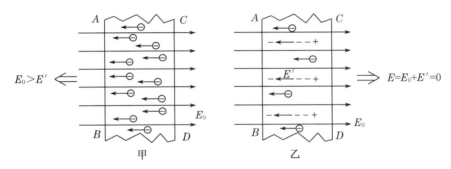

图 4-4-4　静电感应现象的实质

（3）静电屏蔽

由于处于静电平衡状态的导体,内部场强处处为零。如果将导体挖空（如金属网罩）,变成一个导体壳,壳内场强仍处处为零,这种金属导体壳（网罩）就能把壳外电场遮住,使壳内部不受外电场影响。

另外,如果是接地的封闭导体壳,其内部电场对外部没有影响。如图 4-4-5 甲所示,一个封闭的金属导体壳内部空间某点有一点电荷 $+q$,由于静电感应,导体壳内外表面感应出等量的异种电荷,电场线分布如图甲所示。如果把导体壳接地,如图 4-4-5 乙所示,$+q$ 在壳内的电场对壳外空间就没有影响了。原因是：当把球壳接地后,大地的电子在静电力作用下通过接地的导线移动到壳面上与壳外表面的正电荷中和,球壳外表面没有电荷,所以壳外空间没有电场。

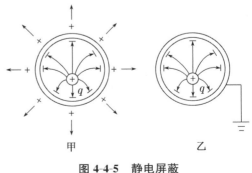

图 4-4-5　静电屏蔽

总之,导体壳不论接地与否,其内部电场不受外界电场的影响；接地导体壳外部电场

不受内部电荷的影响。这种现象称为静电屏蔽。[①] 静电屏蔽现象在生产生活中有广泛应用。例如，为了不受外界电场的干扰，电学仪器和电子设备外面有金属外壳或金属网罩；通信电缆的外面包一层铅皮；高压带电作业人员身穿金属网衣；通信工具在钢筋结构的房屋中接收信号较弱等。

（二）导体中的电流

容易导电的物质叫作导体，其导电的原因是物质内部有大量的自由电荷，常见的导体有金属、石墨、人体、大地、非纯净水及酸、碱、盐的水溶液等。不容易导电的物质叫作绝缘体，绝缘体内的电荷几乎都被束缚在原子的范围内，不能自由移动。橡胶、塑料、玻璃、陶瓷、干燥的木头等都是绝缘体。

1. 电流的形成

导体中有大量的自由移动的电荷，平时它们的运动方向杂乱无章，但是接上电源后，导体两端就有了电压（也叫电势差），导体中就有了电场，导体中的自由电荷受到电场力的作用，发生定向移动。导体中电荷的定向移动就形成了电流。形成电流的电荷可能是正电荷，也可能是负电荷，还可能是两种电荷同时向相反的方向移动而形成的。如图 4-4-6 甲所示，在金属导体中，做定向移动的是自由电子；如图 4-4-6 乙所示在酸、碱、盐的水溶液中，做定向移动的是正、负离子。物理学上规定，正电荷定向移动的方向为电流的方向。由金属导线连接的电路中，是电子（负电荷）的定向移动形成了电流，那么按照规定，电子定向移动的方向与电流的方向相反。在酸、碱、盐的水溶液中，电流的方向与正离子定向移动的方向相同。

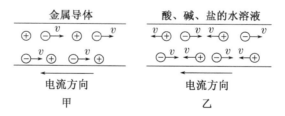

图 4-4-6　电流的方向

2. 电流的大小

电流不仅有方向而且有大小，电流的大小（电流的强弱）可以用单位时间内通过导体任一横截面的电荷量来表示。如果电流用 I 表示，电荷量用 Q 表示，则电流的定义式为 $I=\dfrac{Q}{t}$。法国物理家安培（André-Marie Ampère）在电学方面的研究成果十分突出，为了纪念安培，物理学界用他的名字作为电流的单位名称，即电流的国际单位是安培，简称安，符号为 A，比安小的单位还有毫安（mA）和微安（μA）。电流单位之间的换算关系是 1 A ＝1000 mA，1 mA＝1000 μA。

---

①　贾瑞皋，薛庆忠. 电磁学［M］. 2 版. 北京：高等教育出版社，2011.

我们也可以对电流进行微观分析,如图 4-4-7 所示,设粗细均匀的一段导体长度为 l,两端加一定的电压,导体中自由电荷定向移动的速率为 v,导体的横截面积为 S,导体单位体积内的自由电荷数为 n,每个自由电荷的电量为 e,则导体中自由电荷总数 $N=nlS$,总电量 $Q=Ne=nlSe$,所有这些电荷通过导体横截面所用时间 $t=\dfrac{l}{v}$,所以电流 $I=\dfrac{Q}{t}=neSv$。即从微观上看,电流大小取决于单位体积内的自由电荷数 n、导体的横截面积 S 和自由电荷定向移动的速率 v。

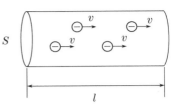

图 4-4-7 电流的微观解释

实验室测量电路中电流大小的工具为电流表和灵敏电流计等。人们把方向不随时间变化的电流称为直流电,把电流方向和电流强弱都不随时间变化的电流叫作恒定电流。

(三) 电阻和电阻率

1. 电阻

物理学中把导体对电流的阻碍作用叫作电阻。导体的电阻越大,表示导体对电流的阻碍作用越大。国际上通常用字母 R 来表示导体的电阻,单位是欧姆(简称欧),符号为 Ω。常用的单位还有千欧(kΩ)、兆欧(MΩ),它们之间的换算关系是 $1\ \mathrm{M\Omega}=10^{3}\ \mathrm{k\Omega}=10^{6}\ \Omega$。

2. 电阻定律和电阻率

实际上,电阻是导体本身的一种性质,无论这个导体是否连入电路、是否有电流通过、它两端的电压是否存在,导体对电流的阻碍作用总是存在的。实验证明:导体的电阻大小与导体的材料、长度、横截面积和温度都有关系。在温度一定的条件下,当长度和横截面积相同时,导体的材料不同,电阻不同;当材料和横截面积相同时,导体的电阻与导体的长度成正比;当材料和长度相同时,导体的电阻跟导体的横截面积成反比。这就是电阻定律的内容。

电阻定律用公式表示为 $R=\rho\dfrac{L}{S}$。式中,L 表示导体的长度;S 表示导体的横截面积;ρ 是比例常数,它跟导体的材料有关,是一个反映材料导电性能的物理量,称为材料的电阻率。各种材料的电阻率都受温度的影响,一般金属材料的电阻率随温度的升高而增大,而某些合金的电阻率随温度变化很小,比如锰铜合金、镍铜合金等,根据它们的这种性质,可以将这些合金制成标准电阻。

3. 欧姆定律

在电路中,当导体两端加上电压,电压使导体中的自由电荷定向移动形成电流,电流又会受到导体的阻碍作用,那么导体中电流的大小 I 和导体两端的电压 U、导体的电阻 R 之间存在什么关系呢? 德国物理学家欧姆(Georg Simon Ohm)通过大量的实验证实:保持电阻一定时,电流与电压成正比关系;保持电压不变时,电流与电阻成反比关系。这个结论被称为欧姆定律。欧姆定律的表达式为 $I=\dfrac{U}{R}$。式中,U 表示导体两端的电压,电压的国际单位是伏特(简称伏),符号为 V。根据该表达式,如果在电阻为 1 Ω 的某导体两端加上 1 V 的电压,通过该导体的电流则为 1 A,即 1 Ω＝1 V/A。

欧姆定律是电学中最基础的定律之一。实验及事实证明,欧姆定律的适用条件为:欧姆定律只适用于纯电阻元件,典型的纯电阻元件有金属导体和电解质溶液。若整个电路中包含非纯电阻元件(如电动机、电解槽、电冰箱、空调、电感、电容等),则不能对整个电路使用欧姆定律,但可以对不包含该非纯电阻元件的部分电路使用欧姆定律。[①]

以上内容为部分电路欧姆定律,实际中还经常用到闭合电路欧姆定律。我们都知道,干电池的电压约 1.5 V,铅蓄电池的电压约 2 V,即类型不同的电池两极间的电压一般不同。而电压是由电源本身的性质决定的。物理学上为了表征电源的这种特性,引入电动势的概念。电源的电动势在数值上等于电源没有接入电路时两极间的电压。电源电动势常用符号 E(有时也用 ε)表示,单位是伏特(V)。如图 4-4-8 甲所示,部分电路为闭合电路的一部分;在图乙中,外电路的总电阻称为外电阻 R,内电路的电阻称为电源的内阻 r。

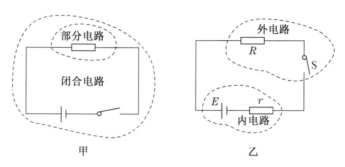

图 4-4-8　闭合电路和部分电路、内电路和外电路

在闭合电路中,电源电动势 E 和内、外电压 $U_内$、$U_外$ 的关系为 $E=U_内+U_外$,如图 4-4-9 所示,设闭合电路中的电流为 I,外电阻为 R,内阻为 r,根据部分电路欧姆定律,外电压 $U_外=IR$,内电压 $U_内=Ir$,则电源电动势 $E=U_内+U_外=IR+Ir$。如果要探讨电路中电流与哪些因素有关,上式可变形为 $I=\dfrac{E}{R+r}$,这就是闭合电路欧姆定律,即闭合电路中的电流跟电源的电动势成正比,跟内、外电路的电阻之和成反比。闭合电路欧姆定律适用于外电路是纯电阻的电路。

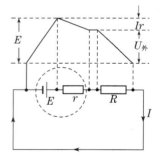

图 4-4-9　E 和 $U_内$、$U_外$ 的关系

(四)电路及其简单连接

1. 电路

用导线把电源、用电器、开关等连接起来组成的电流通路就称为电路。从能量的角度分析,电源提供电能,用电器消耗电能,开关控制电能,导线输送电能。

[①] 邓新云.浅议欧姆定律的适用条件[J].中学物理教学参考,2020(4):48.

初中物理知识告诉我们,电路有三种状态:通路、开路和短路。

通路就是用电器正常工作的电路。

开路就是电路中没有电流,用电器不工作的电路,造成开路的情况可能有开关没有闭合、接线处松动(接触不良)、导线断裂、用电器损坏等。

而短路可分为两种情况:电源短路和局部短路。如图 4-4-10 甲所示,当开关闭合后,电流从电源正极流出,经导线→开关→导线,流入电源负极(相当于用一根导线将电源两极直接相连),此时电路中电流很大,会烧坏电源和导线,由于电流没有通过灯泡(用电器),故灯泡不会烧坏,通常我们把这种情况叫电源短路。另一种短路情况如图 4-4-10 乙所示,当开关闭合后,电流从电源正极流出,经导线→开关 S→导线→灯 L_2→导线,流入电源负极,因为没有电流流过 L_1,所以 L_1 不发光(L_1 被短路),而灯 L_2 中有电流,灯 L_2 会发光,我们把这种情况叫作局部短路。发生局部短路时,由于被短路的用电器中没有电流通过,所以被短路的用电器不会被烧坏,但有可能造成电路中电流过大而损坏其他的用电器。

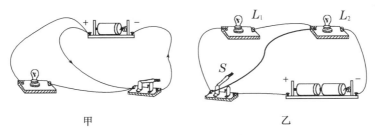

甲　　　　　　　　　乙

图 4-4-10　电源短路和局部短路

2. 电路的连接方式

电路中有很多元件,我们可以根据实际需要将它们连接起来。电路连接的基本方式是串联电路和并联电路,复杂的还有混联电路(既有串联又有并联)。但是只要我们掌握了简单电路的识别及其特点,就能分辨和把握复杂电路。

(1) 串联电路

如图 4-4-11 所示,电路元件逐个顺次连接,电流无分支,只有一条路径的电路就是串联电路。串联电路的特点有:

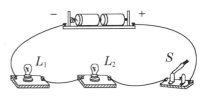

图 4-4-11　串联电路连接图

① 开关控制所有用电器的通断,即开关 S 闭合,灯 L_1 和灯 L_2 都亮,S 断开,灯 L_1 和灯 L_2 都不亮;

② 如果其中一个元件发生开路,其他用电器均停止工作;

③ 串联电路中电流处处相等;

④ 串联电路的等效总电阻等于各个用电器电阻之和;

⑤ 串联电路的总电压等于各用电器两端电压值之和。

（2）并联电路

如图 4-4-12 所示，电路元件并列地连接在电路的两点之间，电流有分支，并且电流有两条及以上路径的电路就是并联电路。并联电路的特点有：

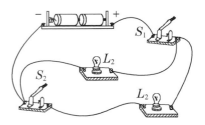

图 4-4-12　并联电路连接图

① 干路开关控制整个电路的所有用电器，支路开关只能控制所在支路上的用电器，如图 4-4-12 所示，开关 S_1 为干路开关，S_2 为支路开关，当 S_1、S_2 都闭合，灯 L_1 和灯 L_2 都亮，接着断开 S_2，灯 L_2 不亮，只有灯 L_1 亮，说明 S_2 控制灯 L_2，如果再断开 S_1，灯 L_1 也不亮，若此时只闭合 S_2，灯 L_2 也不会发光，说明 S_1 控制整个电路；

② 如果某支路发生开路，不影响其他支路，其他支路上的用电器仍可继续工作；

③ 并联电路中干路电流等于各支路电流之和；

④ 并联电路中总电阻的倒数等于各支路电阻的倒数之和；

⑤ 并联电路中各支路两端的电压都相等。

这两种基本电路在生活中应用非常广泛，例如，节日里用来作装饰的一长串小彩灯就是串联的；而家庭电路中的洗衣机、冰箱、电视等需要单独工作，所以它们都是并联在电路中的。其实整个家庭的电路是混联的，电能表、总开关、保险丝（空气开关）是串联在家庭电路的干路中，而各支路用电器之间均为并联。

　思考与讨论

在学习和生活中，我们经常用一些规定的符号来表示电路的连接情况。中学的物理学习中，我们已经掌握了基本的电路知识和一些常用的电路元件符号，可以尝试进行简单的电路设计。

请你根据提供的实验器材：电源、两个开关、一个小灯泡、一个电铃、导线若干，设计一种声光报警电路，使该电路满足以下条件：（1）当断开开关 S_1，闭合开关 S_2 时，灯泡不亮，电铃不响；（2）当闭合开关 S_1，断开开关 S_2 时，灯泡亮，电铃也响；（3）当开关 S_1 和 S_2 都闭合时，灯泡亮，电铃不响。请组内讨论并设计电路图，与其他小组同学分享交流。

（五）电功和电功率

1. 电功

电流做功的过程就是电场力对电荷做功的过程，实际上也是电能转化成其他形式能量的过程。例如，电灯通电后将电能转化为内能和光能；电饭锅煮饭时将电能转化为内能；电动机工作时将电能转化为机械能；电解槽将电能转化为化学能等。

一段电路中电场力所做的功，也就是通常所说的电流所做的功，简称电功，用符号 W 表示。实验数据表明，电荷 q 在电场中由一点 A 移动到另一点 B 时，电场力做的功与 A，B 两点间的电势差有关，即 $W = qU_{AB}$。

如图 4-4-13 所示，一段电路两端的电压为 U，由于这段电路两端有电势差，电路中就有电场存在，电路中的自由电荷在电场力的作用下发生定向移动，形成电流 I，在时间 t 内，通过这段电路上任一横截面的电荷量 $q=It$，这相当于在时间 t 内将这些电荷 q 由这段电路的一端移到另一端。在这一过程中，电场力做的功 $W=qU=UIt$。

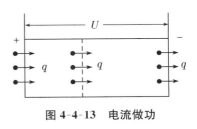

图 4-4-13　电流做功

也就是说，电流在一段电路上所做的功与电流、电压和通电时间成正比，公式为 $W=UIt$。在国际单位制中，电功的单位是焦耳（简称焦），符号是 J；生活中，电功的常用单位是千瓦时（俗称"度"），符号是 kW·h。

两个单位的换算关系：

$$1\ kW\cdot h=1000\ W\times3600\ s=3.6\times10^{6}\ J$$

在家庭电路中，测量家庭用电的仪器是电能表，它的单位是 kW·h。

2. 电功率

在相同的时间里，电流通过不同用电器所做的功一般不同。例如，在相同的时间里，电流通过电力机车的电动机所做的功要明显大于通过电风扇的电动机所做的功。电流做功不仅有多少，而且还有快慢。电功率就是为了描述电流做功的快慢而引入的。

我们把单位时间内电流所做的功叫作电功率，用字母 P 表示，表达式为 $P=\dfrac{W}{t}=UI$。

电功率的国际单位是瓦特（简称瓦），符号是 W，常用单位还有千瓦（kW）和兆瓦（MW），换算关系为 $1\ kW=1000\ W$，$1\ MW=1000\ kW=10^{6}\ W$。电流做功的"快慢"与电流做功的"多少"不同。电流做功快，但做功不一定多；电流做功慢，但做功不一定少。

家用电器上一般都标有额定电压和额定电功率。额定电压指的是用电器正常工作时的电压，额定电功率指的是用电器在额定电压下正常工作时消耗的电功率。例如，某电灯泡的规格为"220 V　40 W"，说明该电灯的额定电压为 220 V，额定电功率为 40 W，如果加在电灯泡两端的电压低于 220 V，它的实际电功率将小于 40 W，亮度比正常发光时要暗一些；如果加在电灯泡两端的电压高于 220 V，它的实际电功率将高于 40 W，会大大缩短它的使用寿命或有可能直接被烧坏。因此，在使用用电器时，应尽量保证用电器两端的电压等于或接近其额定电压，这样才能使用电器更好地发挥作用，延长其使用寿命。

根据焦耳定律，电流通过导体产生的热量为 $Q=I^{2}Rt$，则导体的发热功率为 $P_{热}=\dfrac{Q}{t}=I^{2}R$。如果某段电路中，只有纯电阻元件，电流所做的功 W 将全部转化为内能 Q，电功率与热功率数值相等，即 $P_{热}=P_{电}$；如果电路中有电动机或电解槽等非纯电阻元件时，电路消耗的电功率绝大部分转化为机械能或化学能等其他形式的能量，只有一少部分转化为内能，这时电功率大于热功率，即 $P_{电}>P_{热}$。

在日常生活中，我们也经常根据用电器的额定功率和使用时间来估算用电器消耗的电能，如某电热水壶铭牌上标有"加热功率 1200 W"，用该电热壶加热 6 分钟正好能烧开

一壶水,请问烧开一壶水需消耗多少度电?

根据公式计算,得

$$W=Pt=1200 \text{ W} \times 6 \times 60 \text{ s}=4.32 \times 10^5 \text{ J}=\frac{4.32 \times 10^5}{3.6 \times 10^6} \text{kW} \cdot \text{h}=0.12 \text{ kW} \cdot \text{h},即用该$$

电热壶烧开一壶水需要消耗 0.12 度电。

二、磁

人类最早认识磁是从天然磁石开始的,磁石是自然界的一种铁矿石,主要成分是四氧化三铁。由于它具有磁力,所以在古代被看作是"神奇的石头"。而在现代生活和生产中,磁的应用更加广泛,例如,指南针、银行卡等各种磁卡,磁性录音带,磁悬浮列车以及带电动机的电路(电扇、空调、洗衣机等)也都用到了磁。

(一)磁现象

1. 磁性和磁体

人们把像磁铁一样具有吸引铁、钴、镍等铁磁性物质的性质叫作磁性,而将具有磁性的物体称作磁体。磁体都具有吸铁性和指向性,即能够吸引铁磁性物质及静止时指南北。例如,我国古代四大发明之一的指南针就是利用了磁体的指向性而制成的,它被广泛地应用在航海、航空等各个领域。

2. 磁极

磁体各部分的磁性强弱不同,磁体上磁性最强的部分叫作磁极,它的位置在磁体的两端。可以自由转动的磁体,静止后恒指南北,世界各地都是如此,为了区别这两个磁极,我们就把指南的磁极叫南极(或称 S 极);另一个指北的磁极叫北极(或称 N 极),任何磁体都分两极(N 极和 S 极)。如果把一个小磁体逐渐分割成更小的磁体,不论分割得如何小,分割后的磁体总有两个磁极。[①] 也就是说,在静电学里存在着单独的电荷(正电荷和负电荷),但是在静磁学里人们目前还没有找到磁单极子(只有北极或只有南极的磁铁)存在的证据,磁体的磁极总是成对出现的。同电荷间相互作用规律一样,磁极间的相互作用规律:同名磁极相互排斥,异名磁极相互吸引。

3. 磁化

通过磁化可以使原来没有磁性的物体获得磁性。能够被磁化的材料大多是含铁、钴、镍的合金等铁磁性物质。实际上,所有能被磁体吸引的物体一定能被磁体磁化,因为吸引的过程就是磁化的过程。软铁材料很容易被磁化,但磁化后其磁性很容易消失,所以软铁常用来制作电磁铁;而钢材料被磁化后磁性可以长期保存,成为人造永磁体。现代生活中也有很多磁化现象。例如,彩色电视机显像管被磁化后,屏幕色彩会失真;机械手表指针被磁化后走时不准;经过磁化净水器处理的磁化水能够有效防垢、杀菌等;生活中使用的各种磁卡、磁带都是利用了它们被磁化而产生磁性来工作的。

---

① 贾瑞皋,薛庆忠. 电磁学[M]. 2 版. 北京:高等教育出版社,2011.

（二）磁场

1. 磁场

　　静止电荷之间的相互作用是通过电场传递的。磁极之间相互作用的磁力是通过什么发生的？大量的科学研究表明磁体的周围存在着一种物质，物理学中把这种物质叫作磁场。磁体间的相互作用就是通过它们各自的磁场而发生的。爱因斯坦曾说过："磁场在物理学家看来正如他坐的椅子一样实在"，这句话形象地说明了磁场是在磁体周围的空间客观存在的物质。磁场虽然看不见、摸不着，但我们可以通过它表现出来的性质认识它。磁场的基本性质是：它对放入其中的磁体会产生磁力的作用，我们经常用小磁针是否受到磁力的作用来检验小磁针所在的空间是否存在磁场。

　　19 世纪时，法国物理学家安培（André-Marie Ampère）曾提出了这样一个假说：组成磁铁的最小单元（磁分子）就是环形电流。若这样一些分子环流定向地排列起来，在宏观上就会显示出 N，S 极来，这就是安培分子环流假说。[①] 即他认为物质的磁性来源于构成物质的分子中存在的环形电流。实验研究表明，无论是导线中的电流还是磁铁，它们具有磁性的原因都是由于电荷的运动。运动着的电荷（即电流）之间的相互作用是通过磁场来传递的。需要说明的是，无论静止还是运动的电荷之间都存在着库仑相互作用，但是只有运动着的电荷之间才存在着磁相互作用。

2. 磁感应线

　　磁场不仅客观存在，而且还具有方向性和强弱分布的不同特征。如果将透明薄玻璃板置于条形、蹄形磁体之上，在板上均匀撒上铁屑，轻轻敲击玻璃板，最终铁屑会呈现多条规律性的条纹状分布曲线。为了形象直观地描述磁场，人们就仿照小铁屑的分布在磁体周围画了一些带箭头的曲线来描述磁场的某些特征和性质，这就是磁感应线（简称磁感线）。磁感应线在磁体外部总是从磁体的 N 极发出，最后回到 S 极。磁感线上

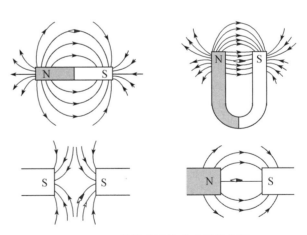

图 4-4-14　常见磁场的磁感线分布图

任何一点的切线方向，就是该点的磁场方向。磁感线分布越密的地方，其磁场越强；磁感线分布越疏的地方，其磁场越弱。如图 4-4-14 所示，即为几种基本磁场的磁感线描述情况。需要说明的是，磁感应线是人为定义的，有一定事实基础，但实际上并不存在，它是人们为了描述磁场而建立的一个理想的物理模型。

---

① 何爱雨，王荣泰. 普通物理学[M]. 长春:吉林教育出版社,1988.

3. 地磁场

地球是一个天然大磁体,地磁场对放入其中的磁体能够产生力的作用,所以可自由转动的磁针在地磁场的作用下,静止时一端指南,另一端指北。但由于地理两极跟地磁两极并不重合,磁北极在地理南极附近偏东,磁南极在地理北极附近偏西处,故水平放置的磁针指向,跟地理子午线有一夹角,称为"地磁偏角"。11世纪,我国北宋时期的沈括是最早发现地磁偏角的人,他在其著作《梦溪笔谈》中写道:"方家(指精通某种学问的行家)以磁石磨针锋,则能指南,然常微偏东,不全南也。"[①]记录的正是地磁偏角这种现象。

三、电与磁的关系

在日常生活中,我们使用的各种设备里均用到了磁,如扬声器、电话、动圈式话筒、电磁起重机、电动机、发电机、变压器等。可以说,在现代社会中,电和磁的应用是紧密联系在一起的。

(一)电流的磁场

1. 电流的磁效应

1820年,丹麦哥本哈根大学的奥斯特(Hans Christian Orsted)教授在做物理实验时偶然发现:电流通过铂丝时,铂丝下罗盘的磁针会发生偏转。这一发现表明,电现象可以转化为磁现象,这就是电流的磁效应。[②] 奥斯特的发现公布之后,立刻引起了科学界的轰动,电流磁效应的发现使人类开始认识宇宙中普遍存在的电磁相互作用。

奥斯特实验告诉我们,通电导体周围存在磁场,如果改变通电导体中的电流方向时,小磁针的偏转方向也会发生改变,说明通电导体周围磁场的方向与电流的方向有关。在奥斯特之后,法国物理学家安培(André-Marie Ampère)又进一步做了大量实验,很快就发现通电导体不仅会对磁针发生作用,两根通电导体之间也会发生相互作用。当两根通电导体有相同方向电流时,它们相互吸引;当两根通电导体中有相反方向的电流时,它们相互排斥。安培在短时间内将电流磁效应的发现推广到电流和电流之间的相互作用,归纳出了判定作用力方向的方法——安培定则以及计算作用力大小的公式。

2. 直线电流的磁场

直线电流(通电直导线)磁场的磁感线是一些以导线上各点为圆心的同心圆,这些同心圆都在跟导线垂直的平面上。直线电流的磁场方向与电流方向有关,它们之间的关系可以由安培定则(右手螺旋定则)来判断。如图4-4-15所示,用右手握住导线,让伸直的大拇指所指的方向跟电流的方向一致,弯曲的四指所指的方向就是磁感线的环绕方向。由于直导线的磁性相对较弱,科学家们把直导线弯成各种形状通

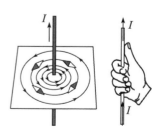

图 4-4-15　直线电流磁感线分布及安培定则

---

① 贾瑞皋,薛庆忠. 电磁学[M]. 2版. 北京:高等教育出版社,2011.
② 王鸿生. 科学技术史[M]. 北京:中国人民大学出版社,2011.

电之后进行研究,其中通电螺线管应用最为广泛。

3. 通电螺线管的磁场

通电螺线管外部的磁感线和条形磁铁外部的磁感线相似,也是从 N 极出来回到 S 极。通电螺线管内部具有磁场,内部的磁感线跟螺线管的轴线平行,方向由 S 极指向 N 极,并和外部的磁感线连接,形成一些环绕电流的闭合曲线。通电螺线管的电流方向跟它的磁感线之间的关系也可以用安培定则(右手螺旋定则)来判断:如图 4-4-16 所示,用右手握住螺线管,让弯曲的四指所指的方向跟电流的方向一致,大拇指所指的方向就是螺线管内部磁感线的方向,即大拇指指向螺线管的北极。

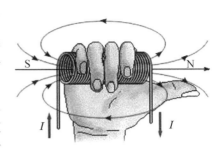

图 4-4-16　通电螺线管中的右手定则

(二)电磁铁

在通电螺线管内插入铁芯,就构成了一个电磁铁。因为通电螺线管是磁体,它可以将铁芯磁化,磁化后的铁芯也变成了一个磁体,两个磁体的磁场互相叠加,从而大大增强了通电螺线管的磁性。电磁铁与永磁体相比的优点之一是磁性的有无可以通过通断电来控制。电磁铁的铁芯须使用软铁制成,不能用钢制作,因为钢是硬磁性材料,一旦被磁化后,磁性将长期保持。

电磁铁是利用电流的磁效应来工作的。电磁铁的磁性强弱与电流大小和线圈匝数有关。同一个电磁铁,通入的电流越大,它的磁性就越强;电流一定时,外形相同的螺线管匝数越多,磁性越强。通常情况下,我们利用电流的大小来控制电磁铁磁性的强弱,也可以通过改变电流方向来改变电磁铁磁极的极性。

电磁铁在生产生活中有广泛的应用,如电铃、电话、电磁起重机、电磁继电器、电磁选矿机、磁悬浮列车、发电机等等。其中,电磁继电器是现代生活中电磁铁的一项重要应用。它可以实现低压电路控制高压电路、远距离操作和自动控制的功能。电磁继电器的工作原理如图 4-4-17 所示,当低压控制电路中的开关闭合之后,电磁铁 A 具有磁性并吸引衔

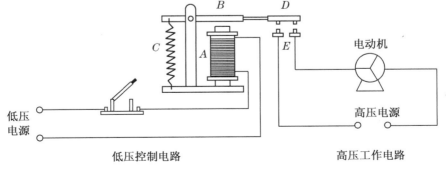

A. 电磁铁　B. 衔铁　C. 弹簧　D. 动触点　E. 静触点

图 4-4-17　电磁继电器工作原理图

铁 B，与衔铁 B 相连的动触点 D 向下运动与静触点 E 接触，使高压工作电路接通，电动机开始工作；当低压工作电路开关断开时，电磁铁 A 失去磁性，弹簧把衔铁拉起来，从而切断高压工作电路。电磁继电器实质上就是利用电磁铁控制工作电路通断的一个自动开关。

（三）磁场对电流的作用

通电导体能在其周围产生磁场，而将通电导体置于磁场中时，它也会受到力的作用。该作用力是法国物理学家安培（André-Marie Ampère）首先发现的，为纪念安培的贡献，人们把磁场对电流（通电导体）的作用力叫作安培力。

大量实验证明，当通电导体与磁场方向平行时，导体不受力；当通电导体与磁场方向垂直时，磁场对通电导体作用力的大小与导线长度和电流大小都成正比。安培力用公式表示为 $F=BIL$，式中 B 表示磁感应强度，它是反应磁场强弱的物理量，根据上式的变形公式 $B=\dfrac{F}{IL}$ 可知，磁感应强度的单位是 $N/(A \cdot m)$，在国际单位制中，磁感应强度的单位是特斯拉（简称特），符号为 T，即 $1\ T=1\ N/(A \cdot m)$。磁感应强度既有大小又有方向，磁场中某点的磁感应强度方向与该处磁场方向一致。在磁场的某个区域内，如果各点的磁感应强度大小和方向都相同，这个区域的磁场就叫作匀强磁场。在匀强磁场中，磁感线是一组平行而且等距的直线，如永磁体两个异名磁极间的磁场可以认为是匀强磁场。

通电导体在磁场中受到力的作用，安培力的方向与电流方向和磁场方向都有关系。并且安培力的方向总是垂直于电流方向和磁场方向，或者说是垂直于电流方向和磁场方向所在的平面。安培力的方向可以用左手定则来判定：如图 4-4-18 所示，伸开左手，使大拇指与其余四个手指垂直，并且都与手掌在同一平面内，让磁感线从掌心穿入，并使四指指向电流的方向，这时大拇指所指的方向就是通电导体在磁场中所受安培力的方向。

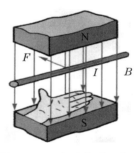

图 4-4-18　左手定则示意图

安培力最重要的一个应用就是电动机。直流电动机包括磁路部分和电路部分，是利用电和磁的相互作用将电能转化为机械能的设备。[①] 我们也可以认为，直流电动机由定子和转子两部分组成，通常情况下，它的磁路部分为定子，电路部分为转子。如图 4-4-19 所示，直流电动机的定子为 1——主磁极，转子包含 2——电刷、3——换向器、4——转子绕组、5——转子电源。普通的通电线圈在磁场中是无法持续转动的，而电动机的线圈之所以可以在磁场中连续转动是因为换向器这个关键性的部件。电动机中换向器的作用：在一个工作

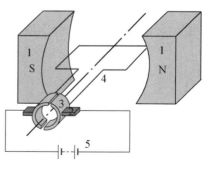

图 4-4-19　直流电动机示意图

---

①　杨勇.直流电动机的工作原理及常见故障解决方法[J].河南科技，2014，(23)：85.

循环中,每隔半个周期(即每当线圈刚转过平衡位置),自动改变线圈中电流的方向,进而改变线圈的受力方向,使线圈在磁场中可以持续转动。

家庭电路中的电风扇、空调、洗衣机等使用的都是交流电动机,实际的交流电动机形式多样,结构复杂,但与直流电动机一样都是利用磁场对通电导体的作用将电能转化为机械能。

(四) 电磁感应现象

1820 年丹麦物理学家奥斯特(Hans Christian Orsted)发现了电流的磁效应(被人们概括为"电生磁"),英国物理学家法拉第(Michael Faraday)由此受到启发,开始了对磁生电的探索,经过十年的不懈努力,于 1831 年发现了磁生电的条件和规律,开辟了人类的电气化时代。

首先来认识一个概念:磁通量。设在匀强磁场中有一个与磁场方向垂直的平面,磁场的磁感应强度为 B,平面的面积为 S,如图 4-4-20 甲所示,物理上把磁感应强度 B 与面积 S 的乘积,叫作穿过这个面的磁通量(简称磁通)。通常用 Φ 表示磁通量,则 $\Phi = BS$。如果平面跟磁场方向不垂直,如图 4-4-20 乙所示,我们可以做出它在垂直于磁场方向上的投影平面,从图中可以看出穿过斜面和投影面的磁感线条数相等,即磁通量相等,此时 $\Phi = BS\cos\theta$。在国际单位制中,B 的单位是 T,S 的单位是 m^2,Φ 的单位是韦伯(简称韦),符号是 Wb,1 Wb = 1 T·m^2。

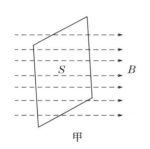

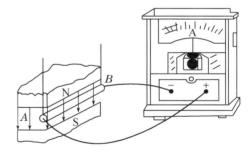

图 4-4-20　磁通量示意图

图 4-4-21　导体在磁场中运动时产生感应电流的情况

电磁感应现象产生需要满足什么条件呢? 如图 4-4-21 所示,把导体 AB 和灵敏电流计组成闭合回路,当导体 AB 在磁场中向左运动时,有电流产生,穿过闭合回路的磁通量 Φ 增加;当导体 AB 在磁场中向右运动时,有电流产生,穿过闭合回路的磁通量 Φ 减少;而当导体 AB 平行于磁感线向上或向下运动或在磁场中静止不动时,无电流产生,此时穿过闭合回路的磁通量 Φ 不变。即闭合电路的一部分导体在磁场中做切割磁感线运动时,穿过闭合回路的磁通量发生了变化,电路中就有了电流。

上述实验中,导体 AB 是运动的,如果反过来让磁体运动,而导体不动,是否有电流产生呢?如图 4-4-22 所示,让螺线管 B 与灵敏电流计组成闭合回路,将条形磁铁插入螺线管时,有电流,

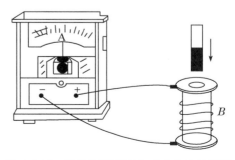

图 4-4-22　磁体运动时产生感应电流的情况

闭合回路中的磁通量 Φ 增加;当条形磁铁插进去稳定不动时,无电流产生,闭合回路中的磁通量 Φ 不变;将条形磁铁从螺线管中拔出来时,有电流,闭合回路中的磁通量 Φ 减少。

以上实验及其他事实表明:只要穿过闭合导体回路的磁通量发生变化,闭合导体回路中就有电流产生。人们把利用磁场产生电流的现象叫作电磁感应,在电磁感应现象中产生的电流叫感应电流。电磁感应现象广泛地应用在生产生活中及科学研究中,如发电机、感应电动机、变压器、动圈式话筒(麦克风)、电磁炉等等。

(五) 法拉第电磁感应定律

在电磁感应现象中,闭合电路中有感应电流,电路中就一定有电动势。电磁感应现象中产生的电动势叫作感应电动势,产生感应电动势的那部分导体就相当于电源。在电磁感应现象中,无论电路是否闭合,只要穿过电路的磁通量发生变化,电路中就有感应电动势。感应电动势才是产生感应电流的本质原因。

那么感应电动势的大小跟哪些因素有关呢? 大量实验表明:感应电动势的大小跟磁通量变化的快慢有关,而磁通量的变化快慢用磁通量的变化率来描述,即单位时间内磁通量的变化量。设 t_1 时刻穿过回路的磁通量为 Φ_1,t_2 时刻穿过回路的磁通量为 Φ_2,在时间 $\Delta t = t_2 - t_1$ 内磁通量的变化量为 $\Delta \Phi = \Phi_2 - \Phi_1$,磁通量的变化率为 $\dfrac{\Delta \Phi}{\Delta t}$。精确的实验表明:闭合电路中感应电动势的大小,跟穿过这一电路的磁通量的变化率成正比,这就是法拉第电磁感应定律。如果用 E 表示感应电动势,则法拉第电磁感应定律可表示为 $E = \dfrac{\Delta \Phi}{\Delta t}$。实际工作中,为了获得较大的感应电动势,闭合电路通常是采用几百匝甚至几千匝的线圈,且穿过每匝线圈的磁通量变化率都相同,这就相当于 n 个单匝线圈串联而成,因此感应电动势变为 $E = n \dfrac{\Delta \Phi}{\Delta t}$。

目前,人们以法拉第电磁感应定律为理论基础,采用不同的方式来推动发电机工作,将其他形式的能量转化为大规模的电能。如图 4-4-23 所示为交流发电机示意图,发电机也是由定子和转子组成,一般磁体为定子,线圈为转子。矩形线圈、圆环、电刷、电流表组成了闭合回路,在线圈转动过程中,当线圈平面和磁感线垂直时(即处于中性面位置,也叫平衡位置),穿过线圈的磁通量最大,但 $\dfrac{\Delta \Phi}{\Delta t} = 0$ 最小,线圈两边不切割磁感线,

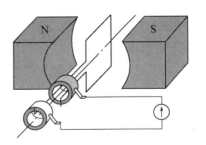

图 4-4-23　交流发电机示意图

线圈中感应电动势为 0,无感应电流;当线圈平面和磁感线平行时,$\Phi = 0$,但 $\dfrac{\Delta \Phi}{\Delta t}$ 达到最大,线圈两边切割磁感线,线圈中感应电动势最大,有感应电流。线圈在磁场中转动,当经过中性面时,电流将改变方向,线圈转动一周,两次经过中性面,感应电流方向改变两次;线圈不断转动,则感应电流的大小和方向不断做周期性变化。人们把这种大小和方向做周期性改变的电流称为交变电流,简称交流电。

电流分为两种主要类型：直流（DC）和交变电流（简称交流，AC）。两种类型的电流的主要区别在于电流的流动方向。在直流中，电流流向单一方向，方向不会周期性的改变，直流一般用于给电气设备供电和给电池充电。交变电流的大小和方向都随时间做周期性的改变，因其传输效率高，交流主要被用于长距离电力传输。在电网中，要在发电站内先使用变压器将输出的电压转换为高电压，这样会减少在长距离传输过程当中电能的损耗，再在接近用户的地点将其转化为低电压，最后配送给家庭或工厂使用。① 目前，我国使用的交流电的周期是 0.02 秒，频率为 50 赫兹，即发电机线圈转一周用 0.02 秒，1 秒内线圈转 50 周，出现 50 个周期，电流方向改变 100 次。

拓展阅读

电磁波的发现

法拉第对电磁学的贡献不仅是发现了电磁感应，他还发现了光磁效应（也叫法拉第效应）、电解定律和物质的抗磁性等等。他在大量实验的基础上创建了力线思想和场的概念，为麦克斯韦电磁场理论奠定了基础。

法拉第是实验物理学家，在他大量的探索活动中显示了深邃的洞察力。有一件事很能说明他的理论预见性。1832 年 3 月 12 日，就在他发现电磁感应之后不久，他从场的观念出发，把电和声加以对比，预见到静电感应和电磁感应需要有一个传播过程。由于条件所限，当时他没有可能用实验加以证明，于是他写了一篇备忘录，密封好后交给当时的皇家学会秘书契尔德仑，锁在皇家学会的保险箱里，供日后查证。法拉第在这份备忘录中预言了电磁波的可能性，当然他还无法从理论上证明光就是电磁波，也无法判定电磁波的速度就是光速。

到了 19 世纪 60 年代，麦克斯韦发展了法拉第的思想，总结了电磁全部成果，运用严格的数学工具，列出 20 个方程，建立了全面的电磁场理论。这个理论的重要结果之一是预言了电磁波，并证明电磁波的传播速度就是光速，从而断定光也是一种电磁波。但是，这些理论还有待于实验验证，当时大多数科学家对麦克斯韦的理论感到难以置信。

1857 年法拉第曾试图测出电磁感应作用的传播速度。他在一间大屋子里平行地放置三个线圈，中间的是施感线圈，两侧的是受感线圈，经电流计连在一起，让两个线圈的感应电流沿相反方向通过电流计。法拉第希望，由于距离的不同，感应电流可能一先一后，从而显示它与位置的关系。但是，不管线圈如何移动，实际测量总是零。显然，100 英尺的距离太短了。

1871 年，德国物理学家亥姆霍兹也测过电磁感应的传播速度，但是测量很不精确，所得的结果远比光速小。因他是柏林大学物理教授，1879 年他向学生提出一个竞赛题目，要学生们用实验验证麦克斯韦的电磁理论。他的学生赫兹在这一试题的激励下，一直很关心电磁波的实验方案，经过多次努力，在 1886 至 1888 年间终

① （英）北方旅行出版公司. 你好，科学！探索电与磁[M]. 昌剑译. 青岛：青岛出版社，2020.

于证实了电磁波的存在并测出了电磁波的速度。赫兹的成功证实了麦克斯韦的理论预见。他实现了法拉第想到却由于条件所限做不到的事情。

摘自：马骁.神奇的电与磁[M].兰州：甘肃科学技术出版社，2013.

第五节　自然界的光现象

 学习目标

1. 熟悉光的传播、光的反射和光的折射定律，了解光的色散和散射。
2. 会利用光的反射、折射、色散和散射等知识解释自然界发生的与光有关的现象。
3. 使学生具有对科学的求知欲，乐于探索自然现象和日常生活中的物理学原理。

人类很早就开始了对光的观察研究，逐渐积累了丰富的光学知识，使光学成为物理学中发展最早的分支之一。我国古代学者在光学的研究上有过突出的贡献，如在两千多年前的《墨经》里，就系统地记载了光的直进、影的形成、光的反射、平面镜和球面镜成像等现象，《墨经》是世界上有关光现象最早的光学著作。光与现代生产和生活有着密切的关系，也是我们认识世界的重要工具，要了解世界，必须了解光。

一、光的反射与折射

在日常生活中，我们常见的光现象主要有光的直线传播、光的反射、光的折射以及光的全反射等。

（一）光的直线传播

能够自行发光的物体叫作光源，如太阳、电灯、点燃的蜡烛等。光源发光要消耗其他形式的能，把其他形式的能转化成光能。人眼能看到光源，是光源发出的光射入了眼睛，使人眼产生了视觉反应；能看到不发光的物体，是光源发出的光照射到它们，它们向四面八方漫反射的光线射入了眼睛。

光能够在空气、水、玻璃等透明物质中传播，能传播光的物质叫作介质。从实验知道，在同一均匀介质中，光沿直线传播。如小孔成像、影子、日食、月食等都是光沿直线传播的证据。

光的传播不需要介质，在真空中也能传播。光的传播速度非常快，以致有许多人认为光的传播不需要时间。首先猜想到光传播需要时间的是意大利物理学家伽利略（Galileo Galilei），但实验没有成功。伽利略的实验虽然失败了，但他的思想却激励了许多科学家。他们设想：利用很大的距离或用极精巧的实验技术，就可以准确地测量出很短的时间。丹麦天文学家罗默（Ole Christensen Rømer）于 1676 年根据天文学的观测计算出了光速；法

国物理学家斐索(Armand Hippolyte Louis Fizeau)在 1849 年测出了光速。现在国际上公认的真空中光速的精确值是:$c=299792458$ m/s。一般计算中真空中的光速可取 3×10^8 m/s。

(二) 光的反射

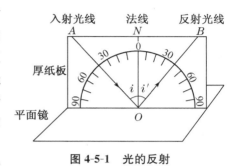

光射到两种介质的分界面时,会改变传播方向,一部分光会返回原介质中传播,这就是光的反射现象(图 4-5-1)。光的反射遵循如下规律:反射光线、入射光线和法线在同一平面上;反射光线和入射光线分别位于法线的两侧;反射角等于入射角。这个规律叫作光的反射定律。在光的反射中,光路是可逆的。

图 4-5-1 光的反射

镜面、抛光的金属表面和平静的水面等,受到平行光的照射后,反射光也是平行的,这种反射叫作镜面反射(图 4-5-2)。

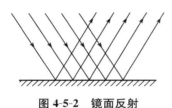

图 4-5-2 镜面反射

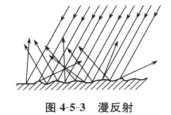

图 4-5-3 漫反射

大多数物体的表面是粗糙的、不光滑的,即使受到平行光的照射也会向各个方向反射光,这种反射叫作漫反射(图 4-5-3)。

平面镜只能成虚像,所成的像既不放大也不缩小,总是正立的。像和物体到平面镜的距离也相等,并且像和物体关于平面镜是对称的。像和物体的不同点只是左右相反,当你举起右手时,镜中所成的像却举起左手。

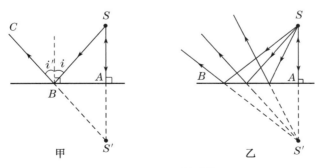

图 4-5-4 平面镜成像

球面镜有两种:凹面镜和凸面镜(图 4-5-5)。

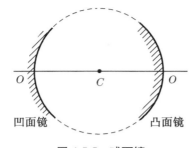

图 4-5-5　球面镜

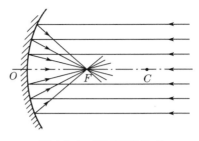

图 4-5-6　凹面镜的焦点

光从球面镜上反射时也遵从光的反射定律,球面镜也可以成像。如图 4-5-6 所示,平行于主光轴的光线经凹面镜反射后会聚于一点,该点为凹面镜的实焦点。如图 4-5-7 所示,凹面镜既可以成实像,也可以成虚像。

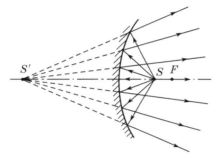

点光源在凹面镜中的虚像

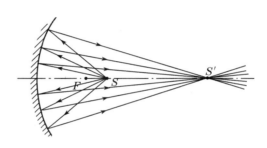

点光源经凹面镜反射成实像

图 4-5-7　凹面镜成像

如图 4-5-8 所示,平行于主光轴的光线经凸面镜反射后向四周发散,反射光线的反向延长线交于一点,因为不是实际光线会聚而成,所以该点为凸面镜的虚焦点。凸面镜不能成实像,只能成虚像。

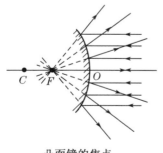

凸面镜的焦点

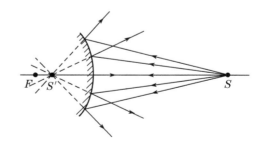

凸面镜成像

图 4-5-8　凹面镜焦点与成像

（三）光的折射

光从一种介质射入另一种介质时,传播方向发生改变的现象,叫作光的折射现象(图 4-5-9)。大量实验事实证明,光的折射现象遵从以下规律:

折射光线跟入射光线和法线在同一平面上,折射光线和入射光线分布位于法线的两侧,入射角的正弦与折射角的正弦之比是一个常数。这个规律叫作光的折射定律。

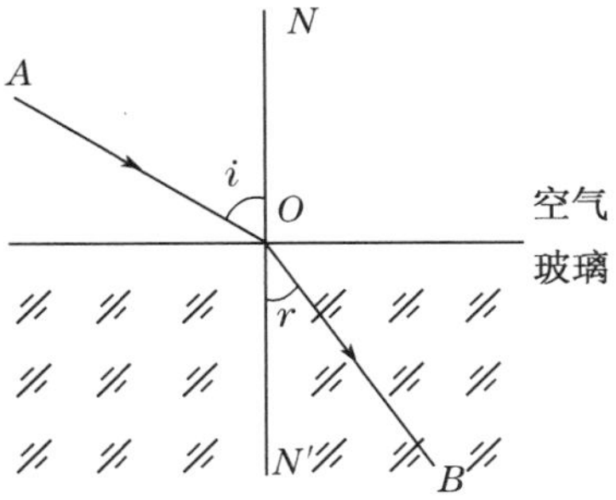

如果用 n 表示这个常数,上述规律用公式表示就

图 4-5-9 光的折射

是 $\dfrac{\sin i}{\sin r}=n$

1621 年,荷兰数学家斯涅耳(Willebrord Snellius)发现了入射角跟折射角之间的正确关系,因此,光的折射定律也叫斯涅耳定律。

物理学中规定,光从真空射入某种介质时,入射角的正弦与折射角的正弦之比叫作这种介质的折射率。即

$$n=\frac{\sin i}{\sin r}$$

理论和实验证明:某种介质的折射率,等于光在真空中的速度 c 跟光在这种介质中的速度 v 之比。即

$$n=\frac{c}{v}$$

可见,各种介质的折射率都大于 1,光从真空射入任何介质时,入射角大于折射角。

在物理学中,把折射率较小的介质叫作光疏介质,折射率较大的介质叫作光密介质。光从光疏介质射入光密介质时,折射角小于入射角;光从光密介质射入光疏介质时,折射角大于入射角。在折射现象中,光路也是可逆的。下面列举了几种常见的折射现象(图 4-5-10,图 4-5-11)。

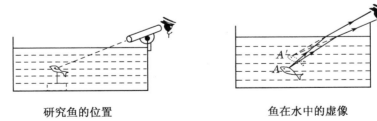

研究鱼的位置　　　　　　　　鱼在水中的虚像

图 4-5-10 光在水中的折射现象

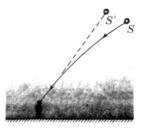

光在大气中的折射

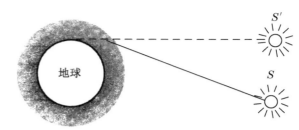

早晨太阳的视位置

图 4-5-11　光在大气中的折射现象

（四）光的全反射

光以一定角度从光密介质射向光疏介质时,会发生反射和折射现象。随着入射角的增大,反射角将增大,折射角也随之增大。同时,反射光线越来越强,折射光线越来越弱。

如图 4-5-12 所示是一个光具盘,把半圆形的玻璃砖固定在它的中央,让光线从下部射入玻璃,可以清楚地看到入射光线、反射光线和折射光线。逐渐改变入射光线的方向,观察到反射光线和折射光线的强弱和方向都会发生变化。

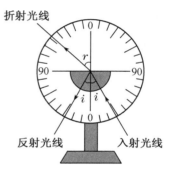

图 4-5-12　光具盘

当入射角增大到某一角度时,折射角将增大到 90°,这时折射光的强度已减弱到零。再增大入射角,折射光就不出现了,即入射光全部反射回到玻璃里而不发生折射。光在两种介质的界面处全部发生反射而不发生折射的现象叫作光的全反射(图 4-5-13)。能发生全反射的最小入射角叫作临界角。相当于折射角等于 90°时的入射角。发生全反射的条件包括光从光密介质射向光疏介质;入射角等于或大于临界角。

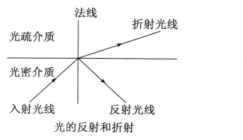

光的反射和折射

光的全反射

图 4-5-13　光的反射、折射与全反射

根据光的折射定律可以推得临界角为

$$\sin C = \frac{1}{n}$$

全反射现象在自然界中可以经常看到,例如,草叶上的露珠在阳光的照耀下晶莹透亮,是因为进入水珠的光,有一部分以大于临界角的角度射到水珠的下表面上,在那里发生了全反射。水里的气泡看上去也非常明亮,也是因为光在气泡的表面发生了全反射的缘故(图 4-5-14)。

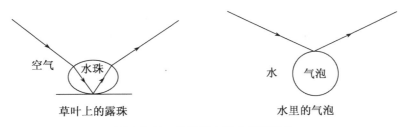

图 4-5-14　自然界中的全反射现象

全反射现象在技术中有许多应用,如光导纤维就是全反射现象的一项重要应用。它是用导光性能良好的玻璃纤维制成的,可以用来传光、传像,简称光纤。图 4-5-15 为光在光纤中传播时发生的全反射现象。由于光在光导纤维中的传导损耗较小,因此光纤通常被用作长距离的信息传递。

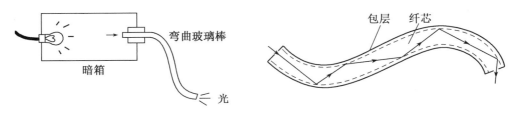

图 4-5-15　光在光导纤维中的传播

二、色散与散射

(一) 光的色散

不同色光的波长不同,除真空外,它们在各种介质中的传播速度也不同。因此,同一种介质对于不同的色光的折射率不同。光源发出的光如果含有不同波长的光,射到两种介质的分界面时,折射角不同,于是各种波长的色光就会分散开来,这种现象叫作光的色散(图 4-5-16)。光的颜色由其频率决定,频率不同,颜色不同。

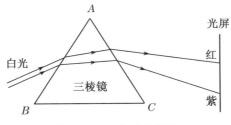

图 4-5-16　白光的色散

牛顿经过一系列研究,证实了太阳发出的白光是由红、橙、黄、绿、蓝、靛、紫等色光组成的,棱镜的作用只是使不同色光沿不同方向偏折,从而可以把它们分开。不能发生色散的单一色光叫单色光,由单色光合成的光叫复色光。复色光不仅在折射时会发生色散现象,在发生干涉和衍射时,由于不同色光产生明暗条纹的位置不同,不同色光也会分离开来。所以白光产生的干涉和衍射现象呈现出的条纹是彩色的。

单色光的颜色由其频率决定,频率不同,颜色不同。雨后我们看到的虹就是由光的色散现象形成的。太阳光折射进入小水珠后,发生一次反射,从小水珠射出时再发生一次折射。两次折射,使不同的色光沿不同方向前进,于是就发生了色散现象,形成了虹(图 4-5-17)。

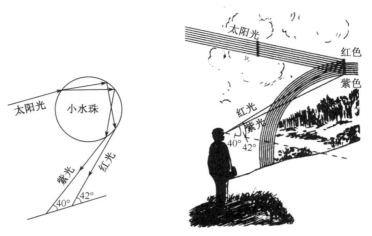

图 4-5-17　虹的形成

而霓(图 4-5-18)是由于太阳光折射进入小水珠后,经过两次反射后射出,发生了色散现象。由于射出光与入射的太阳光之间的夹角比虹的大,所以霓位于虹的外面,而且各种色光的排列次序与虹相反。又由于光线在小水珠内经过两次反射时都要损失一部分能量,所以射出的光线比较弱,霓没有虹清晰。

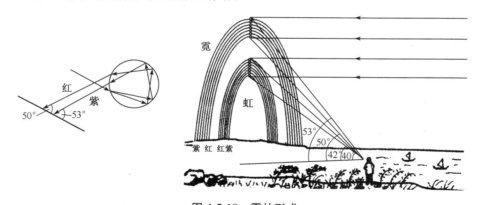

图 4-5-18　霓的形成

(二) 色光的混合

颜色是由光决定的,两种单色光混合后会呈现什么颜色呢? 实验表明:把红、绿、蓝三种色光按照不同强度的比例合在一起,就可以合成各种颜色,使人眼产生成千上万种颜色的视觉。因此,红、绿、蓝这三种色光叫作光的三原色。

彩色电视机就是利用光的三原色合成出各种颜色的。如果用放大镜仔细观察屏幕上的彩色画面,可以发现,屏幕上无论显示什么颜色,都是由红、绿、蓝三色的发光点组成的。

红、绿、蓝三种颜色的光按照一定的比例混合,形成光谱中其他颜色的光。如果两种颜色混合后获得白色,这两种颜色就互为补色。例如,蓝色是黄色的补色,红色是青色的补色,绿色是紫色的补色。

色彩的基本属性包括色相、色饱和度和色彩明度。

色相指色彩的相貌与名称。色轮(色轮是表示最基本色相关系的色表)上 5°角内的色彩称作同一色相;45°角左右的色彩称作同类色(近色);90°到 120°角的色彩称为对比色;相对 180°角的色彩叫补色,也叫相反色。在色轮中,以紫色和绿色两个中性色为界,可将色彩分成暖色系和冷色系。暖色有温暖感,有积极的效果;冷色有寒冷感,有镇静的效果。

色彩的饱和度即色彩的纯度,指物体颜色纯正的程度,或者说颜色中掺某一种灰色的程度。所掺的某一种灰色越少,饱和度越高,颜色越鲜艳;所掺的某一种灰色越多,饱和度越低,颜色越清淡。色轮上的各种颜色都是纯色,纯度最高。纯度组合是决定界面华丽、高雅、古朴、粗俗、含蓄等风格的关键。

色彩的明度是指物体颜色的明暗程度。它与光线的强弱关系密切,光线越强,颜色量度越大;光线越弱,颜色越暗。色彩的明度取决于混色中白色和黑色含量的多少。在彩色系中,明度越高的色彩给人感觉越轻快。对于同纯度不同明度的色彩,明度高的色彩比明度低的色彩对人产生的刺激大。在实际运用中,明度对比所产生的视觉作用高于纯度对比所产生的视觉作用。

由三原色合成的色光叫作复色光。如图 4-5-19 所示:

红光＋绿光＝黄光

绿光＋蓝光＝青光

蓝光＋红光＝品红光

红光＋绿光＋蓝光＝白光

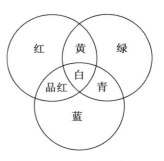

图 4-5-19 色光的混合

颜料与光不同,颜料混合后的颜色,是由混合后的颜料能共同反射的光的颜色决定的。蓝色颜料主要反射蓝光,也能反射一些绿光,吸收其他光;黄色颜料主要反射黄光,也能反射一些绿光;蓝色和黄色颜料混合后,共同反射的是绿光,所以呈绿色。

用三种颜料按不同比例混合,可以产生各种颜色。这三种颜色是红(实际是品红)、黄、蓝(实际是蓝绿色,也叫青色),叫作颜料的三原色。

(三) 物体的颜色

白天我们能看到红花和绿叶,并不是因为它们本身发光,而是因为红花和绿叶把光反射进入了人的眼睛里,产生了视觉。在漆黑的夜晚,我们就看不到红花和绿叶,更分辨不出它们的颜色。颜色和光之间是怎样的关系呢?我们可以尝试做以下实验:取白纸、红纸、绿纸各一张,用白光照射它们;在照明灯前放上红色玻璃,用红光照射它们;在照明灯前放上绿色玻璃,用绿光照射它们。

观察上述实验中纸的颜色,我们会发现:用红光照射时,白纸和红纸都能反射红光,都显红色;绿纸不能反射红光(吸收红光),显黑色。用绿光照射时,白纸和绿纸都能反射绿光,都显绿色;红纸不能反射绿光(吸收绿光),显黑色。用白光照射时,白纸能反射各种颜

色的光,所以显白色;红纸只能反射红光,显红色;绿纸只能反射绿光,显绿色。透明物体的颜色是由它透过光的颜色决定的。红玻璃能透过红光(吸收其他色光),显红色;绿玻璃能透过绿光,显绿色。

(四)光的散射

我们知道,空气是无色透明的,那么为什么晴朗的天空是蔚蓝色的呢? 为了解释这种现象我们先做以下实验。

如图 4-5-20 所示,在一个玻璃水槽里装满清水,用白光从左侧照射水槽,这时从前后侧面看不到光,水仍是无色透明的。然后往水中滴入几滴牛奶,牛奶就会分散成许多小颗粒悬浮在水中,这时从前侧面看到水的颜色呈淡蓝色。这时因为水中悬浮的牛奶微小颗粒很小,波长较长的光(红光和橙光)很容易绕过小颗

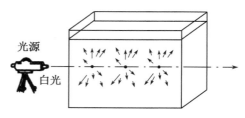

图 4-5-20　光的散射

粒,继续沿着原来传播的方向传播;而波长较短的光(蓝光和紫光)射到微粒上后,则向各个方向散开,其中一部分从侧面射出,因此位于侧面的观察者看到的是蓝色。如果向着光源的方向观察,由于透射光中缺少了蓝紫光,看到的就是红橙色。

像这种光波遇到较小的颗粒后四处散开的现象叫作光的散射现象。

在晴朗的日子里,空气中的水汽和尘埃都很少,主要存在的是气体分子。由于气体分子的体积很小,只能使波长较短的蓝光和紫光发生散射,所以晴朗的天空看起来呈蔚蓝色。在阴雨天气时,空气中有大量的水珠,它们的体积比气体分子大得多,不仅能使波长较短的蓝光和紫光发生散射,也能使波长较长的红光和橙光等发生散射,于是天空就呈现灰白色。

观察与讨论

观察并与同学一起讨论生活中常见的光现象。

1. 为什么早晨和傍晚的太阳是红色的?
2. 为什么晴天的云朵是白色的?
3. 为什么有尘埃的房间里可以清晰地看到光路?
4. 分别用红光和绿光测凸透镜的焦距,结果是否相同?

拓展阅读

折射定律的建立

我们看水中鱼的位置,比实际上鱼所在的位置要高一些;将一根筷子的一部分放在水里,看起来这根筷子就像在水面处被折弯了一样。这些都是光的折射现象,而对这一现象的研究正是光学的起源。事实上,折射定律的确立也不是一帆风顺的,几经沧桑,经过了漫长的岁月。

早在古希腊时代,科学家托勒密(就是提出地心说的那个托勒密)著有《光学》

(5卷),其中第1卷讲述眼与光的关系,第2卷说明可见条件、双眼效应,第3卷讲平面镜与曲面镜的反射及太阳中午与早晚的视径大小问题,第5卷试图找出折射定律,并描述了他的实验,讨论了大气折射现象。他曾专门做过光的折射实验,并且得到了"折射角与入射角成正比"的结论,后来阿拉伯人也进行过类似的测量。大约过了1000年,有人发现这一结论与事实不符。到了17世纪初期,开普勒也在光的折射问题上进行了实验研究,可惜的是他也没有找到正确的折射定律的表达式。

折射定律的正确表述最早是由荷兰的数学家斯涅耳(1580—1626,荷兰莱顿人,数学家和物理学家,曾在莱顿大学担任过数学教授)于1621年通过实验得到的。他认为,"在不同的介质里入射角和折射角的余割之比总保持相等的值",但遗憾的是,斯涅耳在世时并没有发表这一结果。直到1626年,笛卡儿阅读了斯涅耳的遗稿后才将这一结果发表。此后不久,笛卡儿也推导出了同一结果。他在其名著《方法论》的附录中,借助小球的运动,用类比的方法阐述了光的折射问题。1637年,笛卡儿在《屈光学》一书中首次公布了具有现代形式(正弦之比)的规律。所以,人们又把光的折射定律称为"斯涅耳定律"或"斯涅耳-笛卡儿定律"。

笛卡儿得到了折射定律的正弦表达式,但还不完全等同于今天的表达方式。此外,笛卡儿的推导是基于媒质交界面两侧光速的平行分量相等的假设。为了使理论结果与实验数据相符,他还必须假设密媒质中的光速比疏媒质中的大。现在看来,这里的两个假设显然都是错误的。

笛卡儿的推导受到了法国科学家费马(1601—1665)的批评。1661年,费马将数学方法用于分析折射问题,推导出折射定律,得到了正确的结论。这就是著名的最短时间原理,即:光线传播的路径是需时最少的路径。

这样,从托勒密开始,经过了约1500年左右的时间才得到了严格的折射定律。

摘自:刘树勇,白欣,周文臣等.大众科学技术史丛书大众物理学史[M].济南:山东科学技术出版社,2015.

本章小结

本章主要从运动和力学、运动与能量、微观分子的运动、电和磁现象、光现象入手,了解和学习了物理学中的一些基本现象和规律。通过本章学习,我们应该认识到宇宙中物质的运动是绝对的,静止是相对的,对于同一个研究对象,选取不同的参考系会得到不同运动状态的描述。力的作用效果是改变物体的运动状态,牛顿运动定律是物理学中研究力与运动关系最重要的基本定律。运动过程中物体具有能量,一个物理过程中如果只有重力和弹力做功,则系统内动能和势能发生互相转化,但机械能总量保持不变,这就是机械能守恒定律。分子运动论是研究微观层面上组成物质的分子进行热运动的理论,分子之间存在的相互作用决定了物质固态、液态和气态三种形态以及相应的硬度、凝固点、表面张力、熔点、压强等特性。分子的运动决定了物体的内能,内能和机械能遵从广义的热力学第一定律即能量的转化和守恒定律,热力学第二定律表明了能量转化的方向性,揭示了永动机制造的不可能性。电场和磁场是另外一种形式的能量,可以互相转化。电现象规律包括计算电场中自由电荷相互作用的库仑定律和研究导体中电流的欧姆定律,其中欧姆定律在日常使用中广泛用于串联并联电路设计计算、电功率计算中。磁场与电场之间存在密切关系,电流周围会产生磁场,磁场会对其中的电流产生安培力作用,法拉第电磁感应定律揭示了不断变化的磁场中产生电流的电磁感应现象,将人类带入了电气化时代。对于光现象的研究包括宏观上使用几何光学研究的反射、折射现象和将光视为波来研究的光的色散、散射现象。

 思考与练习

1. 两个小球同时从静止开始自由下落,一球在另一球的下方 5m 处。在下落过程中这个距离将变大还是变小? 为什么? (不计空气阻力)

2. 线的一端拴一个小球,手持线的另一端抡动该小球,使小球在水平面上做匀速圆周运动。如果转速相同,线长时容易断,还是线短容易断? 为什么?

3. 有同学说:"振动物体完成一次全振动就是从平衡位置的最左端运动到平衡位置的最右端",这种说法对吗? 为什么?

4. 机械能守恒的条件是什么?

5. "布朗运动是分子的热运动"这种说法对吗? 为什么?

6. 结合实例说说物质之间形态的变化都有哪些?

7. 能否说系统含有热量和功,为什么? 功和热量有什么相同之处和不同之处?

8. 将试探电荷 q_0 放入点电荷的电场中,根据电场强度的定义式得 $E=\dfrac{F}{q_0}$,有同学说:这个公式不就说明了场强 E 与试探电荷 q_0 成反比吗? 为什么又说场强与试探电荷 q_0 无关?

9. 简述奥斯特实验及法拉第电磁感应实验的过程,并说一说这两个实验的应用都有哪些?

10. 查阅资料,了解目前常规发电方式中火力发电、水力发电、核能发电的优缺点,以及新能源发电方式的开发和利用情况。

11. 红光和绿光合在一起能形成黄光,这种光是单色光吗? 用什么方法可以证明。

12. 黄光和蓝光合在一起能形成白光,这种白光通过棱镜后能像太阳光那样分解成七色光吗?

13. 为什么电影幕布都是白色的? 用红色的行吗?

第五章　神奇的物质世界 Ⅱ

扫码查看
本章资源

　　在我们生活的世界里,存在着形形色色的物质,而且物质还在不断地变化着。为了改善自身的生存条件,远古的人类学会了使用火和工具。随后人类又陆续发现各种各样的物质变化,如在翠绿的孔雀石上燃烧炭火会生成红色的铜,泥罐被烧制后可以更加坚固耐用,铁器在潮湿的空气中会生成红色的铁锈而被损坏等等。人们利用各种变化改善生产生活的同时也不禁思考,各种变化之中蕴藏着怎样的规律,纷繁复杂的宏观物质变化背后有着怎样的微观组成和结构?

第一节　构成物质的基石

1. 掌握原子、分子等基本粒子及其相互关系。
2. 熟悉元素周期表。
3. 理解元素周期律的本质。
4. 掌握离子键、共价键的本质及特征。

一、原子结构

(一) 关于物质结构的哲学思考与近代原子论

　　自古以来,人类的目光不断为自然界神奇的物质变化所吸引,古代先哲们不断思考各种各样关于物质结构、组成与变化的问题。

　　东西方古老文化的不同学说都试图探寻构造世界的基石,解释万物之间的变化与联系。古代中国的"五行说",认为"金""水""木""火""土"是构成万物的基本元素。古希腊的"四元素"说认为"水""火""土""气"是构成万物的根本元素。米利都学派的留基伯(Leucippus)首先提出物质构成的原子学说。原子学说认为原子是最小的、不可分割的物质粒子,原子之间存在着虚空,原子既不能创生,也不能毁灭,它们在无限的虚空中运动着构成万物。他的学生德谟克利特（Democritus）继承并发展了原子学说，指出宇宙空间中除了原子和虚空之外，什么都没有。万物之所以会有千差万别的形态，完全是因为其中所包含的原子数量、大小、形状、次序和位置的不同而造成的。

古代的原子论是哲学家们思辨的观点。随着，近代科学的发展，关于物质组成的研究也越来越深入。人们不再满足于哲学思辨，18 世纪末 19 世纪初，对于物质结构的探索，由以搜索材料为特征的经验描述阶段向以整理材料寻找事物内在联系为特征的理论概括阶段过渡。

拉瓦锡（Lavoisier）建立了定量分析方法，使化学家们搞清楚了许多物质的组成，以及化学变化中各种质量的关系。1789 年，拉瓦锡首先用精确定量的实验证明了质量守恒定律（化学反应中反应前后物质的总质量保持不变），随后，当量定律（物质相互作用时它们的克当量数相等）和定比定律（一种化合物的组成元素间都有一定的质量比关系）陆续被发现和确证。1803 年，道尔顿（Dalton）根据自己的实验，归纳、推导出了倍比定律（化合物中相互化合的元素的质量必互成简单的整数比）。随着这些化学定律的发现，化学家们开始进一步思考：为什么化合物在生成时，各物质之间存在如此严格的定律呢？为什么在化学反应中，反应前后的质量总是保持不变呢？为什么同种化合物的组成总是固定不变呢？两种元素形成多种化合物时，与同样的一种元素化合的另一种元素的质量比为什么总是简单的整数比？是否有一些不变的、看不见的点，在化学反应中操纵这些规律？由实验提出的一系列经验定律是化学理论产生和发展的必要前提，为道尔顿创立科学原子论奠定了实验基础。

拓展阅读

关于质量守恒定律的研究

1756 年，俄国化学家洛蒙诺索夫（1711—1765）把锡放在密闭的容器里煅烧，锡发生变化，生成白色的氧化锡，但容器和容器里的物质的总质量，在煅烧前后并没有发生变化。经过反复的实验，都得到同样的结果，于是他认为在化学变化中物质的质量是守恒的。但这一发现当时没有引起科学家的注意。1777 年，法国的拉瓦锡做了同样的实验，也得到同样的结论，这一定律逐渐得到公认。拉瓦锡时代的定量分析工具和技术（小于 0.2% 的质量变化就觉察不出来），不能满足严格验证这一定律的要求。此后，不断有人改进实验技术以求严格验证这一定律。德国化学家朗道尔特（Landolt）和英国化学家曼莱（Manley）分别在 1908 年、1912 年做了精确度极高的实验。他们所用的容器和反应物质量为 1 千克左右，反应前后质量之差小于 0.0001 g，质量的变化小于一千万分之一。这个差别在实验误差范围之内，质量守恒定律逐渐得到了普遍认可。

摘自：刘庆懿. 质量守恒定律发现简史[J]. 黑龙江教育（中学版），2004(Z5)：48.

1803 年 9 月，道尔顿利用当时已经掌握的一些分析数据，计算出了第一批原子量。1803 年 10 月 21 日，在曼彻斯特的"文学和哲学学会"上，道尔顿第一次阐述了他关于原

子以及原子量计算的见解,并公布了第一张原子量表。道尔顿原子论认为,物质世界的最小单位是原子,原子是单一的、独立的、不可被分割的,在化学变化中保持着稳定的状态,同类原子的属性也是一致的。这是人类第一次依据科学实验的证据,成系统地阐述了微观物质世界,是人类认识物质世界的一次深刻的、具有飞跃性的成就。

(二)揭开原子的面纱

道尔顿建立了以科学实验为基础的近代原子论后,原子曾经一度被认为是不可再分的最小微粒。然而,事情并没有那么简单,19 世纪末三大物理学新发现(X 射线的发现、放射性现象的发现和电子的发现),颠覆了人们已有的认知。

1895 年,德国物理学家威尔姆·康拉德·伦琴(W. K. Rontgen)在研究阴极射线时,意外发现"X 射线"并得到人类的第一张 X 射线照片。1896 年,出身于研究荧光现象世家的法国物理学家贝克勒尔(Becquerel)试图从荧光物质出发研究 X 射线时发现铀盐能够自发放射出可以使空气电离(带电)的射线,即铀具有放射性。随后,1898 年,居里夫妇(Pierre Curie, Marie Curie)发现了两种放射性更强的新元素,即钋(Po)和镭(Ra)。1897 年,汤姆逊(Joseph John Thomson)精细测量了阴极射线的荷质比,并以大量实验事实和数据证明不论是阴极射线、β 射线还是光电流都是电子组成的。他指出电子是比原子更基本的物质组成单元,或者说,电子是原子的组成部分。这些惊人的重量级发现令科学家们不得不思考原子的内部结构,从此人类开始真正进入了原子微观世界的研究。[①]

(三)原子结构模型的探索

1. 道尔顿实心球模型

道尔顿原子论主要观点包括以下三点:原子都是不能再分的粒子;同种元素的原子各种性质和质量都相同;原子是微小的实心球体。尽管,后来的实验证明这是一个失败的理论模型,但道尔顿第一次将原子从哲学带入化学研究中,明确了化学家们努力的方向,让化学真正从古老的炼金术中摆脱出来。道尔顿也因此被后人誉为"近代化学之父"。

2. 汤姆逊葡萄干蛋糕模型

汤姆逊发现电子后,提出电子是原子的组成部分之一。电子带负电,而原子整体是不显电性的,这就说明原子中必然包含带正电的部分。问题是:原子中的正电荷与负电荷是如何分布的?

汤姆逊认为,原子就像一个带正电的"蛋糕",带负电的电子均匀分散其中,如同蛋糕里的"葡萄干"。因此,这个原子模型被称为葡萄干蛋糕模型。

这是一个比较简单、容易直观想象的模型,其是否正确,需要通过实验加以验证。

3. 卢瑟福原子核式结构模型

汤姆逊的学生卢瑟福(Rutherford)希望能够通过实验证实汤姆逊原子模型的正确性,从1909 年起做了著名的 α 粒子散射实验。令卢瑟福也没有想到的是,在这个实验中竟然观察

---

① 孙学军. X 射线引发的诺贝尔奖传奇[J]. 百科知识,2011(21):27 - 28.

到了α粒子的大角度散射。如果原子中的正电荷如汤姆逊的原子结构模型中描述,是均匀分布的,则不可能出现α粒子的大角度散射现象。实验结果否定了汤姆逊原子模型。

卢瑟福在反复实验之后,在1911年依据实验结果提出了新的原子核式结构模型:原子的正电荷与全部质量集中在一个空间很小的区域内,该区域称为原子核,其直径约为10^{-15} m,很轻的电子在核外空间绕核运动,就像行星围绕太阳运动一样。这个模型也被称作原子行星模型。卢瑟福原子核式结构模型的建立为现代原子核理论打下了基础,成为原子物理学发展历史上的一个里程碑。[①]

电子是带负电的粒子,而原子是中性的,那么原子核必然是带正电的。氢原子是最轻的原子,那么氢原子核也许就是组成一切原子核的更小微粒,它带1个单位正电荷,质量是1个单位,卢瑟福把它叫作"质子"。这就是卢瑟福的质子假说。1919年,卢瑟福本人用速度20000公里/秒的"子弹"——α粒子去轰击氮、氟、钾等元素的原子核,结果发现有一种相同的微粒产生,电量是1,质量是1,这样的微粒正是质子,这就证明了卢瑟福自己的质子假说是正确的。

如果原子核完全由质子组成,那么某种元素的原子核所带的正电荷,在数值上一定等于那种元素的原子量,因为相对于质子而言核外电子的质量是微不足道的。但是事实并不是这样,除氢元素外元素的原子量总是比它的核所带的正电荷数大一倍或一倍以上,这说明原子核里除了质子之外,必然还有一种质量和质子相仿,但却不带电的粒子存在。所以在1920年,卢瑟福又提出了中子假说:原子核里存在一种"中子"微粒,它不带电,质量是一个质量单位。1932年2月17日,他的学生查德威克(Chadwick)在《自然》杂志上发文宣布发现"中子"。

至此,物理学家们终于搞清了原子的基本结构:原子由带正电荷的原子核和带负电的核外电子构成;原子核体积很小但集中了原子几乎所有的质量和全部的正电荷;原子核由质子和中子构成,一个质子带一个单位正电荷,中子与质子质量相差不大,不带电荷。

然而,卢瑟福的原子模型还是存在难以解释的问题。如果电子像太阳系的行星围绕太阳转一样围绕着原子核旋转,那么根据经典电磁理论,绕固定轨道旋转的电子会产生电磁辐射,损失能量,最终坍缩到原子核里。这与实际情况不符,卢瑟福模型无法解释这个矛盾。

4. 波尔分层原子模型

1912年,正在英国曼彻斯特大学工作的玻尔(Bohr)将一份被后人称作《卢瑟福备忘录》的论文提纲提交给他的导师卢瑟福。在这份提纲中,玻尔在行星模型的基础上引入了普朗克(Planck)的量子概念,认为原子中的电子处在一系列分立的稳态上。1913年2月玻尔受到瑞士数学教师巴耳末(Balmer)的工作以及巴耳末公式(氢原子光谱波长的经验公式)的启发,计算了电子各稳态的能量(能级),使得新的原子分层模型能够成功解释氢原子光谱。1913年7月、9月、11月,经由卢瑟福推荐,《哲学杂志》接连刊载了玻尔的三篇论文,标志着玻尔模型正式提出。这三篇论文成为物理学史上的经典,被称为玻尔模型的"三部曲"。玻尔的原子理论吸收量子论观念,给出了分层原子模型图像,成功地说明了

① 刘智华,罗成林.卢瑟福的"炮弹"能弹回来吗?〔J〕.大学物理,2020,39(6):65-67.

原子的稳定性和氢原子光谱线规律。同时玻尔的原子模型的成功大大扩展了量子论的影响,加速了量子论的发展。

5. 薛定谔电子云模型

波尔的原子理论第一次将量子观念引入原子领域,提出了定态和跃迁的概念,成功地解释了氢原子光谱的实验规律。但对于稍微复杂一点的原子如氦原子,玻尔理论就无法解释它的光谱现象。这说明玻尔理论还没有完全揭示微观粒子运动的规律。它的不足之处在于保留了经典粒子的观念,仍然把电子的运动看作经典力学描述下的轨道运动。

1926 年奥地利学者薛定谔(Erwin Schrödinger)在德布罗意关系式的基础上,对电子的运动做了适当的数学处理,提出了二阶偏微分的著名的薛定谔方程式。利用该方程对氢原子求解完美地解释了氢原子的轨道能级,而该方程解的平方代表了电子的概率密度,也被称为电子云。电子云模型属于分层排布,又区别于行星轨道式模型,即电子的运动不是一个具有确定坐标的质点的轨道运动,只能应用统计的方法描述电子在某点附近单位体积内出现的概率是多少。电子云是对电子在核外空间分布方式的形象描绘。

电子云模型更接近近代人类对原子结构的认识。依此模型,电子是不断进行着高速运动的,没有确定的坐标值,不能同时测定电子的坐标和动量,电子的位置越精确,其运动状态或者说动量就会越不准确(不确定性原理)。

 讨论与交流

科学家探索原子结构的历史对你有哪些启示?与同学们一起分享。

二、元素与元素周期律

前面提到的质子、中子、电子都是构成物质的微小粒子,这些比原子核更小、更基本的微粒曾经被认为是不可再分的,因此被称为基本粒子。我们熟悉的光子,也是基本粒子。它们共同构成物质世界的一切实物和场(图 5-1-1)。构成物质的微观粒子总是在不断运动的。"遥知不是雪,为有暗香来",我们能闻到远处的花香,正是花的气味分子运动、扩散的结果。物体的温度越高,构成物质的分子无规则运动的速度越快,分子扩散就越快。例如,不搅拌的情况下,同样多的糖,在热水中比在冷水中溶解得更快。

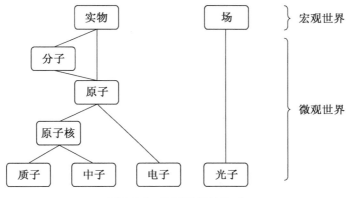

图 5-1-1　物质世界的构成

随着物理学家们对这些基本粒子深入地研究,发现质子中子都还能够被继续拆分,成为更小的、更基本的物质粒子,如夸克。20 世纪 30 年代以来,越来越多的新粒子被发现,如正电子、缪子、派子、中微子、反质子、反中子等等。基本粒子的"基本"一词已经失去了它本来的含义。这些基本粒子按照杨振宁和其学生米尔斯提出的标准模型,可以归纳为 61 种基本粒子,可以解释强力、弱力和电磁力,但还不能解释万有引力。

(一)元素

原子由带正电荷的原子核和带负电的核外电子构成。原子核由带正电荷的质子和不带电荷的中子构成。一个质子带 1 个单位正电荷,一个电子带 1 个单位负电荷。原子整体不显电性,因此,核电荷数=质子数(Z)=电子数(n)。质子与中子质量相差不大,它们的质量都远远大于电子的质量。原子的质量集中在原子核上,因此,质量数(A)=质子数(Z)+中子数(N)。

元素是具有相同质子数的同一类原子的总称。元素的种类由质子数决定。一般用符号 $_Z^A X$ 表示一个质子数为 Z,质量数为 A 的原子。每一种元素都有自己独特的元素符号,因此当 X 写成某元素的元素符号时,下角标 Z 可以省略,不会引起歧义。比如 $_1^1 H$,也可以写作 $^1 H$。

具有相同质子数、不同中子数的原子互为同位素。许多元素具有多种天然同位素,比如氢元素有 $_1^1 H$、$_1^2 H$、$_1^3 H$ 三种同位素,分别叫作氕、氘、氚。它们的原子核中都有 1 个质子,中子数依次加一,因而原子质量依次增加。正是这个原因,氘也叫重氢,氚叫超重氢。

(二)原子核外电子排布

从波尔的量子模型到薛定谔的电子云模型,人们已经知道原子核外的电子是分层排布的。核外电子分层排布一般遵循以下规律:

1. 核外电子总是先排布在能量较低的电子层,然后由里向外,依次排布在能量逐步升高的电子层(能量最低原理)。

2. 原子核外各电子层最多容纳 $2n^2$ 个电子。

3. 原子最外层电子数目不超过 8 个(K 层为最外层时不能超过 2 个电子)。

4. 次外层电子数目不能超过 18 个(K 层为次外层时不能超过 2 个),倒数第三层电子数目不能超过 32 个。

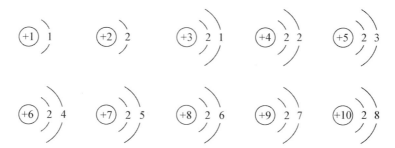

图 5-1-2　核电荷数从 1 到 10 的元素原子结构示意图

思考：

1. 能否依据前人总结的核外电子排布规律，推测出核电荷数从 11 到 18 的元素核外电子排布情况？试画出它们的原子结构示意图。

2. 观察核电荷数从 1 到 18 的元素原子结构示意图，能够发现那些规律？

（三）元素周期律与元素周期表

元素的性质随着元素核电荷数的递增而呈现周期性变化的规律叫作元素周期律。

这一规律最早是俄国化学家门捷列夫（Менделеев）发现的。最初，门捷列夫依照元素原子量的大小排序发现了元素性质呈周期性变化的规律。后来，对原子结构更加深入的研究表明，原子的核电荷数才是原子序数的本质。原子电子层结构的周期性决定了元素性质的周期性。依照元素周期律，把元素依照核电荷数（即质子数或原子序数）排列，成为周期表。[①]

在周期表中，元素是以原子序数由小到大排列。元素周期表每一个纵行为一个族（第Ⅷ族除外），分为 7 个主族（ⅠA、ⅡA、ⅢA、ⅣA、ⅤA、ⅥA、ⅦA），7 个副族（ⅠB、ⅡB、ⅢB、ⅣB、ⅤB、ⅥB、ⅦB），一个第Ⅷ族（包括三个纵行），一个零族，共 16 个族。每一个横行叫作一个周期，有 7 个周期，其中、一、二、三周期只包含主族元素，被称为短周期，其余为长周期。

周期表中的位置既反映了元素的原子结构，也显示了元素性质的递变规律，体现了元素之间的内在联系。同一周期内，元素原子核外电子层数相同，从左到右，最外层电子数依次递增，原子半径递减（零族元素除外），失电子能力逐渐减弱，获电子能力逐渐增强，金属性逐渐减弱，非金属性逐渐增强。同一族中，元素原子最外层电子数相同，由上而下，核外电子层数逐渐增多，原子序数递增，元素金属性递增，非金属性递减。

三、化学键与分子间作用力

自然界中的物质，除稀有气体外，其他物质均以分子（或晶体）的形式存在。分子由原子（或离子）构成，是保持物质化学性质的最小微粒。目前，人类发现的元素只有 118 种，其中还包括自然界中并不存在的人造元素。一百多种元素的原子是如何相互作用形成各式各样、形形色色的物质呢？

（一）化学键

分子（或晶体）中相邻原子（或离子）间的强烈相互作用，称为化学键。

1. 离子键

活泼金属的原子，最外层电子数小于 4，容易失去最外层电子，形成阳离子（带正电的离子）。如钠原子（Na）最外层 1 个电子，钠原子失去最外层的 1 个电子，形成带 1 个单位正电荷的钠离子（Na^+）。

活泼非金属的原子，最外层电子数大于 4，容易得到电子，使最外层电子数满足 8 电

---

① 盛根玉.门捷列夫发现元素周期律的历史考察［J］.化学教学，2011(5)：65－69.

子稳定结构,形成阴离子(带负电的离子)。如氯原子(Cl)最外层 7 个电子,氯原子得到 1 个电子,形成带 1 个单位负电荷的氯离子(Cl^-)。

氯化钠中,带正电的钠离子和带负电的氯离子通过静电作用紧密结合。像这样,阴、阳离子间通过静电作用而形成的化学键称为离子键。通过离子键结合形成的化合物叫离子化合物。活泼金属元素和活泼非金属元素的原子之间能够以离子键结合,形成离子化合物,如氯化钠(NaCl)、氯化镁($MgCl_2$)。由于离子键是一种比较强的作用力,破坏离子化合物晶体需要消耗比较大的能量。因此,离子化合物通常具有较高的熔沸点,如氯化钠熔点 801 ℃。

离子键的本质是静电作用。阴、阳离子可以在任意方向结合,因此离子键没有方向性。只要空间允许,参与成键的离子将尽可能多地吸引异电荷离子,因此离子键没有饱和性。

2. 共价键

非金属原子之间结合时,没有完全的电子转移,并不形成阴阳离子。例如,两个氢原子(H)彼此结合时,它们得失电子能力相当,不能完全得失电子形成阴阳离子,而是各自拿出最外层 1 个未成对电子形成共用电子对,通过共用电子对彼此作用,形成氢分子(H_2)。氯化氢分子(HCl)中,氢原子与氯原子之间也是通过共用电子对彼此结合。

通过共用电子对而形成的化学键,称为共价键。由同种原子组成的共价键,共用电子对无偏向,称为非极性键,如 H_2,N_2,Cl_2 等分子中的共价键。由不同种原子组成的共价键,共用电子对有偏向,称为极性键,如 HCl,CO_2,H_2O 等分子中的共价键。通过共价键结合形成的化合物叫共价化合物。

共价键的本质是电子云重叠。只有具有自旋相反的未成对电子的两个原子相互靠近时,才能形成稳定的共价键,成键数量受未成对电子数量限制。因此,共价键具有饱和性。为保证电子云最大限度重叠,体系能量最低,成键原子须沿电子云密度最大的方向进行重叠才能形成稳定的共价键。因此,共价键具有方向性。

共价键也是一种比较强的相互作用。直接由共价键结合形成的晶体,通常也具有较高熔沸点及较大的硬度。例如,金刚石是碳原子通过共价键结合形成的原子晶体,金刚石的熔点高达 3550 ℃,是自然界硬度最高的物质;碳化硅、氮化硅、氧化铝、氧化硅等也都是原子晶体,都具有硬度高、熔点高的特点。但是,需要注意并不是所有由共价键组成的物质都会形成原子晶体,例如,氢气、氯化氢等,它们分子内存在共价键,但分子间是靠较弱的范德华力结合形成的分子晶体,因此熔沸点非常低。

(二) 分子间力和氢键

除了分子内部的化学键外,分子之间还存在一些其他的作用力,它们比化学键弱,但对物质性质的影响,也不容忽视。

1. 分子间力

分子之间相互吸引的作用力,称为分子间力或范德华力。分子间力的产生与分子的极性和极化有关。分子有无极性取决于整个分子的正负电荷中心是否重合,重合为非极性分子,不重合为极性分子。共价键结合的双原子分子极性,取决于共价键的极性。如由

非极性键结合的 H_2，Cl_2，N_2 等双原子分子为非极性分子；由极性键结合的 HF，HCl，HBr，CO 等双原子分子为极性分子。多原子分子的极性还与分子的空间构型有关。

表 5-1-1 多原子分子的极性

分子类型	空间构型	分子极性	实　例
三原子分子	ABA 直线形	非极性	CO_2，CS_2，$BeCl_2$
	ABA 弯曲形	极性	H_2O，H_2S，SO_2
	ABC 直线形	极性	HCN
四原子分子	AB_3 平面三角形	非极性	BF_3，BCl_3，BBr_3
	AB_3 三角锥形	极性	NH_3，NF_3，PCl_3

分子间力的本质是静电引力。极性分子中由于有电子偏移的现象，持续存在偶极，称为固有偶极。非极性分子在电场中或者有其他极性分子在较近距离的情况下，分子内电荷会发生偏移，出现诱导偶极。不管是极性分子还是非极性分子，原子核时刻在震动，电子时刻在运动、跃迁，当它们运动离开平衡位置时也会产生极性，只是这个过程持续时间很短，称为瞬时偶极。因固有偶极的取向而产生的分子间作用力，叫作取向力。取向力只存在于极性分子之间。固有偶极与诱导偶极间的分子间作用力，称为诱导力。诱导力存在于极性分子与极性分子或非极性分子之间。由瞬时偶极之间的作用而产生的分子间力，叫作色散力。色散力普遍存在于各类分子之间。对大多数分子来说，色散力是主要的。只有强极性的分子（如水分子）之间以取向力为主。

分子间力的存在，对物质的性质存在如下影响：

（1）对物质熔、沸点的影响。通常组成、结构相似的分子，随相对分子质量的增大，熔、沸点升高。稀有气体（He，Ne，Ar，Kr，Xe）熔、沸点依次升高；卤素单质（F_2，Cl_2，Br_2，I_2）熔、沸点依次升高。

（2）对溶解性的影响。结构相似的物质，易于相互溶解，即"相似相溶"规律。例如，水分子是一种极性分子，作为溶剂，易溶解醇类等极性物质；四氯化碳、苯等非极性溶剂，易于溶解碘、油脂等非极性或极性较弱的物质。

2. 氢键

H_2O 的熔点 0 ℃，沸点 100 ℃，而与之结构类似且分子量比它大的 H_2S，熔、沸点分别是 −85.5 ℃，−60.7 ℃。仅凭分子间作用力对物质熔沸点的影响没有办法解释这样的"反常"现象。

研究发现，水分子中的氧原子与邻近分子的氢原子之间存在着强于分子间作用力的作用力，使得水分子彼此缔合。像这样，与电负性很大的原子（N，O，F）形成共价键的 H 原子，又与另一电负性很大且含有孤对电子的原子之间产生的较强的静电吸引作用，称为氢键。

除了水分子之间能够形成氢键，氨（NH_3）分子、氟化氢（HF）分子之间，以及低分子醇、酚、胺、醇、醚、醛、酮、胺与水分子之间也能形成氢键。氢键可以在不同分子间形成，还可以在某些分子内形成。

氢键对物质性质的影响主要包括如下方面：

（1）对熔、沸点的影响。由于氢键的结合能通常比范德华力大，因而 NH_3，H_2O 和 HF 等均比同族氢化物熔、沸点高。

（2）对溶解度的影响。不同分子间形成氢键，使相互溶解性增大。例如，NH_3，HF 极易溶于 H_2O。

（3）对水的密度影响。氢键可使水缔合成 $(H_2O)_n$，使分子排列逐步规则，体积增大，密度减小。冰的缔合度远大于液态水，因此 0 ℃的冰密度小于 0 ℃的水。

（4）对生物体的影响。生物遗传物质 DNA 的复制，正是通过氢键的作用与匹配才得以进行的。

第二节 奇妙的物质变化

学习目标

1. 掌握物理变化与化学变化的概念及两者的本质区别。
2. 了解常见化学反应类型。

在生活中，经常会遇到各种各样的物质变化。古代的炼金术师和炼丹师们积累了大量关于物质变化的经验，为现代化学的诞生奠定了基础。

一、物理变化与化学变化

液态的水煮沸变成水蒸气，冷却后又变成液态水。在这个过程中，水还是水，只是形态发生了变化，水分子本身并没有发生变化，没有其他分子加入进来，也没有生成新的分子。像这样不生成其他物质的变化叫作物理变化。蜡烛燃烧的时候，发光、发热，会生成水和二氧化碳，像这样生成其他物质的变化是化学变化。分子是保持物质化学性质的最小微粒，化学变化与物理变化的区别在于有没有新的分子产生。

物质不需要发生化学反应就能表现出来的性质叫物理性质。例如，物质的颜色、状态、气味、硬度、密度、熔点、沸点等都属于物质的物理性质。物质在化学反应中表现出来的性质叫作化学性质。比如，燃烧是化学反应，蜡烛能够燃烧是蜡烛的一个化学性质。

观察与讨论

制作热气球：把一个薄塑料袋罩在一个燃着的蜡烛上方，点燃蜡烛，随着蜡烛的燃烧，塑料袋逐渐膨胀。（教科版《科学》三年级上册《空气》单元第 6 课：我们来做热气球）

讨论：

1. 在这个过程中，发生了哪些变化？

2. 如何用实验证明在蜡烛燃烧过程中产生了新

图 5-2-1 我们来做热气球

（图片来源：教科版《科学》教材）

物质?①

　　化学反应常常伴随颜色变化、放出气体、生成沉淀等现象。例如，放在潮湿空气中的铁制品表面会变红，这是因为铁与氧气发生反应生成了红色的氧化铁（Fe_2O_3）；把鸡蛋泡进白醋，蛋壳上会出现无色气泡，这是因为蛋壳中的碳酸钙与白醋中的醋酸发生化学反应生成一种气体物质（二氧化碳 CO_2）。需要注意的是，有些化学反应不能观察到明显的现象，有些物理变化也会产生上述现象，所以现象并不能作为我们判断是否发生化学反应的依据。例如，在氢氧化钠溶液中滴加盐酸，它们之间的化学反应并不会有明显的气体、沉淀和颜色变化，但是它们之间确实发生了化学变化，有新物质（盐和水）生成，只是生成物存在于溶液中没有明显现象罢了；加热试管中的水，达到一定温度后，能看到明显的气泡，有气体生成，但是生成的气体依然是水，与液态的水本质上是一样的，它们具有相同的分子，我们都可以用 H_2O 来表示它们的化学组成，即液态水变为气态水是一个物理变化。

　　我们可以用化学符号简洁地表示各种化学反应。例如，碳酸钙与醋酸的反应可以表示为

$$CaCO_3 + 2CH_3COOH \rule[0.5ex]{1.5em}{0.1ex} Ca(CH_3COO)_2 + H_2O + CO_2 \uparrow$$

　　像这样用化学式表示化学反应的式子叫作化学方程式。其中，化学式前面的数字是化学计量数，代表了各反应物、生成物物质的量关系。"↑"是气体符号，表示化学反应中该生成物为气体。类似的常用状态符号还有沉淀符号"↓"。

二、化学反应的本质

　　在化学反应中，反应物转变为生成物本质上是旧化学键断裂、新化学键形成的过程。例如，水在通电时，分解生成氢气和氧气。在这个过程中，水分子中氢原子和氧原子的化学键断裂，氢原子间形成新的化学键变成氢气分子，氧原子间形成新的化学键变成氧气分子。

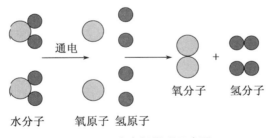

通电

氧分子　　氢分子

水分子　　氧原子　氢原子

图 5-2-2　水电解微观示意图

　　在化学反应中，参与反应的原子的种类和数量没有发生改变。原子是化学反应中不可再分的最小微粒。化学反应前后，参与反应的原子的种类和数量没有发生改变，因此，参加反应的各物质的质量总和等于反应后生成各物质的质量总和，这个规律就是质量守恒定律。

---

　　① 我们来做热气球视频 https://platform.kexueshengyin.com/anchor? authorID=1234407330620526592&user ID=10 575665583 70811904

三、化学反应的能量变化

化学反应常常伴随能量变化。例如,蜡烛燃烧时生成水和二氧化碳,同时会发光并放出热量。化学反应中能量变化的实质是断裂旧化学键吸收能量,形成新化学键释放能量,两者不相等时就会表现为体系的能量变化。

假设反应物本身总能量为 E_1,断键成为活泼原子或离子时能量升高为 E_2,这个断键的过程需要吸收的能量为 $\Delta E_1 = E_2 - E_1$。活泼原子或离子再重新组合形成新的物质(生成物),假设生成物的总能量为 E_3,则新键生成释放的能量为 $\Delta E_2 = E_2 - E_3$。反应中,能量总的变化为 $\Delta E = \Delta E_2 - \Delta E_1 = E_3 - E_1$。因此,从反应物和生成物总能量角度考虑,反应物总能量高于生成物总能量时反应释放能量,反应物总能量低于生成物总能量时反应吸收能量,如果以热的形式释放或吸收能量即为放热反应或吸热反应。

四、化学反应的类型

化学反应的种类很多,看起来纷繁复杂,按照一定的标准进行分类,有助于学习和掌握其内在规律。

(一)根据反应物和生成物的种类和数量分类

1. 化合反应

由两种或两种以上的物质生成另一种物质的反应叫作化合反应。如木炭燃烧的反应。

$$C + O_2 == CO_2$$

2. 分解反应

由一种物质生成两种或两种以上其他物质的化学反应叫作分解反应。如双氧水分解生成水和氧气的反应。

$$2H_2O_2 == 2H_2O + O_2 \uparrow$$

3. 置换反应

一种单质和一种化合物生成另一种单质和另一种化合物的反应叫作置换反应。如铁和硫酸铜的反应。

$$Fe + CuSO_4 == FeSO_4 + Cu$$

4. 复分解反应

两种化合物相互交换成分,生成另外两种化合物的反应叫作复分解反应。如盐酸和氢氧化钠的反应。

$$HCl + NaOH == NaCl + H_2O$$

(二)按反应过程中有无电子转移分类

1. 反应过程中有电子转移的反应是氧化还原反应

金属钠在氯气中燃烧,钠原子失去 1 个电子,氯原子得到 1 个电子,分别形成 Na^+ 和

Cl^-,阴阳离子通过离子键结合生成新物质 NaCl。在这个反应中存在电子转移,这是一个氧化还原反应。

2. 反应过程中没有电子转移的反应是非氧化还原反应

水与二氧化碳结合生成碳酸的反应、碳酸钙高温分解的反应、盐酸和氢氧化钠的反应、醋酸与碳酸钙的反应等等,反应过程中都没有电子转移,都是非氧化还原反应。

化学反应中,存在电子转移时,失去电子的元素化合价会升高,得到电子的元素化合价降低,因此也可以通过考察反应前后参与反应的物质中各元素化合价是否发生变化来判断是否为氧化还原反应。参加反应的各物质中,在反应前后有元素化合价变化的反应是氧化还原反应,否则为非氧化还原反应。

拓展阅读

中国炼丹家认为物质是变化的,且变化是有规律可循的。魏博阳说,自然之所为兮,非有邪伪道。山泽气相蒸兮,兴云而雨,泥竭乃成尘兮,火灭自为土(周易参同契)……变化者,乃天地之自然,何嫌金银之不可异物做乎(抱朴子黄白篇)。

阿拉伯炼金家例如,贾比尔由于受希腊四元素说的影响,他蒸馏物质的结果几乎总是生成气体、易燃液体、灰烬等,与气火水土一一对应。他从中国雪(中国运去的硝石)中制出了硝酸,蒸馏明矾得到了硫酸,将硝酸与盐酸混合制得能够溶解黄金的王水,还制得了有机酸酒石酸。

摘自:李晓岑.中国金丹术为什么没有取得更大的化学成就——中国金丹术和阿拉伯炼金术的比较[J].传统文化与现代化,1998(3):82-86.

第三节　常见的重要物质

 学习目标

1. 掌握水、空气的基本性质。
2. 理解物质结构、性质与应用之间的关系。
3. 了解营养素及常见食品添加剂的作用。

一、水

水是包括人类在内所有生命生存的重要资源,是地球表面分布最广的天然物质,覆盖了地球 71% 以上的表面。水也是生物体最重要的组成部分,在生命演化中扮演着重要的角色。

(一)水的组成

人类很早就开始对水产生了认识,在东西方古代朴素的物质观中,水都被视为一种基

本的组成元素。水是一种元素或简单物质的观念直到 18 世纪末才开始发生转变。

1785 年,拉瓦锡演示了水的分解与合成的定量实验。实验中,拉瓦锡用 15 格令(一种历史上使用过的重量单位)的氢气和 85 格令的氧气在一起燃烧,得到了 100 格令水;然后,用 100 格令的水分解,又能得到相同比例的氢气和氧气。拉瓦锡用精密的定量实验,从元素论的角度揭示了水的组成。至此水是由氢氧两种元素组成的化合物才逐渐成为共识。19 世纪初期原子、分子学说建立,化学家开始认识到 1 个水分子是由 2 个氢原子和 1 个氧原子组成的。[1]

水分子中氧原子分别与两个氢原子形成共价键,键角为 105°。水分子正负电荷中心不重合,由于氧原子具有较强的电负性,水分子具有较强极性。水分子间容易形成氢键,具有很多独特的性质,在自然界中占据独特地位。

(二) 水的物理性质

纯净的水在常温常压状态下是一种无色透明的液体,密度 1×10^3 kg/m^3,比热容 4.2×10^3 J/(kg·℃)。常压下,水的沸点为 373 K(100 ℃),凝固点为 273 K(0 ℃)。

水的密度在 277 K(4 ℃)时最大,在 273~277 K(0~4 ℃),水呈现热缩冷胀的反常膨胀现象。水的这一独特性质与其分子间氢键的形成有关。接近沸点的水,主要是以简单分子的状态存在的。随着温度的降低,水的缔合度增大,$(H_2O)_2$ 缔合分子增多,分子间排列变得紧密,加之温度降低分子热运动减小,水分子间的距离也会缩小,两种作用都使得水的密度增大。当温度降低到 4.0 ℃时,水具有最大的密度。温度继续降低时,水的缔合度进一步增大,出现较多的 $(H_2O)_3$ 等较大的缔合分子,它们的结构较疏松,因此水的密度随温度降低反而减小,体积则增大。同样道理,冰比同温度的水密度更小。正因为冰的密度小于同温度水的密度,我们才可能看到水面上冰块漂浮的美景,才有机会在结冰的湖面上溜冰,更重要的是,众多水生生物才能够在结冰的湖面或河面之下安然过冬。

水的比热容是常见物质中最大的。这是因为使水的温度升高,不仅需要破坏分子间范德华力还需要破坏水分子之间的氢键,所以需要吸收更多的能量。在生产生活中,我们经常利用水具有较大比热容的特性,将其用作保温剂和制冷剂。自然界中,因为水具有较大的比热容,同等情况下水面比陆地升温、降温更慢,会引起海陆风等自然现象。

(三) 水的化学性质

1. 水的分解

水的热稳定性很大,在 2000 ℃以上才开始分解,通电也能使之分解。水分解生成氢气和氧气。

$$2H_2O \xrightarrow{\text{高温}} 2H_2 \uparrow + O_2 \uparrow$$

$$2H_2O \xrightarrow{\text{通电}} 2H_2 \uparrow + O_2 \uparrow$$

---

[1]　冯翔. 发现水的组成[N]. 中国社会科学报,2010 – 08 – 19(11).

2．与金属的反应

水与金属发生置换反应。活泼金属在冷水中即可与之反应置换出氢气，不太活泼的金属需要高温才能反应。在与金属的反应中，水表现为氧化性。

$$2H_2O + 2Na \Longrightarrow 2NaOH + H_2\uparrow$$

$$2H_2O + Mg \xlongequal{\triangle} Mg(OH)_2 + H_2\uparrow$$

$$4H_2O + 3Fe \xlongequal{高温} Fe_3O_4 + 4H_2\uparrow$$

3．与非金属的反应

水在一定条件下可以与非金属反应，与氧化性更强的非金属反应时表现为还原性，与氧化性更弱（还原性更强）的非金属反应时表现为氧化性。如水与卤素反应表现为还原性，与碳反应表现出氧化性。

$$H_2O + C \xlongequal{高温} CO + H_2$$

$$2H_2O + 2F_2 \Longrightarrow 4HF + O_2$$

4．与氧化物的反应

水与碱性氧化物反应生成对应的碱，与酸性氧化物反应生成对应的酸。

$$H_2O + CaO \Longrightarrow Ca(OH)_2$$

$$H_2O + CO_2 \Longrightarrow H_2CO_3$$

（四）溶液与溶解

水还有一个非常重要的性质，水能够溶解多种物质，是一种非常好的溶剂。对离子化合物（如氯化钠 NaCl）而言，水能够破坏离子键，将离子从晶格中拉出来，形成水合离子，从而发生溶解，如图 5-3-1。对极性共价化合物（如氯化氢 HCl）而言，水也有类似的作用。

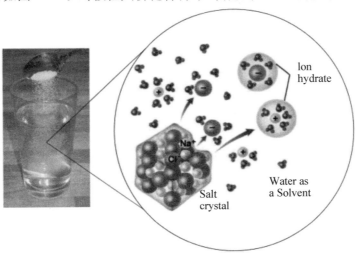

图 5-3-1　氯化钠的溶解过程

广义上讲，一种物质以分子、原子或离子状态分散在另一种物质中形成的均一、稳定的分散系，就是溶液。这一分散过程就是溶解。被溶解的物质称为溶质，能溶解溶质的物

质称为溶剂。例如,氯化钠在水分子作用下以离子状态分散于水中,我们说氯化钠溶解于水,氯化钠是溶质,水是溶剂,形成的均一稳定混合体系是溶液。

由于水是一种非常常用的溶剂,通常情况下,以水为溶剂的溶液可以不特别指明溶剂。如氯化钠溶液通常指的就是氯化钠的水溶液。自然界中的水,如河水、湖水、海水、雨水等,通常都不是纯净的水,往往溶解有多种离子,如 Na^+,K^+,Ca^{2+},Mg^{2+},SO_4^{2-},CO_3^{2-},Cl^- 等,呈现明显高于纯水的电导率。还会包含一些大分子,呈现胶体(分散质粒径 1~100 nm)的性质。用光束照射时,会产生明显的光路,产生丁达尔效应。而纯净水和水溶液,是不存在丁达尔效应的。当其中包含泥沙、微生物等大颗粒物质时,水的透明度降低,呈浊液(分散质粒径大于 100 nm)。

二、空气

空气也是我们身边最为常见、须臾不离的物质。东西方文明中都是很早就有关于"气"的描述,但真正基于实验开展深入分析是从近代才开始的。18 世纪末,普利斯特里和舍勒等一批化学家关于气体的研究取得了很多突破性进展,拉瓦锡在他们研究成果的启发下,设计了完整、精确的定量实验,确定了空气中氮气和氧气的比例,这在化学史上具有重要的里程碑意义。[①]

(一) 空气的组成

标准状况下,空气是无色无味的气体,密度 1.29 g/L。平均相对分子质量为 29,主要成分为氮、氧、氩和二氧化碳,其含量占全部干洁空气的 99.996%。氦、氖、氪、氙、氢、臭氧等次要成分只占 0.004%左右。空气沸点−192 ℃。通过加压、降温可使空气液化。液态空气由氮(78%)、氧(21%)、氩(1%)组成,可以用作制冷剂,也可以用于分馏制备氮、氧和氩。

表 5-3-1 干洁大气主要成分

成分	相对分子质量	体积分数/%
氮(N_2)	28.01	78.09
氧(O_2)	32.00	20.95
氩(Ar)	39.94	0.93
二氧化碳(CO_2)	44.01	0.03

(二) 氮气

标准状况下,氮气是无色无味的气体,密度 1.25 g/L,比空气略小。沸点−196 ℃,其液态为无色。氮气在水中溶解度很小,在常温常压下,1 体积水中只溶解大约 0.02 体积的氮气。一般将氮气贮存在黑色钢瓶中。氮气的化学性质不活泼。通常不易燃烧,也不能支持燃烧,常被用作保护气。在高温、高压、放电等条件下,氮气可以跟一些金属或非金

① 宋心琦. 如何欣赏拉瓦锡测定空气组成的实验[J]. 中学生数理化(八年级物理),2012(12):45 - 46.

属发生化学反应。

1. 氮气与氧气的反应

放电条件下氮气能与氧气发生化学反应。

$$N_2 + O_2 \xrightarrow{\text{放电}} 2NO$$

产物一氧化氮能够进一步被氧气氧化生成可溶于水的二氧化氮,随雨水落入土壤成为植物的氮来源,这正是农谚中"雷雨肥田"的原理。

$$2NO + O_2 = 2NO_2$$

$$H_2O + 3NO_2 = 2HNO_3 + NO$$

2. 氮气与活泼金属反应

氮气与锂在常温下可以直接反应。

$$6Li + N_2 = 2Li_3N$$

氮气与镁可以在点燃条件下可以发生反应。

$$N_2 + 3Mg \xrightarrow{\text{点燃}} Mg_3N_2$$

3. 氮气与其他非金属的反应

氮气与氢气在高温、高压和催化剂条件下发生反应生成氨气,用于化肥、冷冻剂和化工原料生产。

$$3H_2 + N_2 \xrightarrow[\text{催化剂}]{\text{高温高压}} 2NH_3$$

(三) 氧气

标准状况下,氧气是无色无味的气体,密度 1.43 g/L,比空气略大。氧气不易溶解于水,常温常压下,1 体积水只能溶解大约 0.03 体积的氧气。沸点 −183 ℃,其液态为淡蓝色。一般将氧气贮存在蓝色钢瓶中。氧气的化学性质表现为极强的氧化性。一些强还原性物质常温下即可被氧气氧化。金属生锈、动植物呼吸、食物腐烂、酒和醋的酿造等都与缓慢氧化反应有关。此外,氧气具有助燃性。可燃物在高于一定温度(燃点)时能发生剧烈的发光、发热的氧化反应,这种现象叫作燃烧。

1. 氧气与金属的反应

镁条在空气中很容易被点燃,发出耀眼的白光,放出热量,生成白色粉末。

$$2Mg + O_2 \xrightarrow{\text{点燃}} 2MgO$$

铁在潮湿空气中,容易被氧化而"生锈"。

$$4Fe + 3O_2 = 2Fe_2O_3$$

灼热的铁丝可以在纯氧中燃烧,火星四射,放出热量,生成黑色固体。

$$3Fe + 2O_2 \xrightarrow{\text{点燃}} Fe_3O_4$$

碱金属在不同条件下与氧气作用,可能生成普通氧化物、过氧化物、超氧化物等不同类型的氧化物。

钠露置于空气中可以很快被氧化,使界面失去光泽。

$$4Na + O_2 == 2Na_2O$$

钠在氧气中燃烧生成过氧化物。

$$2Na + O_2 \xrightarrow{\text{点燃}} Na_2O_2$$

钾在过量氧气中燃烧会生成超氧化物。

$$K + O_2（过量）\xrightarrow{\text{点燃}} KO_2$$

2. 氧气与非金属的反应

氢气可以在氧气中安静地燃烧,产生淡蓝色火焰,并放出大量的热,但氢氧混合物遇明火会发生爆炸。

$$2H_2 + O_2 \xrightarrow{\text{点燃}} 2H_2O$$

木炭可以在空气中燃烧发出红光,放出热量,而在氧气中会剧烈燃烧,发白光,放出大量热,产物是能使澄清石灰水变浑浊的气体。

$$C + O_2 \xrightarrow{\text{点燃}} CO_2$$
$$CO_2 + Ca(OH)_2 == H_2O + CaCO_3 \downarrow$$

白磷在超过 40 ℃时会发生自燃,产生白烟。

$$4P + 5O_2 == 2P_2O_5$$

红磷可以在空气或氧气中燃烧,产生白烟。

$$4P + 5O_2 \xrightarrow{\text{点燃}} 2P_2O_5$$

（四）稀有气体

稀有气体是指元素周期表上的 18 族元素。天然存在的稀有气体有六种,即氦(He)、氖(Ne)、氩(Ar)、氪(Kr)、氙(Xe)和具放射性的氡(Rn)。在常温常压下,它们都是无色无味的单原子气体,化学性质稳定,因此也叫惰性气体,常被用作保护气。稀有气体在通电时能发出不同颜色的光,可被用于制造霓虹灯,氖气灯是橙色的,氩气灯是紫蓝色的,而氙气灯是蓝绿色的。

最早发现的稀有气体是氩。1892 年,英国化学家瑞利(Rayleigh)发现从空气分离得到的氮气与氮化物分解得到的氮气密度有微小差异,前者的密度是 1.2572 g/L,后者的密度是 1.2508 g/L。虽然差异很小,但是经过反复测定,瑞利可以确定不是由于测定误差引起的。那么,为什么空气中得到氮气密度要大些呢? 瑞利百思不得其解,于是在《自然》杂志上发表了一封公开信,希望能够得到其他化学家的帮助。化学家莱姆塞(Ramsay)怀疑空气中除了氮气外还存在较重的不活泼气体。他精心设计了一套实验装置,反复用燃烧的镁去除空气中的氮气,用还原剂去除氧,发现还剩余少量的不活泼气体。经过光谱检验,证明是一种新的气体元素。1894 年 8 月 13 日,莱姆塞和瑞利在牛津召开的科学振兴会上公布了他们的发现,并把这种气体命名为氩,意为"懒惰者"。莱姆塞不仅测得了氩的密度,还测定了它的分子量,无可辩驳地证明了氩是一种确实存在的新元素气体,在空气中占比不足 1%。在发现氩后不久,莱姆塞又发现了氦的存在。氦在空气中只有0.0005%。20 年前氦就已经被研究太阳光谱的科学家发现了,但是当时被认为只在太阳这样的恒星上存在而地球上不存在,因而称之为"氦"意为"太阳"。此后经过几年地艰苦努力,莱姆塞又陆续分离得到了氖(意为"隐藏")、氪(意为"新参加")、氙(意为"陌生人"),还有放射性元素氡(意为"发光")。为了表彰拉姆塞的伟大功绩,他被授予 1904 年诺贝尔化学奖。在稀有气体发现的道路上,科学家们精益求精、谦逊、勤奋的优秀品质得到了淋漓尽致的体现。[①]

(五)二氧化碳

标准状况下,二氧化碳为无色、无味的气体,密度 1.98 g/L,比空气大。熔点 -78 ℃,沸点 -56 ℃。固态的二氧化碳叫"干冰",容易升华变成气态二氧化碳,可用于人工降雨、舞台表演和食品保鲜。二氧化碳不可燃,通常也不支持燃烧,可以用作灭火剂。[②]

1. 酸性氧化物的通性

二氧化碳是碳酸的酸酐,具有酸性氧化物的通性。

二氧化碳可溶于水,1 体积的水通常可以溶解 2 体积二氧化碳。二氧化碳溶于水,与水反应生成碳酸,碳酸不稳定又会分解生成二氧化碳和水。碳酸饮料就是在一定条件下充入二氧化碳的饮料。打开碳酸饮料瓶盖,从饮料中逸出的气体就是二氧化碳。

$$CO_2 + H_2O = H_2CO_3$$

二氧化碳能与碱性氧化物反应生成相应的盐。例如,生石灰露置于空气中会发生变质。

$$CO_2 + CaO = CaCO_3$$

二氧化碳能与碱反应生成相应的盐和水。二氧化碳能使澄清石灰水变浑浊,就是因为二氧化碳与熟石灰发生反应生成了难溶的碳酸钙,这个反应常用来鉴别二氧化碳。

$$CO_2 + Ca(OH)_2 = CaCO_3 \downarrow + H_2O$$

2. 氧化性

二氧化碳中的碳处于最高价态,因此具有一定的氧化性。高温条件下,二氧化碳能氧化单质碳并被其还原,生成一氧化碳。

$$C + CO_2 \xrightarrow{\text{高温}} 2CO$$

3. 与过氧化钠的反应

二氧化碳能与过氧化钠反应,生成氧气,这个反应可以用作潜水作业或防毒面具里的供氧反应。过氧化钠作为供氧剂。

$$2CO_2 + 2Na_2O_2 = 2Na_2CO_3 + O_2$$

三、营养素与食品添加剂

食品是由多种化学物质组成的一种混合物,是人体营养的主要来源。食品中含有的能维持人体正常生理功能,促进生长发育和健康的化学物质称为营养素。人们在进食含

---

① 何法信,高平.拉姆塞与稀有气体——纪念氩的发现 100 周年[J].化学通报,1994(10):57-59.
② 干冰实验视频 https://v.youku.com/v_show/id_XMjg0NTU0MDY5Ng==.html

有这些营养素的食物后,机体可进一步利用它们来制造身体活动所必需的其他物质。食品中除基本营养素外,还包含许多其他的成分。食品加工过程中,为改善食品品质和色香味或满足防腐和加工工艺的需要,会向食品中加入一些合成或天然物质,这些物质被称为食品添加剂。食品添加剂可以不是食物,也不一定有营养价值,但应不影响食品的营养价值,且具有防止食品腐坏变质、增强食品感官性状、提高食品质量的作用。

(一)七大营养素

人体所需的营养素可分为水、蛋白质、碳水化合物、脂肪、维生素、无机盐和膳食纤维七大类。各类营养素均具有独特的功能,在代谢过程中密切联系。

1. 水

水是优良的溶剂,能够溶解很多物质,生命所需的营养素和代谢废物都需要借助水进行传递。因此,动植物体内都含有大量的水。例如,成年人机体组成中水占大约60%,婴幼儿更高。黄瓜、苹果、菠萝等含水量80%以上,西红柿、青菜、冬瓜更是高达90%以上。

表 5-3-2　几种常见食物含水量

食物	含水量(%)	食物	含水量(%)
馒头	50	西红柿	90
蛋糕	50	菠萝	86
牛肉	69	黄瓜	83
牛奶	87	西瓜	79
青菜	92	苹果	68
大白菜	96	葡萄	65
冬瓜	97	香蕉	60

每天水分进入人体的途径包括饮料(约 1200 mL),食物中的水(约 1000 mL),代谢水,即体内食物分解后产生的水(约 300 mL)。同时,身体的水分每时每刻都在不断地流失。水分流失的主要途径为呼吸与汗水(约 900 mL),尿液(约 1500 mL),粪便(约 100 mL)。当吸收与流失的水分相等时,人体内的体液才能正常运作。天气炎热及运动量大时会消耗更多的水分与电解质,因此一天的饮食中必须摄取相等的水分,才能保证身体的需要。

2. 蛋白质

蛋白质是由 α-氨基酸按一定顺序结合形成一条多肽链,再由一条或一条以上的多肽链按照其特定方式结合而成的高分子化合物。蛋白质就是构成人体组织器官的支架和主要物质,在人体生命活动中起着重要作用,可以说没有蛋白质就没有生命活动的存在。人体中蛋白质占总重的 17%,占干重将近一半。人体只有从食物中获取足够的蛋白质,才能维持人体正常的生长发育和组织更新。饮食中蛋白质主要存在于瘦肉、蛋类、豆类及鱼类。我国营养学会的专家们根据我国膳食结构,认为成人的蛋白质供给量,每人每日每千克体重以 1.2 g 为宜。在总能量中蛋白质的热比应占 10%～14%,儿童和青少年应高于成人,孕妇,乳母等由于生理上的需要,给予适当的增加。

蛋白质经水解后,其最终产物为氨基酸。氨基酸是一种含有氨基的羧酸衍生物,是构成蛋白质的基本单位和原材料。目前已发现的氨基酸种类约有 20 多种。按其生理意义可分为两大类,一类是必需氨基酸,一类是非必需氨基酸。必需氨基酸是人体不能合成或合成的速度远不能适应机体需要,必须由食物供给的氨基酸。对成人来说,必需氨基酸有八种:亮氨酸、异亮氨酸、赖氨酸、蛋氨酸、苯丙氨酸、苏氨酸、色氨酸和缬氨酸。对于婴儿来说,组氨酸也是必需氨基酸。非必需氨基酸是指在人体内能利用其他氮源合成,并非必须由食物供给的氨基酸。它包括甘氨酸、丙氨酸、丝氨酸、天冬氨酸、谷氨酸、脯氨酸、精氨酸、天冬酰胺和谷氨酰胺。食物蛋白质按照各种必需氨基酸模式进行营养分类,包括完全蛋白质、半完全蛋白质及不完全蛋白质。完全蛋白质是一类必需氨基酸,种类齐全、数量充足、相互比例适当的蛋白质,氨基酸模式接近人体所需模式,又称为优质蛋白质。如果用这类蛋白质作为唯一蛋白源,人体能正常发育。乳、蛋、肉及大豆中的蛋白质皆属于完全蛋白质。半完全蛋白质是一类必需氨基酸种类齐全,但相互比例不适当的蛋白质,其氨基酸模式与人体所需模式差别较大。若以此作为唯一的蛋白源,则只能维持生命,不能促进生长发育。谷类的醇溶蛋白、谷蛋白就属于半完全蛋白质。不完全蛋白质是一类必需氨基酸种类不全的蛋白质。若以它作为唯一蛋白源,机体将日益消瘦,严重者可导致死亡。例如,玉米中的醇溶蛋白缺乏色氨酸和赖氨酸,动物皮、骨中的胶原蛋白缺乏色氨酸、蛋氨酸,它们都属于不完全蛋白质。

3. 脂类

脂类又称脂质,是脂肪和类脂的统称,是一大类具有重要生物学作用的化合物,它们主要是由碳、氢、氧及少量磷、硫元素组成。

脂肪,又称中性脂肪或真脂,是一种由甘油和脂肪酸生成的酯类。在其结构中,甘油残基是相同的部分,所不同的只是脂肪酸残基部分。所以,脂肪的性质和其脂肪酸类型存在着直接的关系。脂肪在人体内贮量相当大,一个成年人脂肪的总量是体重的 10%～15%,肥胖者可以超过 20%,主要贮存在皮下、内脏周围和腹腔。一个成年人贮存的脂肪一般都在十公斤左右,可以满足 40 天生命活动的需求。不过在糖类供应充足的条件下一般是不动用脂肪的。

类脂是一类性质类似油脂的物质,种类较多,主要包括磷脂、糖脂、固醇、类固醇等。类脂也具有很重要的生物学意义。磷脂因分子中含有磷酸根而得名。卵磷脂存在于植物种子,动物的卵、神经组织中,蛋黄中含量最多,约 8%～10%。大部分卵磷脂与蛋白质形成不稳定的结合物,对细胞膜的功能具有重要作用。脑磷脂与血液凝固的机制有关,有加速血液凝固的作用。此外,在肌肉和脑等组织中,还有肌醇磷脂、缩醛磷脂及非甘油磷脂等。类固醇是生物体内一大类以环戊烷多氢菲核为骨架的物质,其中有不少在自然界中和脂质相关,其中最重要的是固醇。固醇在生物体内呈游离态或与脂肪酸生成酯。固醇依来源不同分为动物固醇和植物固醇。动物固醇主要是胆固醇,植物固醇有谷固醇、豆固醇、麦角固醇等。胆固醇广泛分布于动物组织中,在脑及神经组织中含量特别丰富。豆固醇存在于大豆油及其他豆类油脂中,麦角固醇存在于酵母及某些植物中,谷固醇在谷类胚油中含量较高。7-去氢胆固醇和麦角固醇是合成维生素 D 的原料。

4. 碳水化合物

碳水化合物俗称糖类,是多羟基醛或多羟基酮及其缩聚物和某些衍生物的总称。最早发现的糖类化合物分子中氢与氧之比为 2：1,与水中的氢氧比例一样,分子式可写成 $C_n(H_2O)_m$,因而称其为"碳和水的化合物"。尽管后来发现许多糖类并不合乎上述分子式,如鼠李糖($C_6H_{12}O_5$),但碳水化合物的名字还是一直沿用下来。

在自然界,碳水化合物是植物通过光合作用产生的。主要存在于植物界,占植物干重的 $50\%\sim80\%$;动物体中含量不多,仅占动物干重的 2% 以下。糖类是人和动物体主要的供能物质,在人类膳食中,来自糖类的能量占 $60\%\sim70\%$。

根据化学结构的不同可以将碳水化合物分为单糖、双糖、多糖。其中,单糖无法水解成为更小的碳水化合物,如葡萄糖、果糖、半乳糖等。低聚糖是 $2\sim10$ 个单糖单位以糖苷键连接并可水解产生单糖的化合物,如麦芽糖、乳糖、蔗糖、海藻糖等二糖及棉籽糖(三糖)。多糖是许多单糖分子或其衍生物缩合而成的高聚物,如淀粉、纤维素、糖原等。

5. 维生素

维生素是维持人体正常生理功能所必需的一类结构互不相同的低分子有机物。维生素与其他营养素的不同之处在于它既不构成机体组织,又不能供给热能。人体只需少量就可满足生理需要且一般不能在体内合成。

虽然维生素的膳食供给量很少,但是它在维持人体正常生命活动及物质代谢过程中起着十分重要的作用。当膳食中长期缺乏某种维生素,使摄入量低于生理需要量时,就可能出现维生素缺乏症。由于维生素吸收和储留发生障碍,或在体内的破坏加速,或生理、病理上对维生素的需要量增加,而膳食又不能满足需要,也可能出现维生素缺乏症。

例如,人们发现经常进行长时间的航海旅行的船员们很容易得坏血病,这是由于长时间海上航行的船员缺乏新鲜水果和蔬菜的补充,而新鲜蔬菜和水果中含有一些酸性物质,可以防止坏血病的发生,被称为抗坏血酸,现在被称为维生素 C。因此坏血病就是一种维生素缺乏症。

维生素根据溶解性的不同可分为两大类:一类是脂溶性维生素,如维生素 A、维生素 D、维生素 E、维生素 K 等;一类是水溶性维生素,如维生素 B、维生素 C、维生素 H、烟酸、泛酸、叶酸等。前者排泄率不高,摄入过多会在体内蓄积,以至产生有害影响;后者排泄率高,一般不在体内蓄积,不产生毒性。

6. 无机盐

构成人体的化学元素中除碳、氢、氧、氮主要以有机物的形式存在外,其余元素无论含量多少统称为无机盐,也叫无机质或矿物质。无机质与有机营养素不同,它们既不能在人体内合成,也不能在除排泄外的体内代谢过程中消失。

食物中的矿物元素,按其对人体健康的影响可分成必需元素、非必需元素和有毒元素三类。必需元素是指存在于所有机体的健康组织中,并对机体的自身稳定起着十分重要的作用的元素,缺乏时可使机体组织与功能出现异常,补充后可恢复正常。依据其在体内的含量和膳食中的需要不同,必需元素可分为常量元素和微量元素两类。钙、磷、硫、钾、钠、氯和镁 7 种元素,含量在 0.1% 以上,需要量每天在 100 mg 以上,称为常量元素或大量元素。其他元素则称为微量元素或痕量元素。微量元素需要量少，但却很重要，其中一些为人体所必需，称为必需微量元素。现在已知有 14 种微量元素为人和动物所必需，即铁、锌、铜、碘、锰、钼、钴、硒、铬、镍、锡、硅、氟、钒。近年来有人认为锗、铷、溴、锂有可能也是必需的。

钙是人体内含量最多的金属元素，占体重的 1.5％～2.0％。其中，1％存在于血液，参与血管收缩和血管舒张、肌肉功能、神经传导、细胞内信号传导和激素分泌等功能；99％存在于骨骼和牙齿。人体不会自己生产钙只能通过外界获取。通常来说，食物是我们获取钙的主要渠道。处于钙需求量较大的时期，或者长期采用低钙食谱，或者肠道吸收能力低下的人群，通过饮食摄入钙不能满足身体需要，就需要适当补充钙剂（钙片、口服液等）。锌参与核酸、蛋白质、生长激素的合成与分泌，含锌酶对细胞的分裂、生长起着重要的催化作用。锌摄入还能促进骨骼细胞分裂、生长和再生，影响维生素 A 代谢，加速调节钙质吸收的碱性磷酸酶地合成。人体缺锌时补充的钙也很容易流失。如果两者同时缺乏，先适当补充锌然后再补钙效果会更好。铁是血红蛋白的组成成分，血红蛋白参与氧的运输与存储。持续缺铁时，由于体内铁的储存不能满足正常红细胞生成的需要，会发生缺铁性贫血。需要注意的是，微量元素的生理作用浓度和中毒剂量间距很小，过量摄入会对人体产生毒性。

7. 膳食纤维

膳食纤维是指不能被人体消化道酶素分解的多糖类及木植素，是一类特殊的碳水化合物。包括纤维素、木质素、蜡、甲壳质、果胶、β 葡聚糖、菊糖和低聚糖等，通常分为非水溶性膳食纤维及水溶性膳食纤维两大类。

膳食纤维虽然不能被人体消化道酶分解，但因为有着重要的生理功能，也成为人体不可缺少的物质。膳食纤维在消化系统中有吸收水分的作用，能增加肠道及胃内的食物体积，增加饱足感；能促进肠胃蠕动，纾解便秘。同时膳食纤维也能吸附肠道中的有害物质以便排出；改善肠道菌群，为益生菌的增殖提供能量和营养。在保持消化系统健康上扮演着重要的角色。

（二）食品添加剂

目前我国食品添加剂有 23 个类别，2000 多个品种，包括酸度调节剂、抗结剂、消泡剂、抗氧化剂、漂白剂、膨松剂、着色剂、护色剂、酶制剂、增味剂、营养强化剂、防腐剂、甜味剂、增稠剂、香料等。

1. 着色剂

着色剂又叫色素，赋予食品一定的颜色，本身并不能增加食物的营养，但漂亮的颜色能够从感官上调动人的食欲，令食物看起来很"美味"。依据其来源的不同可以分为合成色素和天然色素两大类。

合成色素通过化学合成制得。我国使用的八种合成色素是：胭脂红、苋菜红、日落黄、赤藓红、新红、柠檬黄、亮蓝、靛蓝。合成色素的特点是色彩鲜艳、性质稳定、着色力强、牢固度大，而且成本低廉，使用方便。在现代食品工业中被广泛使用。但因某些合成色素对

人体有害而受到诟病。

天然色素广泛存在于自然界的植物、动物和微生物体内。天然色素主要是由动植物组织中提取,经过纯化后制得。如胡萝卜素(黄色)、辣椒色素(橙黄)、甜菜红(鲜红色)、叶绿素(绿色)、可可色素(褐色)、核黄素(黄色)、姜黄(黄色)、花青素(红或蓝)等。天然色素成分较为复杂,而且在加工精制的过程中,其化学结构可能发生变化,也有可能被污染,因此不能认为"天然"就是纯净、无害。

2. 护色剂

护色剂又称发色剂,是一类能与肉及肉制品中呈色物质作用,使之在食品加工、保藏等过程中不致分解、破坏,呈现良好色泽的物质。肉类腌制中最常用的发色剂是硝酸盐和亚硝酸盐,果汁中常用护色剂有抗坏血酸、异抗坏血酸、柠檬酸、亚硫酸钠等。

硝酸盐在细菌作用下被还原生成亚硝酸盐。亚硝酸盐在一定的酸性条件下会生成亚硝酸。亚硝酸很不稳定,即使在常温下也可分解产生亚硝基(—NO),亚硝基会与肌红蛋白反应生成稳定的呈鲜亮红色的亚硝化肌红蛋白,使肉可保持鲜艳的颜色。此外亚硝酸盐在肉制品中也有抑制微生物增殖的作用。

然而,亚硝酸盐是添加剂中毒性较强的物质之一,可使正常的血红蛋白变成高铁血红蛋白,失去携带氧的能力,导致组织缺氧,是一种剧毒物质。加之亚硝酸盐为致癌性物质亚硝基化合物的前体物,使得硝酸盐和亚硝酸盐的使用受到了很大限制,但至今国内外仍在继续使用。一方面是因为亚硝酸盐对保持腌制肉制品的色、香、味有特殊作用,迄今未发现理想的替代物质;另一方面也是由于亚硝酸盐对肉毒梭状芽孢杆菌的抑制作用。尽管一直在用,但对使用的食品及其使用量和残留量有严格要求。此外,抗坏血酸与亚硝酸盐有高度亲和力,在体内能防止亚硝化作用,从而几乎能完全抑制亚硝基化合物的生成,所以在肉类腌制时添加适量的抗坏血酸,可防止生成致癌物质。

3. 增味剂

增味剂是指为补充、增强、改进食品中的原有口味或滋味的物质。也可称为鲜味剂或品味剂。中国允许使用的增味剂有谷氨酸钠、$5'$-鸟苷酸二钠和 $5'$-肌苷酸二钠、$5'$-呈味核苷酸二钠、琥珀酸二钠和 L-丙氨酸等。近年又开发了许多肉类提取物、酵母抽提物、水解动物蛋白和水解植物蛋白等。

谷氨酸钠,也叫味精,为含有一分子结晶水的 L-谷氨酸一钠,属于低毒物质。在一般用量条件下不存在毒性问题。核苷酸系列的增味剂均广泛地存在于各种食品中。除单独使用外,增味剂也经常被添加在各种酱油、酱料和调料包中。

4. 防腐剂

防腐剂是指能抑制食品中微生物的繁殖,防止食品腐败变质,延长食品保存期的物质。防腐剂一般分为酸型防腐剂、酯型防腐剂和生物防腐剂。常用的酸型防腐剂有苯甲酸、山梨酸和丙酸(及其盐类)。这类防腐剂的抑菌效果主要取决于它们未解离的酸分子,其效力随 pH 而定,酸性越大,效果越好,在碱性环境中几乎无效。酯型防腐剂包括对羟基苯甲酸酯类。其成本较高,对霉菌、酵母与细菌有广泛的抗菌作用。其中对霉菌和酵母的作用较强,但对细菌特别是革兰氏阴性杆菌及乳酸菌的作用较差。生物型防腐剂主要是乳酸链球菌素。乳酸链球菌素是乳酸链球菌属微生物的代谢产物,可用乳酸链球菌发酵提取而得。乳酸链球菌素的优点是在人体的消化道内可被蛋白水解酶所降解,因而不以原有的形式被吸收入体内,不会向抗生素那样改变肠道正常菌群,以及引起常用其他抗生素的耐药性,更不会与其他抗生素出现交叉抗性,是一种比较安全的防腐剂。其他防腐剂,如二氧化碳。增高的二氧化碳分压,会影响需氧微生物对氧的利用,能终止各种微生物呼吸代谢,使微生物失去生存的必要条件。但二氧化碳只能抑制微生物生长,而不能杀死微生物。

5. 甜味剂

甜味剂是指赋予食品甜味的食品添加剂。按营养价值可分为营养性和非营养性甜味剂。营养性甜味剂如蔗糖、葡萄糖、果糖等也是天然甜味剂,由于它们除赋予食品以甜味外,还是重要的营养素,供给人体以热能,通常被视作食品原料,一般不作为食品添加剂加以控制。非营养性甜味剂只是具有甜味并不提供营养,如糖精、甜蜜素、阿斯巴甜等。

糖精学名为邻磺酰苯甲酰亚胺,是世界各国广泛使用的一种人工合成甜味剂,价格低廉,甜度大,其甜度相当于蔗糖的300～500倍,量大时呈现苦味。由于糖精在水中的溶解度低,故中国添加剂标准中规定使用其钠盐(糖精钠)。一般认为糖精钠在体内不被分解,不被利用,大部分从尿排出而不损害肾功能。不改变体内酶系统的活性。全世界广泛使用糖精数十年,尚未发现对人体的毒害作用。

甜蜜素,环己基氨基磺酸钠,1958年在美国被列为"一般认为是安全"的物质而广泛使用,但在70年代曾报道该品对动物有致癌作用,1982年的FAO/WHO报告证明其无致癌性。美国FDA经长期实验于1984年宣布其无致癌性。但美国国家科学研究委员会和国家科学院仍认为其有促癌和可能致癌的作用,故在美国至今仍属于禁用于食品的物质。

阿斯巴甜,天门冬酰苯丙氨酸甲酯,其甜度为蔗糖的100～200倍,味感接近于蔗糖,是一种二肽衍生物,食用后在体内分解成相应的氨基酸。我国规定可用于罐头食品外的其他食品,其用量按生产需要适量使用。

糖醇类甜味剂属于一类天然甜味剂,其甜味与蔗糖近似,多是低热能的甜味剂。品种很多,如山梨醇、木糖醇、甘露醇和麦芽糖醇等,有的存在于天然食品中,多数的通过相应的糖氢化所得,而其前体物则来自天然食品。由于糖醇类甜味剂升血糖指数低,也不产酸,因此常被用作糖尿病、肥胖病患者的甜味剂。它还具有防止龋齿的作用。但是由于糖醇的吸收率较低,比如木糖醇,在大量食用时可能导致腹泻。

食品添加剂大大促进了食品工业的发展,并被誉为现代食品工业的灵魂,这主要是由于它给食品工业带来许多好处。例如,防止变质、改善食品感官性状、保持和提高营养价值、增加品种和方便性。很多人谈食品添加剂色变的原因是混淆了非法添加物和食品添加剂的概念,把一些非法添加物的罪名扣到食品添加剂的头上,这显然是不公平的。对食品添加剂不需要过度恐慌,随着国家相关标准的出台,食品添加剂的生产和使用必将更加规范。当然,也应该加强自我保护意识,多了解食品安全相关知识,注意查看食品合格证和食品配料表等信息。

食物在烹饪过程中会发生一些化学反应,使之具有与原材料迥然不同的色、香、味,如广泛存在于食品工业的美拉德反应。这是一个还原糖与氨基酸、蛋白质之间的复杂反应。反应过程中还会产生成百上千个有不同气味的中间体分子,包括还原酮、醛和杂环化合物,经过复杂的历程最终生成棕色甚至是黑色的大分子物质——类黑精或称拟黑素。正是这些物质为食品提供了宜人可口的风味和诱人的色泽。例如,炖红烧肉时锅里加的糖、烤面包或者烤肉时刷的糖浆或蜜汁,与肉或面包中的氨基酸、蛋白质一起发生了美拉德反应,因此红烧肉、烤面包、烤肉才会拥有那么丰富、诱人的气味、色泽和味道。

经过近一个世纪的研究,人们对美拉德反应已经有了较为深入的认识,但是要弄清楚美拉德反应的每个步骤仍然非常困难。而且人们发现美拉德反应不仅与食品加工过程关系密切,还与机体的生理和病理过程密切相关。越来越多的研究结果显示它作为与人类自身密切相关的课题具有重要的研究意义。

摘自:郑文华,许旭.美拉德反应的研究进展[J].化学进展,2005(1):122 - 129.

第四节　材料及其应用

 学习目标

1. 掌握材料的主要功能和用途。
2. 掌握常见材料的分类及其特点。
3. 了解一些生活中常用的材料。
4. 了解一些新兴的材料及其性质、应用等。

材料与人类的发展和生活密切相关。随着人类文明的进步,人类使用的材料也在不断更新发展。从人类诞生时就开始使用木器、石器等,原始社会后期人类开始使用陶器,到了奴隶社会人类大规模使用青铜器,封建社会主要使用铁器,进入近现代以来钢材、高分子等材料大规模应用,到如今,半导体电子器件进入千家万户,材料的发展可以说极大地改变了人类文明的进程和人类生活。

一、材料的应用

材料的主要用途,可以分为结构应用和功能应用两种。结构应用主要是使用材料的力学性能,包括强度、刚度、硬度、弹性、塑性、韧性和耐磨性能等进行应用。而功能应用主要是使用材料在电、磁、光、声、热等方面的性能。

（一）结构应用

1. 强度

强度是指在外力作用下抵抗破坏（塑性变形和断裂）的能力，是衡量材料安全性的最主要指标。混凝土材料和钢铁材料是目前工业中使用最多的结构材料。在一些需要超高强度的特殊领域，可以通过加入纤维或晶须等进一步提高材料的强度。

2. 硬度

硬度是指材料局部抵抗硬物压入其表面的能力，是材料的表面性质。金刚石是自然界存在的最硬的材料。氧化铝、氧化硅、氧化锆、碳化硅、氮化硅、立方氮化硼等原子晶体材料也都经常作为高硬度材料使用。除此之外，许多高密度硬质合金材料也具有很高的硬度。

3. 弹性

弹性是指物体受力发生形变后，能恢复原来大小和形状的能力。绝大部分材料都具有一定的弹性，超过弹性限度，就会发生断裂或者塑性变形。

4. 塑性

塑性是指受超过其弹性限度的力作用，呈连续且永久变形的性质。金属材料一般都具有良好的塑性。其中延展性最好的是金和铂，可以压成非常薄的薄片或者拉成非常细的丝。

5. 刚度

刚度是指材料在外力作用下抵抗变形的能力。材料的弹性模量越大，刚度越好，变形量越小。除此之外，刚度还与材料的形状密切相关。

6. 韧性

韧性表示材料抵抗冲击载荷的能力，与材料抵抗裂纹扩展的能力有关。韧性不足是造成工程中材料破坏的一个主要原因。陶瓷等脆性材料在产生裂纹以后，裂纹会在外部载荷冲击下迅速扩展而形成灾难性后果。而金属等材料可以抵抗裂纹尖端的扩展，具有良好的韧性。采用韧性好的材料，可以抵抗地震冲击波等自然灾害造成的破坏。

（二）功能应用

1. 电学应用

电学应用主要是应用材料的导电、绝缘、半导体和超导性能等。导电材料主要是一些电导率良好的金属，在日常生活中，用得最多的导线材料是银、铜和铝等。绝缘材料和半导体材料的划分一般和材料的禁带宽度有关。电子填满的最高能带称为价带，电子没有填充的最低能带称为导带。

对于半导体和绝缘体，材料需要导电就需要电子跃迁到导带上形成自由电子，并在价带上形成带正电荷的载流子——空穴。对于半导体来说，禁带宽度一般在 $1\sim3\,eV$，电子有一定的概率可以跃迁到导带上形成自由电子和空穴，因此具有一定的导电性，但比金属

的导电性差很多,因此被称为半导体。晶体硅是目前使用最多的半导体材料。而对于绝缘体来说,禁带宽度一般大于 3 eV,电子很难从价带上跃迁到导带形成载流子,因此导电性非常差。玻璃、塑料、橡胶等都是一些常见的绝缘体材料。

当降低到一定温度以下时,有一部分材料的电阻率突然变为零,被称为超导体。超导体不仅具有零电阻的特性,而且具有完全抗磁性,磁导线不经过超导体。利用超导体的特性可以制备超导发电机、进行超导输电、制备超导计算机,以及制备超导磁悬浮列车等等。目前研究最多的超导体是钇钡铜氧系列超导体,超导临界温度可以达到一百多开尔文以上。科学家们寄希望于发现新的超导体,超导临界温度可以达到室温以上,从而实现超导材料的大规模应用。

2. 光学应用

光学应用包括利用材料的光传导性能和光电性能。光传导中使用最广泛的是高纯度二氧化硅纤维,其作为光缆材料,可以在几乎没有损耗的情况下将光信号以光速传递到很远的地方。

光电性能是指材料可以把光信号转化为电信号。比如夜视探测仪,可以在夜晚没有光线的情况下将身体发出的红外线转化为电信号,实现夜晚的观测或用于军事目的。除此之外,光电材料还可以直接利用太阳能发电,清洁低碳环保。

半导体发光二极管可以把电能转化为光能,比如 LED 灯,可以将电能转化为红光、黄光和蓝光,并进行组合形成白光,实现电能近乎百分之百的转化,使用寿命也非常高。而传统的白炽灯,电能转化为光能的效率只有百分之几到十几。

3. 磁性应用

磁性是指材料能够对外磁场做出反应。常见的磁性材料主要有铁钴镍或者这些元素的合金及其氧化物等,分为软磁材料和硬磁材料。

软磁材料在外加磁场作用下表现出较强的磁性,外加磁场褪去则磁性基本消失。铁单质、碳钢、铁锰合金等都是常见的软磁材料,比如硅钢作为软磁体在变压器磁芯里面广泛使用,可以降低交流电变化时的能量损耗。

硬磁材料在外加磁场褪去后依然有较强的磁性。比如,常见的磁铁或者叫吸铁石,其主要成分是四氧化三铁。硬磁材料除了作为吸铁石使用之外,还广泛作为磁性存储材料使用。材料的铁磁性遇到高温或者撞击会消失。

4. 识别应用

识别应用主要是利用材料可以感知环境中光线、声音、温度、湿度、易燃易爆和有毒气体等,并做出准确识别。这类材料被称为敏感材料,如光敏材料、声敏材料、温敏材料、湿敏材料和气敏材料等。例如,环境中一些有毒的或易燃易爆的还原性气体浓度突然升高时,这些材料的电阻率会发生巨大变化。利用这些敏感材料,可以对环境进行检测,并制作成传感器和报警器等。

5. 隐身应用

隐身不是对肉眼隐身,而主要对雷达等探测器隐身。这些隐身材料可以将雷达发出的各种波长的电磁波吸收掉,不对其进行反射,从而实现对雷达隐身的目的。在隐身飞机等军事武器中,隐身材料被大规模使用。

二、材料的分类

材料按照其元素成分和结构等,可以分为金属材料、无机非金属材料、高分子材料和复合材料等。

(一) 金属材料

金属材料主要是金属单质及其合金为主要成分的材料,内部以金属键为主,电子可以在金属离子间自由移动,相当于金属离子处于电子的海洋中,从而赋予了金属材料一系列特殊的性能。

绝大部分金属都是电的良好导体,常见的导电材料主要有银、铜和铝等。金属纯度越高,导电性越好。导线金属一般要求元素纯度非常高,杂质和合金会对电子的移动产生散射作用,大大增加金属的电阻率。

金属材料一般都具有良好的塑性和韧性。金属键特殊的性质,使得金属原子间发生变形和相对错动产生位错时,金属键不产生破坏,从而赋予了金属材料良好的塑性和韧性。金和铂几乎可以被无限压薄或拉长。有些金属材料不仅具有超塑性,而且高于一定温度具有形状记忆功能。这些材料可以在高温时加工成一定形状,然后在低温时折叠。当升高温度后,这些材料可以自动恢复到变形前的形状。

大部分金属作为单质时都比较软,不适合作为工程材料使用。向金属中混入一些其他金属或非金属成为合金,可以提高材料的强度和硬度,扩大材料的应用范围。生活中常见的金属材料主要有铝合金、钛合金和钢铁等。

1. 铝合金

铝是地壳中含量最多的金属,在自然界主要以氧化铝的形式存在。单质铝一般通过直接电解获得,需要消耗大量的电能。因此很多生产铝的企业选择在电能丰富、价格便宜的地区。

单质铝的电阻率比较低,是常用的导线材料。但是纯度高的铝一般比较软,不适合作为工程材料使用。工程中经常使用的是铝合金。铝合金中的合金元素主要有铜、镁、锌、硅、锰等。铝合金具有密度低、导电性和导热性好、耐腐蚀、强度和硬度较高、易加工、大方美观等优点。尤其是铝合金的密度比较低,一般只有钢铁的1/3左右,适用于许多需要减重的领域。铝合金的表面有一层坚硬的氧化膜,具有隔绝空气的作用,使得铝合金具有很高的耐腐蚀性。铝合金在汽车、高铁、航空、船舶以及家庭装修等领域都有越来越广泛的应用。

铝合金按照成分及加工方式可以分为变形铝合金和铸造铝合金。变形铝合金是先将合金配料熔铸成胚锭,再进行塑性变形加工,通过压制、挤压、拉伸、铸造等方法制成各种塑性加工制品。变形铝合金要求合金具有比较好的塑性。铸造铝合金则是将配料熔炼后用砂模、铁模、熔模和压铸法等直接铸成各种零部件的毛坯。

2. 钛合金

钛合金是 20 世纪五十年代发展起来的一种重要的结构金属。钛合金具有强度高、耐

腐蚀性好、耐热性高、易焊接等特点,被广泛应用于航空航天和一些特殊领域。钛合金密度较小,是一种轻金属。

钛合金的比强度高,一些高强度钛合金的强度可以超过合金结构钢,但是密度更小,质量更轻。钛合金在常温下可以和氧气反应生成一层极薄致密的氧化膜,且这层氧化膜耐腐蚀性非常好,常温下不仅耐酸、耐碱而且不与王水反应。钛合金的热强度高,可以在450 ℃到500 ℃的温度下长期工作,而铝合金超过150 ℃强度就明显下降。除此之外,钛合金在低温条件下依然具有一定的塑性,适用于极端条件的工作环境。钛本身无毒、质轻、强度高且具有优良的生物相容性,因此还是非常理想的医用金属材料。但是钛合金加工比较困难,价格昂贵,限制了其大规模应用,主要应用于一些特殊领域和极端条件。

3. 钢铁

钢铁因为其原料的广泛性,同时具有良好的强度和韧性,成为使用最多的结构材料,在建筑、桥梁、船体、工业机床等众多领域都有着广泛的应用。下面我们重点来了解一下钢铁。

（1）炼铁

天然的铁矿石包括赤铁矿、磁铁矿、褐铁矿、菱铁矿等,其主要成分是铁的氧化物或其他化合物。铁矿石在焦炭的还原作用下在高炉里还原为铁单质,以铁水的形式流出来形成铁包。冷却下来的铁被称为生铁或者铸铁,具有较高的含碳量。炼铁以后产生的废渣可以作为建筑材料使用。

（2）炼钢

炼铁产生的生铁被推入炼钢炉里。在炼钢炉中,先脱除硫磷等杂质元素,然后通入适量氧气或者氧化物用以去除铁中过量的碳,将铁的含量控制在 $0.02\%\sim2\%$。碳含量在这个范围内的铁被称为钢。生产的钢最后被轧制和退火等。

（3）钢的性能

随炉冷却的钢其结构组织一般被称为珠光体,是由一层铁素体和一层渗碳体相间而成的组织,性质比较软,适合在机加工车间里被机床切削加工成各种形状。加工好的零件被加热到 800 ℃以上,快速投入到水中或者油中快速冷却,工业上常称为淬火,得到马氏体组织。马氏体具有很高的强度、硬度和一定的韧性,适合作为各种工业零件使用。淬火得到的马氏体一般还需要回火来提高材料的塑性和韧性。

（4）钢的生锈与防护

铁元素具有较强的还原性,钢铁很容易在空气中被氧化。常见的氧化过程包括化学腐蚀和电化学腐蚀。对于化学腐蚀,铁受到酸雨或其他酸性物质的影响,被氧化成二价铁离子,二价铁离子进一步氧化成三价的氧化铁。氧化铁内部含有水,是一种疏松结构,不能保护内部的铁,因此铁会被继续腐蚀下去,形成铁锈。对于电化学腐蚀,主要是指在非酸性但潮湿的空气中,钢铁表面会覆盖一层水膜。由于电负性的不同,铁作为负极,而铁中的碳作为正极,在水中电解质的作用下,形成无数个微小的原电池,铁失去电子转移给正极吸附的溶解氧,而被氧化成氢氧化亚铁,很容易进一步被氧化为氢氧化铁,也就是氧化铁的水合物,结构疏松。因此,在潮湿的空气中,电化学反应引起的腐蚀速度更快,对铁制品的危害极大。据统计,全世界每年被腐蚀损耗的钢铁材料,约占全年钢铁产量的十分之一,给人类带来了巨大的损失。人们可以采取以下方法防止钢的生锈。① 保持钢铁制品表面的洁净和干燥;② 在钢铁表面刷上一层油漆,隔绝钢铁与空气的相互作用;③ 在钢铁表面镶嵌上其他更活泼的金属,比如在轮船的船壳上镶嵌上锌块,可以依靠电化学腐蚀原理,使锌单质优先失电子变为离子溶于水中,从而起到保护钢板的作用;④ 改变钢铁内部的成分和组织结构,变为不锈钢。不锈钢中一般都含有一定含量的铬元素,除此之外,还可能含有一定量的镍元素或者锰、氮等元素。目前不锈钢被应用于各种露天环境,干净美观、持久耐用,获得了良好的效果。

(二)无机非金属材料

无机非金属材料从字面上来看,指的是除去有机高分子材料和金属材料之外的材料的统称,包括氧化物材料、碳化物材料、氮化物材料、卤素化合物、硼化物以及硅酸盐、铝酸盐、磷酸盐和硼酸盐等物质组成的材料,也被称为广义的陶瓷材料。

无机非金属材料结构内部主要是共价键和离子键,普遍具有强度高、硬度高、耐高温、耐磨、耐氧化等特点,密度大小不一。氧化铝、氧化镁和氧化硅等密度较小,小于铁的密度 $7.8 \ \mathrm{g/cm^3}$。

通常把无机非金属材料分为普通的(传统的)无机非金属材料和特种的(新型的)无机非金属材料两大类。传统的无机非金属材料主要包括陶瓷材料、混凝土、玻璃和耐火材料四类。

1. 陶瓷材料

在原始社会晚期,人们学会使用火以后,就发明了陶器。后来,人们还在陶器上刻画了图腾等各种图案,记录当时的生活,成为考古研究的重要资料。

陶器使用的是普通的黏土,原料简单,就地取材,杂质多,烧结温度低,一般只有 900 ℃,气孔多,材料强度低。后来,中国在陶器的基础上,改进了工艺,所使用的原料主要成分为高岭土,被称为瓷土,有专门的产地,成分稳定,纯度高,而且烧结温度也大大提高,达到 1300 ℃左右,气孔率降低,大大提高了材料的强度,发展成了瓷器。中国是最早成为掌握瓷器工艺的国家,在瓷器表面施釉,大方美观,坚固耐用,深受各国人民喜爱,成为中国古代对外贸易输出的主要来源,为中国赚取了大量外汇。汉代时期出现的青瓷和白瓷,唐朝出现了彩瓷——唐三彩,宋朝时期的官窑,元明时期的青花瓷等,都是中国古代瓷器的典型代表。目前中国瓷器的代表产地主要有景德镇和佛山等。一直到十八世纪,西方国家才开始掌握瓷器的制备方法,他们在瓷器的制备原料中加入许多牛羊的骨粉,被称为骨瓷。

2. 玻璃

玻璃是我们日常生活中常见的工业制品。其主要由二氧化硅及硅酸盐组成,普通的硅酸盐玻璃是以石英砂、纯碱、长石和石灰石为原料,经混合和高温熔融(1550～1600 ℃)以后,快速冷却而得,是一种无规则结构的非晶态固体。玻璃在西方国家出现较早,由埃及传到古罗马,在威尼斯得到长足发展。中世纪的许多教堂都大量使用玻璃材料,尤其是哥特式教堂大量采用彩绘玻璃。十六七世纪以来,光学透镜用于制备天文望远镜和显微镜等,观察天体运行规律和微观组织结构,为西方科学的发展做出了重要贡献。目前大规模使用的钢化玻璃,是在普通玻璃基础上经过再加工处理得到的一种预应力玻璃。该玻璃强度是普通玻璃的数倍,抗拉度是普通玻璃的 3 倍以上,抗冲击是普通玻璃的 5 倍以上,不容易破碎,即使破碎也会以无锐角的颗粒形式碎裂,对人体伤害大大降低。玻璃经过拉丝或者涂层工艺,还可以制成玻璃纤维和玻璃涂层等。

3. 混凝土

混凝土是在建筑中用量最多,使用最为广泛的一种材料。作为建筑材料,混凝土一般是水泥粉料和砂、石等原料用水混合成整体,并经胶化凝固而得到的一种建筑材料,也被称为人工石(砼)。常用的水泥一般被称为波特兰水泥,是一种硅酸盐水泥,一般由石灰石和黏土在高炉中烧制而成,主要成分为硅酸三钙、硅酸二钙和铝酸三钙等。水泥中不同的组分含量不一样,其强度和凝固时间会有所差异。可以调整不同的原料配比,来改变混凝土的水硬特性和快凝特性,甚至可以使混凝土在水中凝固。混凝土一般具有低热导率、隔音性、耐水性、耐火性、抗压性、经济环保性、耐久性、低弹减震性等优点,而且施工简单,具有良好的生产加工性。在混凝土的制备和使用过程中要避免无机溶盐的生成和析出,否则会降低混凝土的使用寿命。除此之外,不同的地方,其环境的温度和湿度不同,也要求使用不同品牌和成分的混凝土。

4. 耐火材料

耐火材料一般是指耐火温度在 1580 ℃ 以上的无机非金属材料。无论是炼钢铁使用的高炉,制备玻璃和陶瓷需要的烧结炉,还是石油化工生产中,都需要大量的耐火材料作为防热和隔热材料。耐火材料的耐火温度根据原材料和制备工艺的不同,可以从1580 ℃到 3000 ℃ 以上。常见的耐火材料有以二氧化硅为主的酸性耐火材料,以氧化铝和氧化铬为主的中性耐火材料和以氧化镁、氧化钙为主的碱性耐火材料。除此之外,还有以石墨和碳化物为主的碳系防火材料。经常使用的隔热耐火产品有硅藻土制品、石棉制品和绝热板等。

现代特种陶瓷,又被称为精细陶瓷,是一种新型高科技材料。该类材料一般诞生于研究所和研究院等高科技知识密集的地方。所使用的原料不是来自大自然,而是经过工业生产的高纯度特种粉料,原料纯度高,颗粒大小均一,形貌已知可控。所使用原料多种多样,包括氧化物粉体、氮化物粉体、碳化物粉体、硼化物粉体,除此之外,还有钛酸盐及其他各种高质量的粉体,满足不同的使用要求。在成型方面,会采用各种新型成型工艺,各种添加物都是经过严格配比加入。在烧结时,也是采用各种新型烧结工艺,以尽可能提高材料的纯度和晶粒的可控性,提高材料的致密度,从而满足比较高的使用要求。作为结构材料,特种陶瓷不仅具有高强度、高硬度,还具有很高的韧性,能够满足更好的结构材料使用要求,主要用于航空航天等特殊领域。作为功能材料,特种陶瓷还能满足一定的功能要求,如导电、绝缘、磁性、透光、半导体、压电、光电、电光、声光等各种功能,可用于高科技电子器件领域。该类型材料发展迅速,有非常良好的应用前景。

(三)高分子材料

高分子材料是以高分子化合物为基材的一大类材料的总称。高分子化合物的分子量非常巨大,相对分子量通常从几万到几百万甚至几千万,高分子化合物是由许多重复单元通过共价键有规律地加聚或者缩聚而成,形状主要是链状高分子和网状高分子。

高分子材料具有密度低、强度较高,柔顺性好,容易成型,有一定的塑性和变形能力等一系列优点,但也有不耐高温、容易氧化和燃烧等缺点。

高分子的原料来源主要有两种,一种是天然高分子,如棉花、木材、天然橡胶、蛋白质、淀粉等;另一种是合成高分子,主要是通过石油化工得到有机小分子,然后通过加聚和缩聚得到。

高分子材料目前已普遍应用于建筑、交通运输、农业、电器电子工业等国民经济主要领域和人们的日常生活中。常见的高分子材料其主要原料为合成树脂。合成树脂是指由小分子单体加聚或缩聚合成或将某些天然高分子经化学反应得到的有机聚合物,常温下呈固态或者半固态,在加热时会发生软化有流动倾向。按照性质和使用功能,高分子材料可以分为塑料、橡胶、纤维、黏合剂、涂料等。

1. 塑料

塑料是以有机合成树脂为主要成分,加入适量添加剂,在一定温度和压力条件下可以塑化成型,在常温下能保持既定形状的有机高分子材料。塑料一般都具有良好的塑性变形能力。

塑料可以分为热塑性塑料和热固性塑料。热塑性塑料成型以后高分子链之间没有发生交联,因此受热后软化,冷却后变硬,软化和变硬可以重复循环,因此可以反复成型。热固性塑料的配料在第一次加热时可以软化流动,但加热到一定程度后发生分子链间的交联反应,形成网状三维结构,使得材料变硬,冷却再加热时不会重新变软。大部分塑料都是热塑性的,如聚乙烯、聚丙烯、聚氯乙烯和聚苯乙烯等。环氧树脂、酚醛树脂等则是热固性的。

2. 橡胶

橡胶是指在常温下具有高弹性的高分子材料。橡胶材料的高弹性来源于橡胶大分子链的长链特性、柔顺性和高缠结性。橡胶的相对分子质量普遍较大,可以在比较宽的温度范围内保持优异的弹性,又被称为高弹体。橡胶还具有良好的疲劳强度、电绝缘性、耐化学腐蚀性及耐磨性等优点,是国民经济中不可缺少且难以替代的材料。

橡胶按来源可分为天然橡胶与合成橡胶。从天然橡胶树上得到的生胶一般性能较差,需要通过硫化交联,形成具有三维网状结构的大分子,才会具有优异的高弹性和高强度,具有实际使用价值。合成橡胶的原料从石油化工中获得,具有与天然橡胶相同或者相近的性能。

3. 纤维

纤维是指长度与直径的比值非常大,具有一维各向异性和一定柔韧性的纤细材料。常用的纺织纤维包括天然纤维和化学纤维。天然纤维主要包括羊毛、蚕丝、棉花等,具有良好的保暖性、吸湿性和染色性,与人体相容性好,常用作棉被衣物等生活用品。而合成纤维包括涤纶、尼龙、腈纶等具有良好的物理性能、力学性能和化学性能,如密度小、强度高、弹性高、耐磨性好、耐酸碱等,可用于航空航天、交通运输、医疗卫生和通信等领域。

4. 黏合剂

黏合剂又称为胶黏剂或者胶,是指可将固体黏结在一起,并使结合处具有足够强度的一类高分子物质。由于黏结工艺简单,使用广泛,可部分替代铆接和焊接工艺。常见的黏合剂有环氧胶、氯丁胶、聚醋酸乙烯酯胶和环氧树脂胶等。对于不同的黏结材料,需要根据需求选择不同的黏合剂。

5. 涂料

涂料是指涂于物体表面,并起到保护或装饰作用的膜层材料。最早的涂料是使用植物油和天然树脂熬炼而成的油漆。当前的涂料已基本由合成树脂类漆做代替。

除了以上常见的高分子材料外,一些高分子材料还具有光电磁等性能,如制造集成电路时的高分子感光材料、导电高分子材料和有机半导体材料。除此之外,高分子压电材料可以实现力与电的相互转化,高分子热电材料可以实现热电转换,高分子发光材料还可以实现将电能转化为光能。

(四) 复合材料

复合材料是由两种或两种以上物理和化学性质不同的材料,通过一定的方式组合而成的一种多相固体材料。无论是金属、无机非金属还是高分子材料,在使用过程中都有着一定的缺点。复合材料的组成材料保持独立性,而性能不是各种组成材料性能的简单叠加,而是各组分之间取长补短,发挥协同作用,弥补单一材料的缺点,可产生单一材料所不具有的新性能。

复合材料并不是直到现代才有。古人将稻草或者麦秸秆混入到泥土中盖成茅草屋,利用的就是一种古老的复合材料的思想,所盖的房屋性能要远远高于单独使用稻草或者泥土所盖的房屋。现代的很多材料也都属于复合材料。

1. 钢筋混凝土

建筑中常用的钢筋混凝土,就是利用钢筋的塑性和强韧性,弥补了单独使用混凝土所带来的耐压不耐拉和韧性不足的缺点,极大地提高了钢筋混凝土的使用性能和寿命。

2. 玻璃钢

玻璃钢是另一种目前大规模应用的复合材料。玻璃钢,又称玻璃纤维增强树脂材料,是以不饱和聚酯、环氧树脂和酚醛树脂作为基体,玻璃纤维作为增强剂而制备的增强材料。玻璃钢具有质轻且硬、强度高、不导电、性能稳定、可设计性好、耐腐蚀等特性,可以代替钢铁制造机器零件、汽车和船舶外壳等。

3. 纸张

我们日常生活中使用的纸张,也可以认为是一种复合材料。造纸术是中国的古老发明,其主要成分是纤维、半纤维和木质素等。在造纸过程中加入碳酸钙,可以提高纸张质量的稳定性,增强白度和亮度,改善油墨吸收性等。

4. 骨骼和牙齿

我们人体的骨骼和牙齿等,也可以认为是一种复合材料,由无机金属材料羟基磷灰石和非胶原蛋白组合而成,使得骨骼和牙齿不仅具有较高的强度和硬度,还具有一定的韧性,满足使用要求。

总的来说,目前研究最多的是结构复合材料,主要用来提高材料的强度、模量和韧性等。所使用的基体可以是金属、高聚物(树脂)、陶瓷、玻璃和水泥等,而增强体可以是一些刚性颗粒、晶须,也可以是各种纤维,包括碳纤维、玻璃纤维、有机纤维或者金属线等,还可以是编织增强复合材料。复合材料的性能不仅与基体和增强体有关,还与二者的界面有密切的关系。复合材料不仅可以提高材料的强度和模量等,而且在使用过程中增强体可以抑制材料内部裂纹的扩展,增强材料的韧性和抗冲击波性能,提高材料的疲劳强度,极大地提高材料的使用寿命。西北工业大学张立同院士研制的连续纤维增强碳化硅陶瓷基复合材料曾于 2004 年获得国家技术发明一等奖。

复合材料最大的特点是其可设计性,可以通过各组分性能的互补和关联获得单一组成材料所不能达到的综合性能。无论是作为结构材料还是功能材料,复合材料都有着广阔的发展前景和巨大的应用价值。

三、材料发展的新方向

随着科技的发展,新材料不断涌现,极大地促进了国民经济的发展和人民生活水平的提高。

(一)半导体材料

半导体材料指的是导电性能介于金属导体和绝缘体之间的材料,也指的是价带和导带之间的禁带宽度在 $1\sim3$ eV 之间的材料。对于该类材料,目前有许多典型的应用,比如芯片、光催化材料和光伏材料等。

1. 芯片

对于芯片,主要是在硅基材料的基础上,往里面加入 ⅤA 族的元素,比如磷、砷等,形成以电子为主要载流子的 n 型半导体,以及往里面加入 ⅢA 族的元素,比如硼、镓等,形成以空穴为主要载流子的 p 型半导体。n 型半导体和 p 型半导体连接形成 p-n 结,可以单向导电,具有读取 0 和 1 的能力,以此为基础加工成芯片元件。无数个芯片元件组成集成电路,最终成为我们手机和电脑里的芯片。正是有了芯片材料和芯片技术的快速发展,才有了我们今天无处不在的网络科技。世界芯片科技的发展速度非常快,目前最先进的芯片单个大小只有 5 nm,正在开发 3 nm 大小的芯片,一个手机处理器里面就有上百亿个芯片。

2. 光催化材料

对于光催化材料,在可见光或者紫外光的照射下,半导体的价带电子可以跃迁到导带上去,形成自由电子和空穴。自由电子可以和水中的氧气分子 O_2 结合,形成 O_2^- 离子,空穴可以和水中的氢氧根 OH^- 结合,形成羟基自由基 $\cdot OH$。$\cdot OH$ 和 O_2^- 离子都具有很强的氧化能力,将水中的有机微污染物光催化降解成水和二氧化碳。除此之外,光照形成的自由电子和空穴还可以和水中的 CO_2 等无机物结合,经过一系列反应形成光催化合成

甲醇和甲醛等有机物。

3. 光伏材料

光伏材料又称为光致发电材料，可以将光能转化为电能，或者将光信号转化为电信号。太阳能作为一种取之不尽的新型清洁能源，光伏材料将太阳能直接转化为电能，可以减少火电煤炭的燃烧，降低碳排放，而且使用过程中清洁无污染，是一种理想的发电材料。光伏材料目前主要使用的是单晶硅和多晶硅。中国是目前上世界上最大的光伏生产基地，也是光伏材料最大的应用市场。据统计，如果中国最大的沙漠——塔克拉玛干沙漠上全部装上光伏发电板，所产生的电可以满足全世界人民的电量需求。

（二）纳米材料

1 纳米是 1 米的十亿分之一。纳米材料指的是颗粒尺度在 1 纳米到 100 纳米大小的材料。当材料的大小减小到该尺度以后，具有表面效应、小尺寸效应、量子尺寸效应和宏观量子隧道效应，并具有一系列独特的光学、热学、磁学、力学等性能。比如所有的金属都将失去金属光泽，变成黑色，材料的熔点和烧结温度大幅下降，材料的磁性能也会发生巨大变化。纳米材料可以使材料的导电性能发生很大变化，可以使脆性的陶瓷具有一定的塑性和韧性。纳米材料作为隐身材料，可以实现对各种波长电磁波的吸收。作为光催化材料，纳米材料可以极大地提高自身的光催化性能等。添加纳米材料的纺织品，可以防水防尘，而且容易清洗。

（三）电子功能陶瓷

具有钙钛矿结构的钛酸钡、钛酸铅、锆钛酸铅等材料，不仅具有很好的绝缘性能，可以作为绝缘材料使用，而且具有很高的介电常数，可以作为平板电容器使用。除此之外，这些材料还具有压电性能，可以将机械能转化为电能，或者将电能转化为机械能。甚至，这些材料还可以作为铁电材料使用，用于开发永久半导体存储器。这种存储器具有高存取速度和高密度，抗辐照，操作电压低等一系列优点。

（四）神奇的碳材料

常见的碳单质主要有石墨和金刚石。石墨很软，经常作为润滑材料使用。而金刚石是自然界最硬的材料。除此之外，近几十年来，人们发现了一系列新型的碳材料。

1. 富勒烯

1985 年，C_{60} 富勒烯被人们发现，它是由 12 个五元环和 20 个六元环组成的类似足球的中空球状结构。该发现极大地促进了纳米碳材料的发展，发现者于 1996 年获得诺贝尔奖。富勒烯具有优良的导电导热性，可以作为有机超导体和半导体，可作为高温润滑剂以及缓释药物的容器等。

2. 碳纳米管

1991 年，日本科学家发现碳纳米管，是由类似石墨结构的六边形网格卷绕而成的同轴中空微管。碳纳米管的抗拉强度是钢的 100 倍，碳纤维的近 20 倍，而密度只有钢的

1/6～1/7，还具有很高的柔韧性。碳纳米管可用于复合增强材料、导电或抗静电材料、磁性材料、分子电子器件、修饰电极、储气材料和催化剂载体等。

3．石墨烯

石墨烯是单个碳原子层或者几个碳原子层平面薄膜二维材料，于2004年首先由英国科学家制备出来，并于2010年获得诺贝尔奖。石墨烯具有一系列优异的力学、电学等特性，可广泛应用于各领域，比如超轻防弹衣、超薄超轻型飞机材料、下一代超级计算机、"太空电梯"的缆线、液晶显示材料、新一代太阳能电池等。

（五）锂电池材料

作为能量存储材料，锂电池材料由于存储密度大、电量加载和释放速度快、循环使用寿命长等一系列优点，越来越受到重视。锂的化合物主要作为正极材料，常用的有钴酸锂、锰酸锂、磷酸铁锂和三元锂材料。其中磷酸铁锂材料和三元锂材料有望作为新一代锂电池材料，引领电池材料革命。

拓展阅读

中国人独缺的发明

或许因为玻璃实在太脆弱了，所以制造玻璃的技术在古罗马人取得大幅跃进之后，便停滞不前。中国人也懂得制作玻璃，甚至曾买卖古罗马人的玻璃，却没有继续发展制玻技术。这一点颇令人意外，因为在罗马帝国瓦解后，中国人的材料技术发展领先了西方世界足足一千年。他们在纸、木材、陶瓷和金属的发展上都是专家，却独独忽略了玻璃。相较之下，西方由于酒杯曾经风骚一时，使得西方人对玻璃始终带有一分尊敬与欣赏，导致其文化深受影响。透明防水的窗玻璃能让光线进入又能遮风避雨，在欧洲实在有用，很难被忽略，天气较冷的北欧尤其如此。不过，欧洲人起初只能做出小面的坚固透明玻璃，幸好可以用铅接合成大面玻璃，甚至可以上釉着色。彩绘和花窗玻璃成为财富和文化的象征，更彻底改写了欧洲教堂建筑。为教堂制作花窗玻璃的工匠，逐渐获得和石匠同等的地位，备受敬重，新的上釉技术也在欧洲蓬勃发展。19世纪之前，东方人一直轻忽玻璃。日本和中国的房子主要使用纸窗，虽然效果良好，却造就了不同于西方人的建筑风格。由于缺乏玻璃技术，东方就算工艺发达，也未能发明望远镜和显微镜，这些物品都要等到西方传教士引入时，才得以接触。当时中国工艺技术遥遥领先，实在无法判断，是否因为少了这两项关键的光学仪器，才未能如17世纪的西方般更进一步发生科学革命。但清楚的是，没有望远镜就不可能看见木星的卫星，也不可能看见冥王星并做出关键的天文测量，奠定我们现在对宇宙的理解。同理，没有显微镜就不可能看见细菌之类的微生物，也不可能有系统地研究微观世界，发展出医疗和各种工程技术。

摘自：马克·米奥多尼克.迷人的材料[M].赖盈满译.天津：天津科学技术出版社，2019.

本章小结

认识物质世界的组成、结构、变化及其规律是我们认识世界的一部分。结构决定性质,性质决定用途。物质世界纷繁变化的背后总有其内在的本质规律。分子是保持化学性质的最小微粒,原子是化学变化中不可再分的最小微粒。化学变化的本质是反应物分子中旧化学键的断裂和生成物中新化学键的生成,是反应物中原子之间的重新组合,化学反应前后参与反应的反应物质量与生成物质量相同。水是一种常见的纯净物,由氢氧两种元素组成,水的独特理化性质,使其能够在自然界和生产生活中扮演重要角色。空气是一种常见的混合物,由氮气、氧气、氩气和二氧化碳等组成。自然环境中、食品中、各种材料中还存在许多各种各样的物质。像科学家一样对世界充满好奇、不断思考有助于我们从本质上认识世界、理解世界。

思考与练习

1. 举例说明ⅠA族元素(除氢外)与ⅦA族元素之间通常以哪种化学键结合形成化合物,以及这类化合物的性质有何特点。

2. 燃烧是一种发光发热的剧烈化学反应,发光发热的是否都是燃烧?请举例说明。

3. 轻金属火灾具有温度极高、热辐射强烈的特点,例如,铝粉在燃烧时可达到3000 ℃。这类火灾处理不当极易引发次生灾害。请用所学知识分析,为什么这类火灾不能用水扑灭。

4. 列举几种常见材料的优缺点。

5. 相比单种材料,复合材料有什么优势?

参考文献

[1] 吴国盛. 科学的历程[M]. 4版. 长沙:湖南科技出版社出版,2018.

[2] 王鸿生. 科学技术史[M]. 北京:中国人民大学出版社,2011.

[3] 张民生. 自然科学基础[M]. 3版. 北京:高等教育出版社,2020.

[4] 中国气象局气候变化中心. 中国气候变化蓝皮书(2020)[M]. 北京:科学出版社,2020.

[5] 张子文. 科学技术史概论[M]. 杭州:浙江大学出版社,2010.

[6] 姜振寰. 科学技术史[M]. 济南:山东教育出版社,2019.

[7] 林长春,吴育飞. 小学科学基础[M]. 重庆:西南师范大学出版社,2019.

[8] 王国昌. 自然科学基础知识[M]. 5版. 长沙:湖南大学出版社,2018.

[9] 潘秀英. 自然奥秘:深入解读大自然[M]. 合肥:安徽美术出版社,2014.

[10] 卡尔·波普尔. 波普尔说真理与谬误[M]. 倪山川,译. 武汉:华中科技大学出版社,2018.

[11] 托马斯·库恩. 科学革命的结构[M]. 金吾伦、胡新和,译. 北京:北京大学出版社,2012.

[12] 赵江南. 宇宙简史[M]. 武汉:武汉大学出版社,2015.

[13] 罗佳. 普通天文学[M]. 武汉:武汉大学出版社,2012.

[14] 陈慧琳,郑东子. 人文地理学[M]. 3版. 北京:科学出版社,2013.

[15] 吴相钰,陈守良,葛明德等. 普通生物学[M]. 4版. 北京:高等教育出版社,2014.

[16] 杨玉红,王锋尖. 普通生物学[M]. 武汉:华中师范大学出版社,2012.

[17] 周永红,丁春邦. 普通生物学[M]. 2版. 北京:高等教育出版社,2018.

[18] 高崇明. 生命科学导论[M]. 3版. 北京:高等教育出版社,2019.

[19] 徐送宁,石爱民,王雅红. 大学物理[M]. 北京:北京理工大学出版社,2014.

[20] 常树人. 热学[M]. 2版. 天津:南开大学出版社,2009.

[21] 贾瑞皋,薛庆忠. 电磁学[M]. 2版. 北京:高等教育出版社,2011.

[22] 许并社. 材料概论[M]. 北京:机械工业出版社,2012.

[23] 邵华木,汪青. 基础天文学教程[M]. 芜湖:安徽师范大学出版社,2017.